本科专业大类导论课程系列教材

能源电气
与自动化导论

U0185185

主　编　韩肖清

副主编　马春燕

主　编　郑　晟

刘海玉

高等教育出版社·北京

内容简介

本书是为了响应教育部积极推进新工科建设这一工程教育重大行动计划而编写的大类导论,以适应产业需求、面向未来发展和跨界交叉融合对工程技术人才的要求。教材共分四篇:第一篇绪论,第二篇能源与动力工程导论,第三篇电气工程导论,第四篇自动化导论。

第一篇绪论,介绍了能源与动力工程、电气科学与电气工程及控制科学与自动化的分类、发展概况、专业知识结构与课程体系。第二篇能源与动力工程导论,介绍了能源的分类与评价、能源开发对环境的影响,讲解了能源转换的基本定律,并针对典型的能源设备与系统进行了详尽介绍。第三篇电气工程导论,介绍了电路、电磁场基本理论与定律,分别针对电机与电器、电力系统与电力网、电力电子与电力传动、高电压与绝缘、电工新技术方向的技术与应用进行了介绍,详尽讲解了智能电网示范工程。第四篇自动化导论,介绍了自动控制系统的分类、组成、基本要求和控制方法,针对智能控制、计算机控制和现代自动化技术进行了讲解,并介绍了自动化的典型应用。

本书适用于高等学校能源与动力工程专业、电气工程及其自动化专业和自动化专业学生,也可供其他专业本科生及工程技术人员参考。

本书为新形态教材,用手机扫描二维码,输入封底的 20 位密码(刮开涂层可见),完成与教材的绑定后可观看学习。与教材绑定后一年为使用有效期。

图书在版编目(C I P)数据

能源电气与自动化导论 / 韩肖清主编. -- 北京:
高等教育出版社,2020.10
ISBN 978-7-04-054758-0

Ⅰ.①能… Ⅱ.①韩… Ⅲ.①能源 – 高等学校 – 教材
②自动化技术 – 高等学校 – 教材 Ⅳ.①TK01②TP2

中国版本图书馆 CIP 数据核字(2020)第 140634 号

Nengyuan Dianqi Yu Zidonghua Daolun

| 策划编辑 | 王耀锋 | 责任编辑 | 王耀锋 | 封面设计 | 王 鹏 | 版式设计 | 于 婕 |
| 插图绘制 | 于 博 | 责任校对 | 胡美萍 | 责任印制 | 刁 毅 | | |

出版发行	高等教育出版社	网 址	http://www.hep.edu.cn
社 址	北京市西城区德外大街 4 号		http://www.hep.com.cn
邮政编码	100120	网上订购	http://www.hepmall.com.cn
印 刷	河北鹏盛贤印刷有限公司		http://www.hepmall.com
开 本	787mm×1092mm 1/16		http://www.hepmall.cn
印 张	21.5		
字 数	490 千字	版 次	2020 年 10 月第 1 版
购书热线	010-58581118	印 次	2020 年 10 月第 1 次印刷
咨询电话	400-810-0598	定 价	45.00 元

本书如有缺页、倒页、脱页等质量问题,请到所购图书销售部门联系调换
版权所有 侵权必究
物 料 号 54758-00

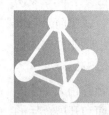 序　言

习近平总书记指出，党和国家事业发展"对高等教育的需要比以往任何时候都更加迫切，对科学知识和卓越人才的渴求比以往任何时候都更加强烈"。立德树人是大学的本质职能，本科教育是大学的根和本，在高等教育中具有战略地位。

为了全面提高本科人才培养质量，体现"新工科"人才培养模式教育改革，加快一流本科、一流专业的建设，太原理工大学明确立德树人为根本任务，坚持以学生为中心的理念，于2017年建立了基础学院，实施"生涯导航"教育计划，在全校实施专业招生、大类培养，推行通识与大类专业教育相融通的人才培养模式，旨在最大限度发掘学生特质、激发学生潜能、拓宽培养口径，从而提升学生的开放性思维，跨专业交流和创新能力；同时通过学生自主专业选择，培养学生对专业的理性认知和独立思考能力，引导学生正确思考未来、规划人生。

在大类培养的实施过程中，作者深切感受到了本科阶段，特别是大学一年级是青年学生成人成才道路选择的关键阶段；大学一年级新生的导论课程对于引导学生形成正确的人生观、世界观、价值观，建构宽厚的知识架构，了解学科专业发展前沿，知晓学科专业应用领域，打牢成长发展的基础等均具有重要的影响；对学生大学四年的学习生活乃至未来的职业与人生规划也具有一定的引导意义，这也是"生涯导航"教育计划所倡导的。

目前的专业导论教材大多是针对某一个专业的导论或者概论，更多强调了专业领域知识的介绍，难以适应大类培养模式的需求。为此，学校组织相关领域的专家学者成立了本科专业大类导论课程系列教材编委会，旨在编撰一系列专业大类导论课程教材，在教材中充分体现"大类"培养的理念，体现学科专业知识架构的融通性、前沿性和应用性，体现对学生大学学习生活和专业选择的引导性，体现大类学科专业知识的趣味性，为大学一年级新生提供一套集知识性、趣味性和引导性于一体的教程，帮助学生更好地了解相关学科专业，引导学生自主理性选择专业，激发学生学习热情，为学生后续大学学习奠定良好的基础。

本系列教材由《材料科学与工程导论》《机械工程导论》《土木与环境工程导论》《计算机信息技术导论》《地质与矿业工程导论》《能源电气与自动化导论》《化学工程与技术导论》《经济与管理科学导论》《人文社会科学导论》《数理科学导论》《"生涯导航"育人体系的构建与实践》等组成，涵盖了工程教育的大多数学科专业领域，内容涉及相关大类学科专业发展的历史脉络、现实应用、未来趋势；并以大学一年级新生喜闻乐

见、通俗易懂的语言，图文并茂和丰富的媒体形式，立体化地呈现了相关学科专业内涵、知识结构、学习方式、课程体系、研究意义、应用实例、人才现状、就业前景与未来发展趋势，旨在为学生呈现相关领域多元化的知识结构，从而引导学生学业方向的选择和广博基础上的专精学习。

本系列教材具有基础性、系统性、交叉复合性和时效性的特点，适合各相关专业大类学生学习，也适合各专业学生的阅读，对于学生开拓视野、扩大知识面和开展今后的学习与工作具有积极意义。系列教材的作者都是长期工作在教学和科研领域一线的教师和专家，他们结合自己的教学经验、科研成果和工程实践，通俗而系统地对相关学科领域进行了描述，也对如何进行后续学习和研究提供了指导。

由于"以本为本"的教学改革在不断贯彻落实，对于人才培养的教学与实践改革认识不断深化，受到作者水平限制，难免存在错误和不足之处，敬请各位读者和专家提出宝贵意见。

吴玉程

2018 年 5 月 6 日

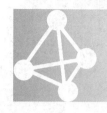

前　言

　　本书是为了响应教育部积极推进新工科建设这一工程教育重大行动计划而编写的大类导论，旨在满足高等学校能源与动力工程专业、电气工程及其自动化专业和自动化专业学生培养目标，以适应产业需求、面向未来发展和跨界交叉融合对工程技术人才的要求。

　　教材共分四篇，第一篇介绍了学科与专业分类、发展概况与专业知识结构与课程体系，通过本篇学习，让学生对专业有初步认识。第二篇至第四篇分别是能源与动力工程、电气工程及其自动化和自动化专业导论部分，分别就专业的基本理论、工程技术以及典型应用进行概述，使学生对专业知识以及专业在国民经济发展中的地位和作用有全面了解。

　　本教材用于能源与动力工程、电气工程及其自动化和自动化专业第一学年课程，希望通过本课程的学习，让学生尽早了解专业概貌和知识脉络，为后续课程学习奠定基础。

　　本书由韩肖清主编，马春燕担任副主编。第一篇由韩肖清编写；第二篇由刘海玉编写；第三篇由马春燕编写；第四篇由郑晟编写。

　　在编写本书的过程中，我们得到了太原理工大学教务部、太原理工大学电气与动力工程学院的老师们的大力支持，特别是李虎伟老师对书稿的质量提出了许多宝贵的修改意见，在此一并表示衷心的感谢。

　　由于作者学识有限，加之本教材编写时间仓促，书中一定有很多疏漏和错误，恳请使用本教材的教师和学生批评指正。编者邮箱为 hanxiaoqing@tyut.edu.cn。

编者

2020 年 4 月

于太原理工大学

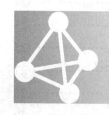

目　录

第二篇 能源与动力工程导论

第三篇　电气工程导论

第一篇

绪　论

第 1 章

能源与动力工程

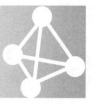

能源是人类赖以生存的物质基础，动力是维系现代工业运行的基本条件。能源动力领域是关系国家繁荣发展、人民生活改善、社会长治久安的国际前沿科技领域，也是国民经济支柱产业；能源动力领域的人才培养对推动我国能源供给革命、能源消费革命和能源技术革命具有重要意义。

1.1.1 动力工程及工程热物理学科

本学科包括以下 8 个学科方向。

1. 工程热物理

工程热物理是能源利用领域的主要基础学科，主要包括热机气动热力学、流体动力学、传热传质、新型可持续的能源供给与利用模式和系统分析等。

工程热物理是体系完整的应用基础学科，其主要研究领域应属技术学科，每个分支学科都有坚实的理论基础和应用背景。工程热力学与能源利用分学科的基础是热力学第一、第二定律，目的是为从基本原理上考虑能源利用和环境问题提供理论与方法。其他分支学科在热力学定律基础上，拥有各具特色的理论和应用基础。热机气动热力学与流体机械分学科的理论基础是牛顿力学定律，传热传质分学科的理论基础是传热和传质定律等。

2. 热能工程

热能工程是研究能源的合理、高效、清洁转换和利用的科学，着重研究通过热能过程和装备实现能源的化学能向热能转换、热能再做功的能源转换和利用的原理与技术，研究和开发能量利用的新理论、新技术、新工艺（流程）、新设备和新材料等，为开发高效的节能产品，淘汰低效、耗能高的产品奠定科学理论和工程技术基础。

热能工程学科是一门应用性极强的技术学科，其主要理论基础是工程热力学、传热传质学、流体力学、燃烧学、多相流体动力学、多相流传热传质学和材料力学、材料物理与化学、材料加工工艺学。热力学的第一定律和第二定律是其研究的理论出发点，它通过新型热力循环的提出和既有热力循环的完善实现能源热功转换和高效利用系统；通过研究化学反应动力学、燃烧学、多相流体动力学、多相流传热传质学等本学科基础理论，掌握和运用能量释放、传递过程（传热传质）的规律，研究减少热量转换与传递过程中有用能损失的方式与方法，建立热功转换过程与设备的设计原理与方法，实现能源的高效转换、节能和减排；通过研究材料力学、材料的物理与化学性能、材料的加工工艺学等，开发能量利用装备生产的新设备、新材料、新技术、新工艺等，设计和开发高效节能的新产品，实现节能、节资，提高了生产效率。

3. 动力机械及工程

动力机械及工程以热力涡轮机、内燃机和正在发展中的其他新型动力机械及其系统为对象，研究各种形式的能源安全、高效、清洁地转换为机械能的基本理论及其关键技术。学科涉及能源、交通、电力、航空、农业、环境等与国民经济、社会发展及国防工业密切相关的领域。

本学科的研究对象从动力系统与机械建模、仿真、优化以及动力机械与设备的气动热力学出发，不仅强调数学、物理、化学、力学、热力学、传热学、流体力学、燃烧学、计算方法、多相流理论的基础知识的积累，而且随着人类逐渐认识到环境对发展的重要性，将学科的外延扩展至燃烧理论与技术、动力机械工作过程及排放净化等领域。鉴于传统能源的日渐匮乏，发展高效、低成本的动力机械的控制理论与技术、热力机械的结构分析及设计方法，开发诸如利用新能源的新型动力机械也将是本学科未来的发展方向。

4. 流体机械及工程

流体机械及工程主要研究各种流体机械装置中的功能转化规律及内流体力学，典型的研究对象包括叶片式压缩机、鼓风机、通风机、泵，其消耗着全国总工业用电量的30%~40%，由此可见其在国民经济与社会生活中的特殊重要地位。本学科以大型流体机械节能减排及国产化为主攻目标，同时兼顾各类先进推进系统研制、新能源开发与利用等领域的重大需求，开展流体机械基础理论与关键共性技术研究。

本学科研究对象除继续重视传统的叶片式流体机械内部宏观流动问题之外，已拓展到微流动、物理化学流体力学、生物流体力学等内容。在研究方法上，大量先进的测量技术及计算工具已使本学科实现了从广泛使用定常流动模拟向三维、非定常、可压缩、黏性、多相流动模拟，甚至考虑随机因素影响的不确定性分析的转变。此外，研究目标从过去只注重揭示内流机理演变到重视采用各种主/被动的流动控制、流固热声电磁光多场耦合模型来提高装置综合性能上。总之，随着理论、实验、数值模拟方法的发展及与其他学科的交叉融合，流体机械及工程学科的理论基础已取得了长足发展。

5. 制冷及低温工程

制冷及低温工程基于热量由低温移至高温的逆循环中的能量传递和转换过程的基本规律，研究获得、保持和应用低温的原理、方法和相应的技术。根据温度的不同，它又可划分为制冷工程和低温工程两个领域，前者涉及环境温度到 120 K 温度范围的问题，后者涉及低于 120 K 温度范围的问题。本学科与国民经济和人民生活密切相关，随着我国国民经济的发展，它的地位越显重要。本学科在机械、冶金、能源、化工、食品保存、环境、生物医学、低温超导以及航天技术等诸多领域中有着广泛的应用，尤其是在民用制冷、商业制冷、工业制冷、生物质速冻保鲜技术、气体液化、超导等方面发挥了不可缺少的重要作用。

制冷及低温工程学科是一门应用技术学科，其主要理论基础是热力学、传热学和流体力学。热力学是研究获得低温的方法、机理以及与此对应的循环。以传热学和流体力学为理论基础，通过研究制冷低温技术中的流动与传热传质学问题，开发高效的制冷低温机械以及设备与装置，推进制冷低温技术基础理论研究、基础实验研究，以及应用研究主要方面的全面发展和工程化进程。

6. 化工过程机械

化工过程机械以机械、过程、控制一体化的连续复杂系统为研究对象，着重研究流程工业所必需的高效、节能、安全和清洁的成套装备中的关键技术，是机械、化工、控制、信息、材料和力学等学科渗透融合而形成的交叉型学科。

化工过程机械是一门交叉型应用技术学科，其主要理论基础是固体力学、流体力学、热力学、传热学、化工原理和控制理论，研究实现流程工业生产所需装备的基础理论及其工程实现方法与技术。

7. 能源环境工程

能源环境工程是研究如何解决各类能源在开采、转化与利用过程中所产生的各种环境问题的科学，研究和开发环保节能新技术（工艺）、新设备和新材料等，实现能源的清洁生产与洁净利用，降低和消除能源利用所带来的各种环境问题，为确保能源的环境友好利用奠定科学理论和工程技术基础。

能源环境工程学科主要从事能源转换和利用过程中的污染物排放控制技术、污染物监测技术和废弃物热力处理技术的研究，以及能源利用和环境保护系统工程研究等。能源环境工程集合了热科学、力学、材料科学、机械制造、环境科学、系统工程科学等高新科学技术，是一个能源、环境与控制三大学科交叉的复合型学科方向。

能源环境工程学科是一门应用技术学科，其主要理论基础是环境化学、能源环境化学、环境工程学、热力学、传热学和燃烧学。实现能源利用的可持续发展是其研究的目标，通过新能源技术的研究、新型污染物监测、控制与资源化利用技术的开发，研究减少能源利用过程中环境负担与危害的方式与方法。

8. 新能源科学与工程

新能源科学与工程以太阳能、地热能、风能、生物质能、水能、海洋能等可再生能源为对象，研究其高效、低成本转化与利用的基本理论及其关键技术。新能源科学与工程是一门针对新兴产业研究的学科方向，涉及能源、材料、化学、物理、生物等多学科交叉领域。新能源科学与工程是一门前沿性、交叉性极强的技术科学，主要的理论基础是热力学、传热学、流体力学、多相流热物理学、多相流光热化学及光电化学、多相化学反应工程学、有机和无机化学、物理化学、能源环境化学、材料物理与材料化学、工程材料学、固体物理学、微生物学、纳米科学和技术等。实现可再生能源的高效、低成本转化与利用是其研究目标。通过太阳能、生物质能、风能、地热能、海洋能等新能源的大规模低成本高效转化与利用技术的开发，解决人类面临的能源与环境问题。

1.1.2　能源与动力工程专业

能源动力类专业（专业代码：0805）以工程热物理相关理论为基础，以能源高效洁净转换与利用、动力系统及装备可靠运行与控制、新能源与可再生能源技术研发与应用、节能环保与可持续发展为学科方向，培养从事能源、动力、环保等领域的科学研究、技术开发、工程设计、运行控制、教学与管理等工作的高素质专门人才。

该专业类所涉及的主干学科为动力工程及工程热物理，相关学科为机械工程、材料科学与工程、核科学与技术、航空宇航科学与技术、化学工程与技术、环境科学与工程等，下设能源与动力工程（专业代码：080501）、能源与环境系统工程（专业代码：080502T）、新能源科学与工程（专业代码：080503T）3个专业。其中，能源与动力工程为基本专业，能源与环境系统工程、新能源科学与工程为特设专业。

依据教育部高等学校教学指导委员会2018年编制的《普通高等学校本科专业类教学质量国家标准》，能源动力类专业培养目标是：培养具有动力工程及工程热物理学科宽厚理论基础，系统掌握能源（包括新能源）高效洁净转化与利用、能源动力装备与系统、能源与环境系统工程等方面专业知识，能从事能源、动力、环保等领域的科学研究、技术开发、设计制造、运行控制、教学、管理等工作，富有社会责任感，具有国际视野、创新创业精神、工业实践能力和竞争意识的高素质专门人才。

随着社会进步和科学技术的快速发展，能源动力类专业的传统内涵正在不断拓展和延伸，与环境科学、材料科学、生物科学、化学科学、信息科学、经济与管理科学等学科不断交叉与融合。对能源转化利用规律探索的不断深化，在拓宽和突破传统专业界限的同时，持续促进新理论、新方法、新技术的产生和应用，这对能源动力类专业教育知识体系的构建及专业人才的培养质量提出了更高的要求。

能源与动力工程致力于传统能源的利用、新能源的开发以及如何更高效的利用各种能源减少对环境的污染。能源既包括水、煤炭、石油、天然气等传统能源，也包括核能、风能、太阳能、地热能、生物质能、光伏发电等新能源，以及未来将广泛应用的氢能。动力方面则主要包括内燃机、锅炉、航空发动机、制冷及相关测试技术。

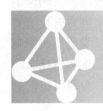

1.2　能源与动力工程发展概况

1.2.1　能源使用初级阶段

人类的衣、食、住、行需要消耗能源，能源最初主要来源于太阳，阳光照射到地球后，植物通过光合作用将能量储存在叶、茎、花、种和根中，包括人类在内的所有动物用直接或间接的方式食用这些植物获得热量维持生命。而人类之所以支配了生物圈，是因为人类发现了如何利用浓缩在生物质中的能量，即燃烧物质。学会使用火是人类迈向文明世界的里程碑，人类成为地球上唯一能够控制火，并且充分利用火的生物物种，火能够加热食物，煮熟的食物有利于人的消化吸收，提高了营养吸收效率，改善了人的健康，由此人类的数量也大大增加。

数千年以前，就开始有一些人使用煤炭取暖照明，但由于其燃烧效果不如木材，在木材原料充沛的情况下，并未大规模应用。1500—1630 年，英国的英格兰、威尔士及苏格兰面临森林资源短缺，木材价格猛涨 7 倍，因此开始大量开采煤炭，17 世纪末期，伦敦已经成为著名的"雾都"，英国的煤炭含量虽然很丰富，但是浅层煤炭很快就耗尽，到 1700 年，一些矿井深度达到了 60 m，矿坑的积水是影响煤炭开采的难题。直到 1705 年，英国人托马斯·纽可曼（Thomas Newcomen）和约翰·考利（John Cawley）发明了一种大气活塞式蒸汽机。纽可曼制造的第一部机器每分钟可以有 12 个冲程，每个冲程可以举起 10 加仑的水，大约马力为 4 kW，这对现代人来说不足为奇，但在当时这种被称为"火机"（fire engineer）的装置却很轰动，纽可曼蒸汽机很快如雨后春笋般大量上市，其中大部分装在矿井入口，此时，矿井的深度可以达到以前的两倍。1700 年，英国年产 270 万 t 的煤炭，到了 1815 年，煤炭产量达到 2 300 万 t，相当于英国当时林地每年可产生能源的 20 倍，如果把这些煤炭用在蒸汽机内，相当于 5 000 万人所产生的动力。

纽可曼的发明是第一部能够提供强大动力的机器，它利用火把水加热，产生蒸汽，然后用来做功，这是第一部在汽缸中使用活塞的机械，可以夜以继日的连续运转，但纽可曼蒸汽机的效率低，体积庞大，使用场合受限。1764 年，新一代工程师的英雄人物苏格兰人瓦特（James Watt）在富豪朋友马休·博尔顿的资助下改良了纽可曼蒸汽机，到 1800 年，瓦特蒸汽机的效率是纽可曼蒸汽机的三倍以上，应用范围从矿井抽水扩展到了磨粉、造纸、冶炼等各种行业。19 世纪初，瓦特的专利过期，各种改良版的蒸汽机涌现，对交通运输业产生了极大的影响。1830 年"火箭"号火车从利物浦开到曼彻斯特，1840 年英国的铁路线长达 2 253 km，美国铁路线长为 7 403 km，1869 年美国建造了第一条横跨东西两岸的铁路。蒸汽机在航海上也有革命性的作用，1838 年"天狼星"号和"伟大的西方"号竞相从英国港口出发前往纽约，争夺第一艘以蒸汽为动力而实现远洋航行轮船的荣耀。这两艘船横渡大西洋所耗费的时间大约比风力航行节省一半时间。交通运输行业只是受蒸汽机发明产生重大变革的行业之一，受蒸汽机影响最大的行业是纺织业，全球制成衣的数量呈指数级增长。瓦特发明了近代蒸汽机，设计出多种改进方案，在蒸汽机的发展上作出了杰出的贡献，因此他被尊为蒸汽机的发明人。

1.2.2　石油与内燃机时代

19 世纪被称为是"煤炭与蒸汽"的时代，20 世纪则是"石油与内燃机"的时代，人类很早就有使用石油的历史记载，但现代石油历史始于 1846 年，当时生活在加拿大大西洋省区的亚布拉罕·季斯纳发明了从煤中提取煤油的方法。1852 年波兰人依格纳茨·武卡谢维奇发明了使用更易获得的石油提取煤油的方法，次年波兰南部克洛斯诺附近开辟了第一座现代的油矿，这些发明很快就在全世界普及开来，1861 年在巴库建立了世界上第一座炼油厂，早期的石油主要用于照明。

蒸汽机的工作原理是燃烧燃料对水加热，水变成蒸汽推动活塞做功，有些工程师认为这种做法效率不高，提出直接在活塞内燃烧燃料，即内燃机（internal combustion engine），这样效率会更高。当时很多科学家都试图制造内燃机，发明内燃机贡献最大的是德国人古斯特·奥托，1876年他申请了划时代的四冲程发动机专利，命名为"奥托发动机"，它的运转方式是：第一步由电池或手摇曲柄将活塞拉回，使燃料和空气进入气缸；第二步活塞推进，将燃料和空气混合；第三步火花点燃空气和燃料混合气；最后一步活塞推进，将燃烧产物排出。到1900年，奥托发动机在企业和生活中已经得到了广泛的应用，奥托的合伙人有卡尔·奔驰、戈特利布·戴姆勒与威尔赫姆·迈巴赫，他们还发明了能够有效混合汽油和空气的化油器，1885年，奔驰、戴姆勒和迈巴赫三人制造出三轮汽车，是第一部可以实际上路行驶的汽车，1890年第一部奔驰汽车上路。

内燃机也使人类实现了上天飞翔的梦想，制造飞机的困难是必须有足够动力的发动机，使飞机能够飞离地面，并且可以在空中加速，同时飞机的重量不能太重，以便飞得高。第一架成功的飞机是法国人克雷芒·阿戴尔发明的，他用的是蒸汽机，但机身太重，1903年，莱特兄弟使用自己设计的发动机试飞成功，内燃机大大减轻了机身重量。

随着汽车航空工业的发展，人类对化石能源的需求激增，整个20世纪，人类严重依赖石油，石油资源成为决定国际事务的关键因素，各国为了争夺石油资源不断发起战争。第二次世界大战的起因就是当时的德国和日本领导人认为，他们必须摆脱石油依赖进口的现状。

1.2.3 能源动力新时代

伴随着蒸汽轮机和燃气轮机的发明，法拉第于19世纪30年代发现磁力和运动会产生电，并制造了首座"发电机"，电的发现使得西方文明迅速进入电气化时代，电大大方便了能量的运输，但大部分的电的产生和动力装置运行几乎全部需要消耗化石燃料，能源的大量消耗除了带来能源危机之外，也引起了严重的环境问题，燃烧产生大量的氮氧化物、硫氧化物和粉尘，著名的事件有洛杉矶烟雾事件、伦敦烟雾事件。人类开始反思，化石燃料不是取之不竭、用之不尽的，人类需要更加清洁、高效的利用能源，开发新能源，于是人类又重新考虑使用太阳能、风能、水力、生物质能等，近几年我国太阳能发电、风力发电、水电也得到了大力发展，生物质气化、液化技术以生物质或煤为原料，制取乙醇和甲醇、氢燃料电池等新的能源利用形式不断涌现。

除此之外，人类还发现了另外一种能源——核能。1900年前后，人类在原子物理学方面取得重大突破，1954年，俄罗斯建立了首座民用核电厂，1955年，美国研制成功鹦鹉螺号核潜艇，是第一艘采用核动力的舰艇，其后，全球大部分的工业化国家都竞相建立核反应堆，我国1991年建成第一座核电站——秦山核电站。核电虽然能提供强大的动力，但其安全性同样令人类担忧，历史上曾经发生过多次核泄漏造成人员伤亡。

人类通过新技术的突破，例如深海钻探技术、页岩气革命，虽然能够开采或发现新的化石能源（可燃冰、页岩气），但人类对能源的需求不断地增加，这也使得挑战永远存在。

1.3 专业知识结构及课程体系

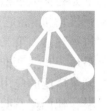

1.3.1 知识结构

能源与动力工程专业先后涉及锅炉、汽轮机、电厂热能、风机、压缩机、制冷、低温、内燃机、工程热物理、水力机械及核能工程 11 个专业。1998 年教育部专业调整形成的热能与动力工程专业包含了原来的热力发动机、流体机械及流体工程、热能工程及动力机械、热能工程、制冷与低温技术、能源工程、工程热物理、水利水电动力、冷冻冷藏工程 9 个专业。根据国家大力发展新兴战略产业指导精神，考虑到现代科学技术在能源科学技术领域的应用和新能源技术的发展方向，考虑到国家及地区对能源与动力工程的需求，2012 年教育部新版高校本科专业目录中调整热能与动力工程为能源与动力工程，能源与动力工程专业服务于能源动力产业，其作为国民经济重要的基础产业，也是国家科技发展的基础方向之一。

能源与动力专业包括以热能转换与利用系统为主的热能动力工程及控制方向、以内燃机及其驱动系统为主的热力发动机方向、以电能转换为机械功为主的流体机械与制冷低温工程方向以及新能源应用技术方向等。

1.3.2 课程体系

1. 通识教育

涉及人文社会科学、经济与管理、环境科学、生命科学等很多学科，相关课程类别有政治理论、军事理论、道德修养、法律基础、管理基础、经济基础、环境保护与可持续发展、中华文化、中外历史、音乐欣赏、体育知识等。一般来讲，政治理论、军事理论、道德修养等少部分课程属于必修，更多的课程属于选修。

2. 基础知识：高等数学、大学物理、工程制图、英语、VisualBasic（VB）、Microsoft Visual C++、文献检索等。

3. 主干课程：工程力学、机械设计基础、机械制图、电工与电子技术、工程热力学、流体力学、传热学、控制理论、测试技术、燃烧学等。

4. 专业知识：根据该专业人才培养目标和培养规格，因专业方向的不同而有所差别。

（1）热能动力及控制工程方向（含能源环境工程方向）

主要掌握热能与动力测试技术、锅炉原理、汽轮机原理、燃烧污染与环境、动力机械设计、热力发电厂、热工自动控制、传热传质数值计算、流体机械等知识。

（2）热力发动机及汽车工程方向

掌握内燃机原理、结构、设计、测试、燃料和燃烧，热力发动机排放与环境工程，能源工程概论，内燃机电子控制，热力发动机传热和热负荷，汽车工程概论等方面的知识。

（3）制冷低温工程与流体机械方向

掌握制冷、低温原理、人工环境自动化、暖通空调系统、低温技术学、热工过程自动化、流体机械原理、流体机械系统仿真与控制等方面的知识。使学生掌握该方向所涉及的制冷空调系统、低温系统，制冷空调与低温各种设备和装置，各种轴流式、离心式压缩机和各种容积式压缩机的基本理论和知识。

（4）水利水电动力工程方向

掌握水轮机、水轮机安装检修与运行、水力机组辅助设备、水轮机调节、现代控制理论、发电厂自动化、电机学、发电厂电气设备、继电保护原理等方面的知识，以及水电厂计算机监控和水电厂现代测试技术方面的知识。

5. 实践教学：主要实践性教学环节包括军训、金工实习、电工、电子实习、认识实习、生产实习、社会实践、课程设计、毕业设计、毕业实习等。

6. 专业实验：传热学实验、工程热力学实验、动力工程测试技术实验、流体力学实验等。

根据专业方向不同，毕业生可以选择继续深造，如读硕士、博士，也可以本科毕业后在大型企业、相关公司以及相关的研究所、设计院、高等院校和管理部门从事与热能工程、动力工程、制冷工程、动力机械、航空航天、环保与大气污染治理等相关方面的研究与设计、产品开发、制造、试验、管理、教学等工作。主要就业方向为发电厂、汽车制造厂、内燃机厂、锅炉厂、大型机械厂、造船厂、空调厂、制冷设备厂、暖通工程，以及其他涉及能源利用和动力装置的大中型企业和国防工业部门就业。

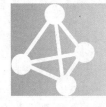

思　考　题

一、填空题

1. 热能工程学科的主要理论基础是_____、传热传质学、_____、燃烧学、多相流体动力学、多相流传热传质学和材料力学、_____、材料加工工艺学。

2. 动力工程及工程热物理学科包括_____、热能工程、_____、流体机械及工程、_____、化工过程机械、_____和新能源科学与工程8个学科方向。

二、名词解释

1. 热能工程
2. 工程热物理

三、简答题

1. 能源动力类专业的培养目标是什么?
2. 能源与动力专业有哪些基础课程和专业课程?

第 2 章

电气科学与电气工程

"电"是能量转换与传输以及信息传播的重要载体，是人类现代文明和社会发展的基础。人类对电磁物理规律的一系列探索和发现以及电能的广泛利用，将人类引入一个新的发展阶段。从电气科学与工程的发展，可以将其特点归结为：

（1）历史悠久，活力恒新。早在公元前七八世纪，人们就用文字记载了自然界的闪电现象和天然磁石的磁现象。近代，一系列对电磁现象及其规律的探索和发现以及19世纪建立的麦克斯韦电磁场方程组，奠定了人类利用电、磁能量与信息的理论基础，引发了第二次产业革命，促进了电气化的实现。20世纪，电气科学技术的发展将电和磁相互依存、相互作用的规律研究得非常深入，并将研究的关注点逐渐转向电磁与物质相互作用的新现象和新原理，衍生出许多新兴技术。今后，电磁与物质相互作用的新现象、新原理和新应用研究将有更大的扩展和深化，电气科学与工程学科的活力正与日俱增。

（2）交叉面广，渗透性强。在近百年的发展中，从电气学科萌生、分化及交叉产生出许多新兴学科，如电子、信息、计算机、自动控制等。电磁与物质相互作用涉及物质的多种特性，从而涉及多个相关学科，使电气学科的发展必然伴随着很强的交叉性和渗透性。交叉面涉及数学、物理学、化学、生命科学、环境科学、材料科学以及工程类科学中的相关学科等。21世纪以来，随着新科技革命的迅猛发展，方兴未艾的信息科学和技术、迅猛发展的生命科学与技术、能源科学与技术、纳米科学与技术，都与电气科学与工程学科有着密切的交叉渗透关系，是电气学科开放开拓、培植创新生长点的重要对象。

（3）研究对象的时空跨度大。在空间上，从微观、介观（介于宏观与微观之间的一种状态）到宏观，从研究电子在电磁场中的运动到分析数百万平方公里范围内超大规模电力系统的运行。在时间上，从探索皮秒（$1 \text{ ps}=10^{-12} \text{ s}$）、纳秒级的快脉冲功率到研究日、月、年长度的电力系统经济调度。不同时空尺度下的电磁现象及其与物质相互作用产生的现象呈现出多样性和复杂性，为本学科的发展提供了广阔的创新空间。

2.1　电气科学与电气工程专业介绍

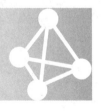

2.1.1　电气科学与工程学科

国家自然科学基金委员会工程与材料科学部编写的《电气科学与工程学科发展战略研究报告（2016—2020）》中指出，电气科学与工程是研究电（磁）能的产生、转换、传递、利用等过程中的电磁现象及其与物质相互作用规律的学科，包含电（磁）能科学及电磁场与物质相互作用两个科学领域。根据研究对象的不同，电气科学与工程学科分为电气科学、电气工程和学科交叉三大研究分支，其内涵与分支见表2–1–1。

表 2-1-1　电气科学与工程学科的内涵与分支

学科	分支	研究方向	研究内容
电气科学与工程	电气科学	电磁场	电磁现象及其过程中的理论和计算问题
		电网络	复杂电网络分析、综合与诊断
		电磁兼容	电磁干扰的产生、影响评估与防护技术、电气设备与系统的电磁兼容、电磁辐射与防护
		电工材料	各种电工材料多物理场作用下的本构关系与特性调控方法
		电磁测量与传感器	材料、元件、设备及系统电磁参数及电磁特性测量的原理、方法及其与信息化结合的技术
	电气工程	电机系统	机电能转换装置与系统的基础理论、设计制造与集成、计算机分析与仿真、性能测试、运行控制、故障诊断、可靠性等理论、方法与技术
		电力系统	电力系统的规划设计、特性分析、运行管理、控制保护等理论和方法，以及新型发电与输配电形式、电力市场等内容
		高电压与绝缘	高电压的产生、测量和控制，电介质放电与绝缘击穿，过电压及其防护，极端条件下的绝缘特性与理论，电接触与电弧理论，高性能开关电器理论与技术
		电力电子	基于电力电子器件的电能变换装置与系统的拓扑结构、建模与仿真、控制、系统集成应用的理论、方法与技术
		极端条件下的电工技术	极端条件的产生及其对物质和生命的效应等，研究范围包括各种复杂电磁装置与系统，涵盖深海、深地、深空等特殊环境，强磁场、短时超大电流、超高速等运行条件下的电气设备
	学科交叉	生物电磁	生物电磁特性及应用、电磁场的生物学效益与生物物理机制、生物电磁信息检测与利用、生命科学仪器和医疗设备中的电工新技术
		电能存储	电能的直接储存、转换到其他能量形式的间接存储中所涉及的新原理、新方法和新技术
		超导电工	新型超导材料的性能及其在电工装备中的应用
		气体放电与等离子体	利用气体放电人造等离子体的新方法、新技术
		能源电工新技术	能源开发利用、能量转换以及节电中涉及的新原理、新方法和新技术
		环境电工新技术	基于电磁方法的环境治理与废物处理等内容

2.1.2　电气工程及其自动化专业

电气类专业包括基本专业电气工程及其自动化（专业代码 080601），以及特设专业智能电网信息工程（专业代码 080602T）、光源与照明（专业代码 080603T）和电气工程与智能控制（专业代码080604T）。

依据教育部高等学校教学指导委员会 2018 年编制的《普通高等学校本科专业类教学质量国家标准》，电气类专业培养目标是：电气类专业培养具有工科基础理论知识和以电能生产、传输与利用为核心的相关专业知识，能够利用所学知识解决工程问题和构建工程系统，具有良好的社会道德和职业道德以及适应社会发展的综合素养，可以从事与电气工程有关的规划设计、电气设备制造、发电厂和电网建设、系统调试与运行、信息处理、保护与系统控制、状态检测、维护检测、环境保护、经济管理、质量保障、市场交易等领域工作，具有科学研究、技术开发与组织管理能力的高素质专门人才。

电气工程是围绕电能生产、传输和利用其所开展活动的总称，电气工程作为一个学科，发源于 19 世纪中叶逐渐形成的电磁理论，在电气工程学科发展的基础上形成了电力及相关工业。20 世纪是全球电气化的世纪，电气工程专业的高等教育随之迅速发展起来。

21 世纪是工业化和信息化并存的快速发展阶段，经济社会发展对电力的需求仍在不断增长，电力及相关工业发展潜力巨大。在可以预见的将来，电力及相关工业人才需求旺盛。随着信息化时代的到来，网络化自动化理念已经完全融合到电气工程当中，正在向智能化方向发展。因此，电气工程学科已发展成为"强电"（电为能量载体）与"弱电"（电为信息载体）相结合的专业，电气类专业高等教育承担着为国家培养电气工程人才的重任。

2.2　电气科学与工程发展概况

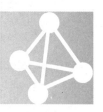

电气科学与工程的发展起源于人类对自然界的雷电现象和天然磁石电磁现象的观察和认知。

2.2.1　电气科学及理论的形成

我国古代春秋末期的《管子·地数》、战国时期的《鬼谷子》、战国末期的《吕氏春秋》记载中都曾记述了天然磁石及其吸铁现象，指南针的发明成为中国对世界文明发展的重要贡献。

近代电磁学的研究可以认为始于英国的威廉·吉尔伯特（Wiliam Gilbert，公元1544—1603 年）。1600 年，他用拉丁文发表的《论磁石》是物理学史上第一部系统阐述磁学的科学专著。《论磁石》共有六卷，书中的所有结论都是建立在观察与实验基础上的。著作中记录了磁石的吸引与推斥，磁针指向南北等性质，烧热的磁铁磁性消失，用铁片遮住磁石，它的磁性将减弱。他研究了磁针与球形磁体间的相互作用，发现磁针在球形磁体上的指向和磁针在地面上不同位置的指向相仿，还发现了球形磁体的极，并断定地球本身是一个大磁体，提出了"磁轴""磁子午线"等概念。吉尔伯特关于磁学的研究为电磁学的产生和发展创造了条件。

在吉尔伯特之后，有大批科学家对电磁学进行了进一步的研究，有力地推动了电磁学理论的建立和发展。

2.2.2 电气科学与工程实用化发展

麦克斯韦方程组是现代电磁学最重要的理论基础，已成为 20 世纪科学技术迅猛发展最重要的动力之一。在生产及生活需要的直接推动下，具有实用价值的发电机和电动机相继问世，并在应用中不断得到改进和完善。早期的用电设备只能由伏打电池供电，功率很小，但成本很高，因此人们开始研究实用的发电机。

1832 年，法国科学家波利特·皮克斯（Hippolyte Pixii）发明了手摇式直流发电机，其原理是通过转动永磁体使磁通发生变化而在线圈中产生感应电动势，并把这种电动势以直流电压形式输出。1879 年，美国科学家爱迪生（Tomas Edison）试验成功了真空玻璃泡中碳化竹丝通电发光的灯泡，它的灯泡不仅能长时间稳定发光，而且工艺简单、制造成本低廉，是电能进入人类日常生活的转折点。

电气科学与工程实用化发展历程见表 2-2-1。

表 2-2-1　电气科学与工程实用化发展历程

1882 年	法国英国	高兰德 L.Gauland 吉布斯 J.D.Gibbs	研制成功了第一台具有实用价值的变压器，并获得了"照明和动力用电分配方法"的专利
1888 年	英国	费朗蒂 Sebastian Ferranti	由其设计，建立在泰晤士河畔的伦敦大型交流发电站开始输电，其输出电压高达 10 000 V，经两级变压输送到用户
1890 年	美国		第一座 3.3 kV 交流输电系统完成
1891 年	德国		在德国法兰克福电气技术博览会上，进行了远距离交流输电实验，将 18 km 外三相交流电发电机的电能用 8 500 V 的高压送电，输电效率达到 75%
1895 年	美国		从 1891 年开始建造尼亚加拉水电站，采用三相交流输电系统，1895 年建成，1896 年投入运行，将发出的 5 kV 电压用变压器升至 11 kV，输送到 40 km 外的布法罗市
1898 年	美国		纽约建立了容量为 30 000 kW 的火力发电站，用 87 台锅炉推动 12 台大型蒸汽机为发电机提供动力
1912 年	美国		GE 公司正式使用消弧室
1933 年	德国		AEG 公司制造 220 kV 级之气冲式断路器
1936 年	美国		完成 287 kV 线路
1946 年	美国	Eckert	完成 ENIAC 真空管计算器
1948 年	美国	Bardeen	发明晶闸管
1952 年	美国	西屋公司	研制 SF6 断路器

1954 年	瑞典		100 kV 的 HVDC 线路正式运转
1957 年	美国		第一座核电站运转
1969 年	美国		765 kV 交流线路建成运转
1978 年	美国		分布式发电技术诞生
1986 年	美国	电科院 N.G.Hingorani	提出 FACTS 概念
2001 年	美国	电力科学研究院	提出智能电网 Intelligrid 概念
2003 年	美国	国家能源部	发布 Grid2030
2005 年	中国	国家电网	提出建设特高压电网 UHV 骨干网
2006 年	欧盟		提出灵巧电网 Smart Grid
2009 年	中国	国家电网	提出建设坚强智能电网
2019 年	中国	国家电网	提出建设泛在电力物联网

2.2.3　电气科学与工程发展趋势

　　电气科学与工程学科的发展与交叉学科提供的新理论、新方法、新材料等密不可分。进入 21 世纪，电气科学与工程学科呈现出同时向纵深发展和向新领域扩展的旺盛发展态势，电能转换、传输、应用向着高效、灵活、安全、可靠、环境友好的方向发展。

　　2001 年，美国电力科学研究院提出智能电网 Intelligrid 概念。2003 年，美国国家能源部发布 Grid2030 计划。2005 年，中国国家电网提出建设特高压电网。2006 年，欧盟提出 Smart Grid 概念。电能输送距离和容量不断增大，大规模集中式与分布式可再生能源接入系统的规模逐渐加大，用户对电网的供电可靠性与电能质量要求日益提高，电力系统从规划建设到运行管理都面临着许多新的挑战，大数据、物联网、云计算、能源互联网等新技术为电力系统运行与管理水平的提高创造了新机遇。利用电力电子对电能进行变换和控制以实现高效可靠地传输、储存及应用，已成为一个活跃的领域，电力电子变换、控制及应用等技术的发展已进入集成化阶段，从模块集成到子系统集成，再到应用系统的集成，解决集成中方法论、稳定性、可靠性、电磁兼容等成为研究关注的热点问题。

　　输电电压等级的不断提高、单机容量的不断增大、设备使用寿命的不断延长，使得进一步研究输电线路的电晕抑制、过电压的防护、新型绝缘材料的应用、电力设备的绝缘老化规律、电力设备绝缘监测与诊断等技术成为高电压与绝缘研究领域的重要内容。随着电气设备应用领域的不断拓宽和人类对客观事物认识的不断深入，高电压工程与物理、电解质绝缘、带电粒子束、等离子体等学科在不断高度交叉与融合，带动了物理、化学、冶金、材料、环境、生物医学等学科的共同发展。这些研究在国防、新能源开发、航空航天、生物医疗、环境保护等方面的应用将成为未来发展趋势。

电气科学与环境科学、生命科学、信息科学等的交叉催生了生物电磁、电能储存、超导电工、气体放电与等离子体、能源电工新技术、环境电工新技术等新兴研究分支，已成为电气科学与工程学科中创新活跃区。

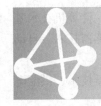

2.3 专业知识结构与课程体系

2.3.1 知识结构

电气工程及其自动化涉及电力电子技术、计算机技术、电机电器技术、信息与网络控制技术、机电一体化技术等诸多领域，是一门综合性较强的学科，其主要特点是强弱电结合、机电结合、软硬件结合、电工技术与电子技术相结合、元件与系统相结合，使学生获得电工电子、系统控制、电气控制以及计算机应用技术等领域的基本知识和技能。电气科学与工程的理论基础包括电路理论和电磁场理论。

（1）电路理论

电路理论是研究电路中发生的电磁现象，并用电流、电荷、电压、磁通等物理量描述其中的过程，主要用于计算电路中各器件的端子电流和端子间的电压。主要物理量包括电流、电压和电动势。涉及欧姆定律、基尔霍夫定律、基尔霍夫电流定律和基尔霍夫电压定律。

（2）电磁场理论

电磁场理论是研究电磁场中各物理量之间的关系及其空间分布和时间变化的理论。1885年英国物理学家詹姆斯·麦克斯韦在法拉第研究的基础上，采用严格的数学形式，建立了一组描述电场、磁场与电荷密度、电流密度之间关系的偏微分方程，将电磁场的基本定律归结为四个微分方程，人们称之为麦克斯韦方程组（Maxwell's equations），它由四个方程组成：高斯定律、高斯磁定律、麦克斯韦–安培定律、法拉第感应定律。

2.3.2 课程体系

1. 基础课程

（1）数学和自然科学类课程。数学包括微积分、常微分方程、级数、线性代数、复变函数、概率论与数理统计等知识领域的基本内容。物理包括牛顿力学、热学、电磁学、光学、近代物理等知识领域的基本内容。根据需要可以补充普通化学的核心内容和生物学类基础知识。

（2）人文社会科学类课程。通过人类社会科学教育，使学生在从事电气工程设计时能够考虑经济、环境、法律、伦理等各种制约因素。

2. 学科基础课程

工程基础类课程、专业基础类课程，应能体现数学和自然科学在本专业类应用能力的培养。学校根据自身专业特点，在下列核心知识内容中有所侧重、取舍，通过整合，形成完整、系统的学科基础课程体系。

工程基础类课程包括工程图学基础、电路与电子技术基础、电磁场、计算机技术基础、信号分析与处理、通信技术基础、系统建模与仿真技术、检测与传感器技术、自动控制原理、电气工程材料基础等知识领域的核心内容。

专业基础类课程包括电机学、电力电子技术、电力系统基础、高电压技术、供配电与用电技术等知识领域的核心内容。

3. 专业课程

专业课程应能体现系统设计和实现能力的培养。各高校可根据自身定位和专业培养目标设置专业课，与专业基础课程相衔接，构成完整的专业知识体系。

4. 主要实践性教学环节

工程实践与毕业设计（论文）。应设置完善的实践教学体系，与企业合作，开展实习、实训，培养学生的动手能力和创新能力。实践环节应包括：金工实习、电子工艺实习、各类课程设计与综合实验、工程认识实习、专业实习（实践）等。毕业设计（论文）选题应结合电气工程实际问题，培养学生的工程意识、协作精神以及综合应用所学知识解决实际问题的能力。对毕业设计（论文）的指导和考核应有企业或行业专家参与。

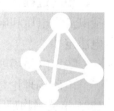

思 考 题

一、填空题

1. 电气类专业包括基本专业_____、特设专业_____、_____和_____。

2. 电气工程及其自动化涉及_____、计算机技术、_____、_____、机电一体化技术等诸多领域，是一门综合性较强的学科。

二、名词解释

1. 电气科学与工程

2. 电路理论

三、简答题

1. 电气类专业培养目标是什么？

2. 电气工程及其自动化专业有哪些基础课程和专业课程？

第 3 章

控制科学与自动化

自动化（Automation）可以概括性地定义为：研制系统代替人或辅助人去完成人类生产、生活和管理活动中的特定任务，减少和减轻人的体力和脑力劳动，提高工作效率、效益和效果。自动化技术广泛用于工业、农业、军事、科学研究、交通运输、商业、医疗、服务和家庭等方面。自动化的概念是动态发展和变化的。过去人们对自动化的理解是以机械的动作代替人力操作，自动地完成特定的作业。这实质上是自动化代替人的体力劳动的观点。随着电子和信息技术的发展，特别是随着计算机的出现和广泛应用，自动化的概念已扩展为用机器（包括计算机）不仅代替人的体力劳动而且还代替或辅助脑力劳动，以自动地完成特定的作业。

无论是在自然界或是在工程界，"控制"都是普遍存在的动作或行为。"控制"一词也为大家所熟知和使用，所谓"控制"指的是通过某些措施，使人们做事情的过程或事物变化的过程符合规范或预期，最终能达到或实现预定目标。我们的预定目标是情绪，称为"情绪控制"；预定目标是生产成本，叫"成本控制"；如果我们的预定目标是实现自动化，就是"自动控制"。

总之，自动化是指机器或装置在无人干预的情况下按规定的程序或指令自动地进行操作或运行。控制就是使某个对象中物理量按照一定的目标来动作，而自动控制是指在没有人直接参与的情况下，利用控制设备使被控对象中某一物理量或数个物理量准确地按照预定的要求规律变化。自动化主要研究的是人造系统的控制问题，而控制则除了上述研究外，还研究社会、经济、生物、环境等非人造系统的控制问题，例如生物控制、经济控制、社会控制及人口控制等。

因此，自动化是工业、农业、国防和科学技术现代化的重要条件和显著标志。

3.1 控制科学与工程及自动化专业介绍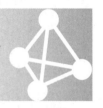

3.1.1 控制科学与工程学科

依据我国研究生培养体系，在工科门类下与自动化相对应的一级学科名称是"控制科学与工程"学科。控制科学与工程学科（学科代码0811）是一个覆盖面宽、层次跨度大的一级学科，它由控制理论与控制工程（081101）、检测技术与自动化装置（081102）、系统工程（081103）、模式识别与智能系统（081104）和制导、导航与控制（081105）五个二级学科组成。

控制科学是以控制论、信息论、系统论为其方法论基础的，它研究的是人们实现有目的的行为的一般原理和方法，在这个意义上，控制科学对于人们认识自然、改造自然具有普遍的意义，工程控制论固然是其中最重要也最富有成果的分支，但随着人类社会不断发展和进步，控制科学也在广泛的非工程领域得到应用，如人口控制论、经济控制论、生物控制论等都是控制论原理在这些领域的具体发展。

控制工程是控制论一般原理在工程系统中的具体体现，这种工程系统包括各类传统和先进的制造系统、电力系统、核工程系统、航天航空航海系统等。控制工程作为控制科学原理的具体实现，从宏观上讲，控制系统只是整个工程系统中的一部分；从微观上讲，控制系统的实现要与传感技术、执行机构紧密结合。因此，控制工程应该也必须在与各工程领域的结合和各种相关技术的集成中得到发展。

控制科学与工程作为一门通用的技术学科，并没有明确的行业背景，但在各行各业均起着重要的作用，而且其基础理论研究、技术发展、应用开发各层次有着完全不同的特色和评价体系，用通俗的话来说，这一学科包含的内容软硬俱全，软可以软到控制数学，在抽象层面上以数学和逻辑为工具研究控制系统的一般规律，如能控性、能观性、最优性、稳定性、离散系统状态变迁等，硬可以硬到完全与硬件打交道，用元器件、集成电路搭建控制器，与传感器和执行机构组合成一个实实在在的控制系统。因此，不同特长的人在这门学科里都能找到自己发挥才能的兴趣点，是一门内涵丰富、外延宽广的综合性技术学科。

下面介绍一下控制科学与工程的五个二级学科。

（1）控制理论与控制工程

以工程领域内的控制系统为主要对象，以数学方法和计算机技术为主要工具，研究各种控制策略及控制系统的建模、分析、综合、设计和实现的理论、技术和方法。控制理论方面的研究重点是：智能控制，优化控制，非线性控制，鲁棒控制和网络化控制等。主要面对的控制工程对象包括：生产过程控制，运动控制及智能制造，飞机的自动控制，卫星发射及运行控制和导弹制导控制等方面。

（2）检测技术与自动化装置

研究被控对象的信息提取、转换、传递与处理的理论、技术和方法；涉及现代物理、控制理论、电子学、计算机科学和计量科学等。研究领域包括新的检测理论和方法、新型传感器、自动化仪表、自动检测系统、新型控制装置以及他们的集成化、智能化、网络化和可靠性技术。

（3）系统工程

从整体出发合理组织、控制和管理各类系统的工程技术学科。以工业、农业、交通、军事、经济、社会等领域中的各种复杂系统为主要对象，如：三峡大坝的建设、航空母舰的设计、制造、神舟飞船登月等大型复杂系统。面对复杂系统需要以系统科学、控制科学、信息科学和应用数学为理论基础，以计算机技术为基本工具，以优化为主要目的，采用定量分析为主、定性定量相结合的综合集成方法，研究解决带有一般性的系统分析、设计、控制和管理问题。

（4）模式识别与智能系统

模式识别与智能系统是20世纪60年代以来在信号处理、人工智能、控制论、计算机技术等学科基础上发展起来的新型学科。该学科以各种传感器为信息源，以信息处理与模式识别的理论技术为核心，以数学方法与计算机为主要工具，探索对各种媒体信息进行处理、分类、理解，并在此基础上构造具有某些智能特性的系统或装置的方法、途径与实现，以提高系统性能。模式识别与智能系统是一门理论与实际紧密结合，具有广泛应用价值的控制科学与工程的重要学科分支。

（5）导航、制导与控制

以数学、力学、控制理论与工程、信息科学与技术、系统科学、计算机技术、传感与测量技术、建模与仿真技术为基础的综合性应用技术学科。研究航空、航天、航海、陆行各类运动体位置、方向、轨迹、姿态的检测、控制及其仿真是国防武器系统和民用运输系统的重要核心技术之一。

3.1.2　自动化专业

根据 2020 年国家公布的《普通高等学校本科专业目录》，自动化专业（专业代码 080801）归属于学科门类：工学（08），自动化类（0808）。在自动化类下面，除自动化专业外，还有：轨道交通信号与控制（专业代码 080802T）、机器人工程（080803T）、邮政工程（080804T）、核电技术与控制工程（080805T）、智能装备与系统（080806T）、工业智能（080807T）六个专业。

1. 自动化专业培养目标

参照 2007 年教育部高等学校自动化专业教学指导分委员会编写出版的《自动化学科专业发展战略研究报告》，本科生自动化专业的培养目标是使学生具备电工电子、控制理论、自动检测与仪表、信息处理、系统工程、计算机技术与应用和网络技术等较宽广领域的工程技术基础和一定的专业知识，能在运动控制、工业过程控制、电力电子技术、检测与自动化仪表、电子与计算机技术、信息处理、管理与决策等领域从事系统分析、设计、运行以及科技开发及管理等方面的工作。

自动化专业的本科毕业生应具有以下四个方面的知识和能力：（1）在通识教育和综合素质方面，应具备坚实的数学、物理等自然科学基础，较好的人文社会科学基础和外语综合应用能力。（2）在专业基础方面，应掌握电路理论、电子技术、控制理论、信息处理、计算机软硬件基础及应用等。（3）在专业知识方面，应掌握运动控制、工业过程控制、自动化仪器仪表、电力电子技术、信息传输与处理等方面的知识和技能，完成系统分析、设计及开发方面的工程实践训练，并对本专业的学科前沿、发展动态和发展趋势有所了解。（4）在专业应用及综合能力方面，应具备一定的本专业领域内从事科学研究、科技开发和组织管理的能力，并有较强的工作适应能力。

2. 轨道交通信号与控制专业培养目标

轨道交通信号与控制专业培养掌握自动控制理论、轨道交通控制技术、计算机原理及应用技术、传感器及检测技术、可编程控制器原理及应用、电力电子技术等方面的基础理论、专门知识与基本技能，在高速铁路、客运专线、既有铁路、地铁及城市轨道交通领域的信息和控制专门人才，以适应我国轨道交通事业的快速发展和对铁路信号技术和管理人才的迫切需求。毕业生可在铁路、城市轨道交通、电子、信息、仪表等领域从事系统运行、自动控制、信息处理、试验分析、研制开发与设计、运营维护管理等工作，也可在高校、研究院所从事教学和科学研究工作。

3. 机器人工程专业培养目标

经教育部批准，2015 年东南大学首次成立了"机器人工程专业"，在 2016 年有 25 所本科院校开设机器人工程专业，2017 年有 60 所高校新增了"机器人工程"专业，2018 年有 101 所高校。到 2019 年 3 月教育部共批准了 187 所不同类型的普通高等学校开设"机器人工程"本科专业。

各高校机器人工程专业的培养目标各有特点，其中，应用型院校的培养目标是：机器人工程专业以工程应用为背景，以机器人机械结构、运动伺服控制、可编程控制、微处理器应用、机器人控制为能力培养主线，重视软硬件相结合、强弱电相结合，培养学生掌握工业机器人结构与控制技术、机器人传感器技术、机器人系统集成及编程应用、电工电子技术、自动控制、运动控制、自动检测技术、微处理器系统与网络技术等较宽领域的专业知识和工程能力。学生毕业后，能在工业自动化，特别是工业机器人技术相关领域从事系统设计与开发、技术集成、系统安装、维护和技术管理等工作。

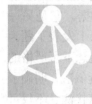

3.2 自动化及自动控制原理发展概况

3.2.1 自动化技术初级阶段

人类很早就进行了简陋自动化装置的探索，留下了许多记载与传说，直至 1788 年之前的工匠技巧阶段，由于技术与理论都没有真正地发展起来，都未能有重大的突破。

公认的自动化技术的起源在 18 世纪前后（大约在 1788 年）。随着工业革命在英国的出现，对动力的需求增加，因此出现了蒸汽机。人们在使用蒸汽机的时候，发现保持其转速的稳定是一个大问题，为此发明了飞球转速控制器（也叫离心调速器），离心调速器如图 3-2-1 所示。

如果转速由于蒸汽机负荷波动而下降，与蒸汽机连接的飞球系统的转动速度也下降，离心力减小，飞球相对位置下移，调节杠杆左端下降，使得杠杆右端上升，阀门开度增加，送入蒸汽机的蒸汽量增加，转速回升。反之亦然，可使系统的速度得以稳定。这是一个典型的具有负反馈的速度调节系统。

其他的各种发明还有 1854 年俄国机械学家和电工学家康斯坦丁诺夫发明的电磁调速器。1868 年法国工程师法尔科发明了反馈调节器，通过它来调节蒸汽阀，操纵蒸汽船

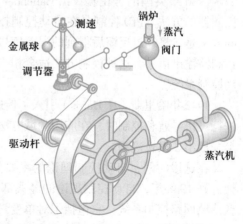

图 3-2-1　离心调速器

的舵。

　　人们很快发现，有的蒸汽机的飞球调速器投入运行后，蒸汽机的转速会产生周期性的大幅度波动，无法正常工作。到 19 世纪又发现了船舶上自动操舵机的稳定性问题。能工巧匠们反复地在制造工艺上不断地摸索，努力减小摩擦，调整弹簧等，始终无法从根本上解决稳定性问题。

　　稳定性问题引起了人们的广泛关注，一些数学家、物理学家尝试用数学工具来描述和分析系统的稳定性问题。1868 年，英国物理学家麦克斯韦尔（J. C. Maxwell），把蒸汽机的调速过程变成了一个线性微分方程的问题，建立了调速器的数学模型。1876 年，俄国的维斯聂格拉斯基（J. A. Vyschnegradsky）结合实际的蒸汽机研制，进一步总结了调节器的理论，用线性微分方程描述了整个系统，包括控制器也包括被控对象，把稳定性问题简化成对齐次微分方程的通解的研究，使控制系统的动态特性仅决定于两个参量。1875 年麦克斯韦尔的学生，英国数学家劳斯（E. J. Routh）提出了著名的劳斯稳定判据，它是一种代数稳定判据，可以根据微分方程的系数来判定控制系统的稳定性。1895 年德国数学家赫尔维茨（A. Hurwitz）提出著名的赫尔维茨稳定判据，它是另一种形式的代数稳定判据。1892 年俄国数学家李雅普诺夫（A. M. Lyapunov）发表了题为"论运动稳定性的一般问题"的专著，以数学语言形式给运动稳定性的概念下了严格的定义，给出了判别系统稳定的两种方法。李雅普诺夫第一法又称为一次近似法，明确了用线性微分方程分析稳定性的确切适用范围。李雅普诺夫第二法又称为直接法，不仅可以用来研究无穷小偏移时的稳定性，即小范围内的稳定性，而且可以用来研究一定限度偏移下的稳定性，即大范围内的稳定性。李雅普诺夫稳定性理论至今仍是分析自动控制系统稳定性的重要方法。

　　20 世纪，通信技术、电子技术开始发展。1927 年美国贝尔实验室的布莱克（H. Black）利用负反馈技术设计了电子管放大器。1932 年美国的奈奎斯特（H. Nyquist）发表了采用图形的方法来判断系统稳定性的方法。在其基础上伯德（H. W. Bode）等人建立了一套在频域范围设计反馈放大器的方法。这套方法，后来也被用于自动控制系统的分析与设计。

　　1936 年英国的考伦德（A. Callender）和斯蒂文森（A. Stevenson）等人给出了 PID 控制器的方法。PID 控制是在自动控制技术中占有非常重要地位的控制方法。PID 控制的含义是，将经过反馈后得到的误差信号分别进行比例、积分和微分运算后再叠加得到控制器输出信号。这种控制方式适合相当多的被控对象，目前仍然广泛地运用于多数自动控制系统。

　　1942 年哈里斯（H. Harris）引入了传递函数的概念。1948 年伊万斯（W. R. Evans）在进行飞机导航和控制时，在应用频域方法时遇到了困难，因此他又回到特征方程的思路上并提出了根轨迹法。

　　在这段时间，自动控制理论的主要数学工具是微分方程、复变函数和拉普拉斯变换。到 1948 年，自动控制理论的经典部分都已基本提出，经典控制理论主要是研究单变量单回路控制系统，它包括了对单变量单回路控制系统的一系列分析方法，如，多种控制系统的稳定性分析方法、根轨迹法、频率分析法等。另一方面，以模拟电子技术

（主要是电子管和交磁放大机）为基础构成的 PID 控制器，则代表自动化技术已经基本形成，并达到了实用化的程度。

3.2.2 系统化和智能化方法

维纳是个数学家，在世界大战期间，参加了提高火炮打飞机精度的研究工作。维纳把火炮自动打飞机的动作过程与人狩猎的行为作了类比，从中发现了重要的反馈概念。他认为稳定活动的方法之一，是把活动的结果所决定的一个量，作为信息的新调节部分，反馈回控制仪器中。1943 年，维纳等人共同发表了"行为、目的和目的论"一文，标志控制论开始萌芽。

1943 年至 1944 年之间的冬末，由维纳和诺依曼发起，在普林斯顿召开了一次对控制论的全面讨论会，工程界、数学界和生物学界都有代表参加。这次会议使大家了解到，在不同领域的工作者之间确实存在着共同的思想基础，每一个人都可以运用已经由别人发展得更为成熟的概念，然而必须采取一些步骤来获得共同的词汇。1946 年春，在纽约召开了有心理学家、社会学家和经济学家参加的反馈问题的专题会议，这两次会议成为控制论产生的序曲。

1946 年，第一台电子计算机 ENIAC 问世。1948 年，数学家维纳（N. Wiener）《控制论》（CYBERNETICS）一书的出版，标志着控制论的正式诞生。这本书的出版被认为是自动控制科学的一个里程碑。

同年，贝尔实验室数学部的香农博士发表了"通信的数学原理"，标志着信息论的诞生。它们标志着自动化技术进入了系统化与智能化的阶段，计算机技术的飞速发展大大推动了计算机控制系统的应用。同时，这些科技成果也标志着人类社会继农业革命、工业革命之后又一个伟大的变革——信息革命的开始。

控制论并不仅仅是工业和工程领域的科学，也是一种思想、一种方法，也是普遍适用于几乎所有领域的科学思维和方法。哲学家、数学家、军事家、政治家、工程师等都对它感兴趣，它的应用可分为四大领域：工程控制论、生物控制论、经济控制论、社会控制论。1954 年，钱学森发表了《工程控制论》，标志着工程控制学科的正式诞生。

20 世纪 50~60 年代是人类开始征服太空的年代，运载火箭在有限的燃料的条件下，如何控制航天器飞行，推动了最优控制理论的发展。

自动控制科学家从力学中引进了状态空间的概念。苏联数学家庞特利亚金提出了极大值原理。美国数学家贝尔曼（R. Bellman）讨论了应用动态规划理论解决有约束的最优控制问题。匈牙利裔的美国数学家卡尔曼（R. E. Kalman）建立了基于线性二次型性能指标的最优控制问题并提出 Kalman 滤波理论。在这段时间，自动控制理论的主要数学工具是一次微分方程组、矩阵论、泛函分析、状态空间法等；主要方法是变分法、极大值原理、动态规划理论等；重点是最优控制、随机控制和自适应控制。在技术上还是以电子管构成的电路为主；但是电子计算机开始出现，晶体管开始进入实用阶段。人们普遍认为，自动控制理论开始进入研究多输入多输出问题的"现代控制理论"的阶段。

20 世纪 70 年代开始，微型计算机技术的快速发展给自动化技术提供了更加宽广的发展空间，各种控制方法的实现基本不再有技术瓶颈，对于大规模的工业过程中存在非线性、大滞后、多变量、时变、不确定性等问题，人们发展了根据被控对象输入、输出数据构造数学模型的系统辨识方法。同时，自动控制科学家也在研究各种新型控制方法（也叫控制算法）；自适应控制、自校正控制、鲁棒控制、变结构控制、非线性系统控制、预测控制、智能控制、模糊控制、多变量控制、解耦控制等方法纷纷出现。

3.2.3　自动化发展趋势

复杂系统的控制问题是近年来研究的热点，上面提到的各种先进控制理论和方法实际上主要都是针对复杂系统控制的。很多情况下，要有效地控制好复杂系统需要综合运用多种控制模式、多种控制方法和其他相关技术。各种方法和技术的综合集成应当是解决复杂系统控制问题的有效途径，是一个很有价值的研究方向，实际上也反映了当前的发展趋势。

2002 年，围绕"控制学、动力学和系统学"未来的发展，美国政府资助召开了大型研讨会，会后给出的"信息丰富世界中的控制学"报告中指出："价格低廉和日益普及的传感、通信和计算技术将使控制应用于大规模复杂系统成为可能。基于网络的控制、网络控制和安全第一的大规模互连系统的研究将产生许多新的研究问题和理论挑战。重要的挑战将是怎样把控制、计算机科学和通信技术等不同研究领域联合起来，建立一个统一的理论，这是这个领域取得进展所必需的。为了抓住该领域的这些机会，专家小组建议政府机构和控制社团：全面加强控制、计算机科学、通信和网络技术的一体化研究。"

信息物理融合系统（CPS，cyber-physical systems）和知识工作自动化（automation of knowledge work）是科学界和决策咨询机构对未来自动化研究发展方向的展望及预测。

信息物理融合系统被认为是德国工业 4.0 的核心技术，美国也在 2007 年将其列在八大信息技术的首位。CPS 的具体概念（框架、结构等）还没有统一的明确定义。目前认为，CPS 是集成了计算系统、大规模通信网络、大规模传感器网络、控制系统和物理系统的新型互联系统，应具有对大规模互联物理系统进行实时监视、仿真、分析和控制的功能，能使未来的物理系统具有目前尚不具备的灵活性、自治性、高效率、高可靠性和高安全性。CPS 的长期发展目标是成为一切大规模工程系统的基础，而各个行业系统如交通、物流、制造、能源、医疗等均将成为 CPS 的子系统。

由此可见，CPS 是一个综合计算、网络和物理环境的多维复杂系统，通过 3C（computation、communication、control）技术的有机融合与深度协作，实现大型工程系统的实时感知、动态控制和信息服务。

知识工作自动化，全称为知识性工作的自动化。知识工作自动化能用机器自动执行、完成过去高度依赖人的知识（智力）才能执行、完成的任务。2016 年 3 月，谷歌基于"深度学习"技术的计算机 Alpha Go 与（世界冠军）韩国李世石的围棋人机大战，Alpha Go 以 4：1 大胜，这是知识工作自动化发展的标志性事件。人工智能或机器智能、机器学习与人机交互等是知识工作自动化的核心技术。

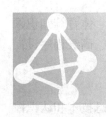

3.3 专业知识结构与课程体系

3.3.1 知识结构

自动化属于基础知识面宽、应用领域广阔的综合性交叉学科。其交叉性体现在：一方面，自动化理论研究的是一般的通用的自动控制原理、方法，是对信息的分析、综合与处理；另一方面，对于自动化的主要应用领域，如：对机械设备、发电、化工、运载工具，要想控制好就要了解它们，这就需要电气和机械方面的知识。所以，自动化专业不仅对数学、物理、电子技术、计算机、信息处理等基础知识有很高的要求，也对机械运动系统、流体过程系统以及电气动力系统方面的知识有一定的要求。

自动化专业知识体系结构的核心是自动控制理论知识。此外，还有一些重要的知识点。控制论和信息论的作者都是数学家，在自动控制理论发展壮大的几乎所有关键节点上都有数学家的身影，华为在世界数百名数学科学家的帮助下，其 5G 技术世界领先。数学是进行信息处理的有力工具，数学同样是对控制系统分析综合的有力工具。所以，数学是自动化专业知识结构中的一个重点。电子计算机技术是实现信息处理的工具，也是实现自动控制的工具，无论是信号检测、信号传输还是控制设备，都是以电子信息技术为基础构成的。电子计算机技术是自动化专业知识的另一个重点。

3.3.2 课程体系

自动化的理论研究在不断进步，以电子计算机技术为基础的信息技术是自动化的实现工具，其发展更为迅速，自动化的教育体系及内容也跟着不断地调整和更新。但是，在一段时间里，自动化教育的大部分内容是相对稳定的，基础课程和专业核心课程基本相同。下面，参考教育部高等学校自动化专业教学指导分委会 2007 年编写的《高等学校本科自动化指导性专业规范》，对本科自动化专业的知识结构和课程体系作一概要介绍。

本科自动化专业的知识结构和课程体系由综合教育、公共基础、专业基础、专业核心和专业拓展 5 大部分构成，每一部分所包含的知识体系和课程大致如下。

1. 综合教育

这一部分属于通识教育，涉及人文社会科学、经济与管理、环境科学、生命科学等很多学科，相关课程类别有政治理论、军事理论、道德修养、法律基础、管理基础、经济基础、环境保护与可持续发展、中华文化、中外历史、音乐欣赏、体育知识等。一般来讲，政治理论、军事理论、道德修养等少部分课程属于必修，更多的课程属于选修。

2. 公共基础

这一部分也属于通识教育，涉及自然科学、计算机信息技术、外语、体育等知识领域。必修课程包括高等数学、大学物理、英语、体育、计算机应用基础、高级程序设计语言等，选修课程有化学、生物等。

3. 专业基础

这一部分属于专业基础教育，为进一步学习自动控制理论、电子信息技术和认识控制对象打基础，涉及以下几部分内容。

工程数学基础：线性代数、复变函数与积分变换、概率与数理统计、随机过程等。

电工电子基础：电路原理、模拟电子技术、数字电子技术、电机与拖动基础等。

计算机基础：微机原理与接口技术、计算机软件基础、数据结构与数据库等。

信号处理基础：信号与系统、数字信号处理等。

工程基础：工程制图。

上述课程中，"概率与数理统计""随机过程""数据库"一般是选修；"信号与系统"由于与"自动控制原理"有较多重复内容，"数字信号处理"既可作为必修，也可作为选修。除此之外，这部分内容还包括针对新生的专业介绍或研讨课，课程名称一般是"自动化（专业）概论"。

4. 专业核心

这一部分属于专业核心知识的教育，涉及自动控制理论、计算机信息技术和控制对象等方面的内容。

自动控制理论：自动控制原理、现代控制理论、控制系统的建模与仿真。

控制技术与系统：计算机控制技术、运动控制系统、过程控制系统。

自动化相关技术：传感器与检测技术、电力电子技术、计算机网络与通信、控制系统的计算机辅助分析与设计。

5. 专业拓展

这一部分属于拓展专业知识面的教育：一方面介绍自动控制的主流应用技术及其跨专业的相关联技术，以拓展学生的知识面；另一方面介绍专业理论与实现技术的发展方向，让学生看到趋势和前沿。涉及以下几部分内容。

控制与优化类：智能控制、自适应控制、最优化方法、最优控制、系统辨识、非线性控制理论、先进控制理论及其应用等。

网络控制类：集散控制系统（DCS）、计算机集成制造系统（CIMS）、现场总线控制技术等。

计算机应用与信息处理类：单片机原理及应用、可编程控制器（PLC）原理及应用、嵌入式系统、DSP 原理及应用、智能仪器仪表、操作系统、软件工程、数字图像处理、多传感器信息融合、数据挖掘、电子商务、网络与信息安全、多媒体技术、物联网技术等。

其他：机器人导论、人工智能、智能机器人、智能交通系统、系统工程、自动检测技术、管理信息系统、楼宇自动化等。

专业拓展这部分的课程一般都是选修，学生可根据自己的兴趣爱好进行选择，也可按研究方向或课程模块进行选择。

6. 实践环节

除了上述知识和课程体系外，一般还设置有各种实践环节，包括金工实习（或工程训练）、电子实习、各种课程设计、生产实习、毕业实习、毕业设计等。各种科技竞赛也属于综合性实践环节，与自动化关系密切且影响较大的全国性竞赛有电子设计竞赛、Robo Cup机器人足球比赛、智能汽车竞赛、数学建模竞赛等。学生通过参加这些竞赛不仅可以把所学知识融会贯通，而且可以提高动手能力，培养创新意识、创新能力和团队协作精神。

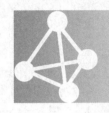

思 考 题

一、填空题

1. 控制科学与工程学科是一个覆盖面宽、层次跨度大的一级学科，它由_____、_____、系统工程、_____和_____五个二级学科组成。

2. 控制工程是控制论一般原理在工程系统中的具体体现，包括各类传统和先进的_____、_____、_____、_____等。

二、名词解释

1. 自动化

2. 控制科学

三、简答题

1. 自动化专业的培养目标是什么？

2. 自动化专业有哪些基础课程和专业课程？

参考文献1：
第一篇 绪
论参考文献

第二篇

能源与动力工程导论

第 4 章

能源与环境

4.1　能　源

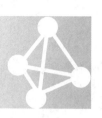

能源的应用在我们日常生活当中相当普及，我们坐飞机、看电视、吹空调等都离不开能源。究竟什么是能源？《科学技术百科全书》说："能源是可从其获得热、光和动力之类能量的资源"；《不列颠百科全书》说："能源是一个包括着所有燃料、流水、阳光和风的术语，人类用适当的转换手段便可让它为自己提供所需的能量"；《日本大百科全书》说："在各种生产活动中，我们利用热能、机械能、光能、电能等来做功，可利用来作为这些能量源泉的自然界中的各种载体，称为能源"；我国的《能源百科全书》说："能源是可以直接或经转换提供人类所需的光、热、动力等任意形式能量的载能体资源。"

电子教案
2-4-1：能源
与环境

概括来说，自然资源中拥有某种形式存在的能量，并且在一定条件下，可以转换为人们可以利用的某种形式的能量，这些自然资源称为能源。包括煤炭、原油、天然气、煤层气、水能、核能、风能、太阳能、地热能、生物质能，但是在生产和生活中，常常需要对上述能源进行一定加工和转换，从而成为符合需要的能源，如电力、热力、成品油等。但是尚未被开采出来的自然资源，不属于能源范畴。

能源是人类活动的物质基础，在某种意义上讲，人类社会的发展离不开优质能源的出现和先进能源技术的使用。在当今世界，能源的发展、能源和环境，是全世界、全人类共同关心的问题。

4.1.1　能源的分类及评价

1. 能源分类

能源种类繁多，根据不同的划分方式，能源有不同的类型。

（1）按照能量的来源划分

① 来自地球以外的能源，也就是太阳能。人类现在使用的能量绝大部分来自太阳能。除了利用直接的太阳辐射能之外，还间接利用了太阳能资源。如目前大量使用的化石能源煤炭、石油和天然气就是千百万年以来绿色植物经过光合作用生成的根、茎以及各种动物的遗骸在漫长的地质变迁中形成的；此外风能、生物质能、海流能等也都是由太阳能经过某种方式转换来的。

② 地球本身蕴藏的能量，主要是地球内部的热能以及海洋和地壳中的原子核能。温泉、火山喷发等就是地热能的表现，地球可分为地壳、地幔和地核三层，它是一个大热库。地壳就是地球表面的一层，一般厚度为几公里至 70 km 不等。地壳下面是地幔，它大部分是熔融状的岩浆，厚度为 2 900 km。火山爆发一般是这部分岩浆喷出。地球内部为地核，地核中心温度为 2 000 ℃。可见，地球上的地热资源储量相当大。地球上的

核裂变燃料（铀、钍）以及核聚变燃料（氘、氚）是原子能的储存体。1 kg铀裂变释放的能量相当于2 000 t石油燃烧释放的能量，而1 kg氘巨变释放的能量是其四倍多。如果能对核裂变、核聚变的能量得以有效利用，将解决人类能源供应的大问题。

③ 地球和其他天体引力相互作用而产生的能量。这里主要指太阳、地球、月球之间规律运动形成的潮汐能。海水每天潮起潮落两次，潮差可达十几米，是非常可观的能量，而且狭窄海面的能量更为集中。

（2）按照能源的产生方式划分

一次能源，即在自然界中可直接获取的能源，无需对其进行加工转换，也就是天然能源，如煤炭、石油、天然气、风能、地热能、太阳能、海洋能等。

为了满足生活和生产的需要，需要对能源的形式进行转换，由一次能源经过加工转换的另一种形态的能源称为二次能源，如电能、煤气、沼气、汽油、柴油等。

大部分的一次能源都会转换成为容易输送和储存的二次能源，以适应消费者的需求，二次能源经过输送和分配在各种设备中使用，故称为终端能源。

（3）按照能源是否可以不断再生来划分

可再生能源，在自然界中可以不断再生而得到补充，不会因为长期使用而减少，如太阳能、风能、地热能、潮汐能等。

不可再生能源，经过千百万年积累形成，短期内无法得到恢复和补充的能量，如化石能源煤炭、石油、天然气等。随着大规模的开采和利用，其储量愈来愈少，会有枯竭之时。

（4）按照能源性质来划分

燃料能源，主要包括四种燃料能源：矿物燃料（煤炭、石油、天然气）、生物燃料（薪柴、沼气等）、化工燃料（甲烷、酒精、丙烷及可燃原料镁、铝等）以及核燃料（铀、钍、氘、氚）。

非燃料能源，多数具有机械能，如水能、风能、潮汐能；有的还有热能，如地热能；还有的具有光能，如太阳能、激光等。

（5）按照使用时对环境污染大小划分

清洁能源，使用时对环境友好（污染小或者零污染）。如太阳能、水能、氢能、潮汐能、核能等。全球各国经济发展对能源需求的日益增加，而目前全球性生态环境问题及环境污染日益严重，因此大力发展清洁能源势在必行。

非清洁能源，使用时对环境污染较大，主要包括化石能源。其燃烧时会释放大量温室气体、二氧化硫、氮氧化物等，污染环境。清洁能源与非清洁能源的划分也是相对而言的，石油相比于煤炭而言，产生的污染相对较小，但是依然会产生一些氮氧化物等有害物质。

（6）按照使用状况来分类

常规能源：已经被人们广泛利用的能源，包括化石能源煤炭、石油、天然气以及水能、电能等。

新能源：新能源是指采用新技术的基础上加以开发利用的能源，包括采用先进的方法加以利用古老的能源以及采用最新科学技术才能利用的能源，目前在能源使用中占有的比例相对较小，如太阳能、风能、地热能、潮汐能等。新能源大多数是可再生能源。资源丰富，分布广阔，是未来的主要能源之一。

还存在其他的分类方法，如按能源流通情况划分，可以分为商品能源和非商品能源。能够进入能源市场作为商品销售的如煤、石油、天然气和电等均为商品能源。非商品能源指不经过商品流通环节就能利用的能源，如薪柴、秸秆等。

2. 能源评价

随着全球各国经济发展对能源需求的日益增加，现在许多发达国家都更加重视对可再生能源、清洁能源以及新型能源的开发与研究。能源多种多样，各有优缺点，为了正确的选择和使用能源，必须对能源进行评价。主要包括以下几方面。

（1）能流密度：一定质量、空间或面积内，从某种能源中得到的能量。可见如果能流密度太小，则其很难作为主要能源，目前核燃料的能流密度是最大的。

（2）资源储量：储量足够丰富是作为能源的必要条件。储量又可分为探明储量、可采储量以及经济可采储量等。

（3）供能连续性与储能可能性：供能连续性是指可以按照人为所需实现不同速度的连续供给。储能可能性是指能源不用时可以储存起来，需要用时可以立即供给。目前化石燃料比较容易做到，但是对于太阳能和风能目前还相对困难。

（4）能源开发费用和利用能源的设备费用：能源从开采到利用，都需要投入人力、物力。太阳能、风能等不需要任何投资即可得到，但是利用能源的设备费用却往往很昂贵。化石能源前期勘测与开采需要大量的投资，但是利用化石燃料的设备费用较为便宜。因此利用能源时必须对其进行经济分析与评估。

（5）能源运输与损耗：石油、天然气等可以较为方便的输送到千家万户，核能具有较大的能流密度，其输送较为方便，但是输送安全需极为重视。风能、地热能等就很难输送，只能因地制宜，合理利用。此外，输送过程中的能量损耗也不能忽视。

（6）能量的品位：能源中含有有用成分的百分率、转换效率越高其品位也越高。能源利用中，要合理利用各品位的能源，防止高品位能源降级使用。

（7）能源对环境的影响：使用能源时，一定要考虑对环境的污染。传统能源如化石能源的燃烧对环境污染大，使用时应当采取各种措施防治环境污染。大部分可再生能源都属于清洁能源，如太阳能、风能、地热能等对环境相当友好。此外核能的安全问题也不容忽视。

4.1.2　世界与中国的能源概况

1. 世界能源概况

能源是社会发展、人类生活中必不可少的资源。现代工业、农业、军事以及人民生活等都离不开能源动力。能源对所有国家的经济、社会发展以及生活品质都至关重要。

（1）能源消费状况

据统计，2017 年全球能源消费约为 135.11 亿吨标准油。在过去 52 年间，全球能源消费增长了 365.02%，年平均增长 2.52%。而在过去十年间（2006—2016）的年平均增长率为 1.7%。2017 年全球一次能源消费增长了 2.2%，增速高于 2016 年，为自 2013 年以来的最快速增长。

世界各地区的能源消费变化趋势如图 4-1-1 所示。亚太地区能源消费增势迅猛，52 年间能源消费增加了十倍以上，到 2017 年能源消费已经达到 57.4 亿吨标准油，占全球能源消费的 42.5%，是目前全球能源消费最多的地区。

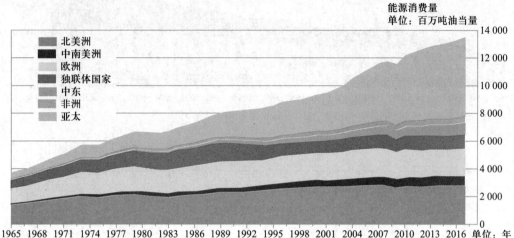

图 4-1-1　世界各地区能源消费变化趋势

北美洲作为全球第二大能源消费地区，2017 年能源消费为 27.72 亿吨标准油，占全球消费的 20.5%。52 年间该地区的能源消费仅增长了 1 倍。在进入 21 世纪之后，该地区的能源消费平均年增长率仅为 0.158%，有的时候甚至会出现负增长。欧洲的能源消费变化趋势与北美洲有相似之处，21 世纪之后能源消费的平均年增长率仅为 0.113%，很多年份都出现了负增长的现象。

非洲、中东以及中南美洲的能源消费其实也保持着较高的增长率，但是占全球总能源消耗的比例相对较小，约为 20%。

图 4-1-2 和图 4-1-3 分别表示了世界一次能源的消费量以及消费占比。全球能源消费始终以化石能源作为主导。1970 年化石能源消耗占比为 94.2%（其中石油占比 45.7%，煤炭占比 30.4%，天然气占比 18.1%），在发展过程中能源结构也在发生调整和优化，向以可再生能源为基础的方向转变，但是这个转变过程相当漫长。到 2017 年，化石能源消耗比例为 85.18%（其中石油占比 34.2%，煤炭占比 27.62%，天然气占比 23.36%）。

石油一直是世界的主导燃料，在所有能源消费中所占比例超过 1/3。从 2004 年之后，亚太地区的石油消费量就超过了北美，成了全球第一大石油消费地。2017 年亚太地区的石油消费量约占全球石油消费量的 35.6%。而欧洲和北美洲在 20 世纪 90 年代中期之后，石油消费量增长不明显，一度还不断下跌。

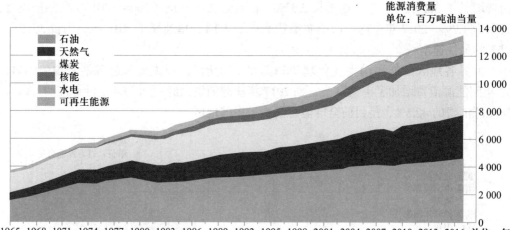

图 4-1-2 世界一次能源消费量

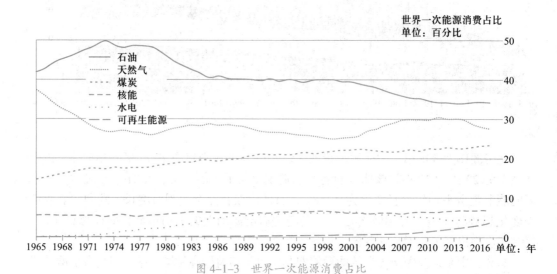

图 4-1-3 世界一次能源消费占比

天然气的消费比例一直在增加，在过去 52 年间，消费量增加了 581.97%。2017 年，全球天然气消费量为 31.56 亿吨标准油。北美洲是最大的天然气消费地区，2017 年的天然气消费量为 8.1 亿吨标准油，占全球天然气消费量的 25.7%。亚太地区的天然气消费比例一直保持着上升的趋势，2011 年起就超过了欧洲的天然气消费量，成为第二大天然气消费地，2017 年占全球天然气消费量的 21.0%。

煤炭消费自 2013 年以来首次出现了增长，主要的增长来源为印度，中国的煤炭消费在连续三年下跌之后也重新上涨。亚太地区从 20 世纪 80 年代开始就成为全球最大的煤炭消费地区，从 20 世纪 80 年代到 2017 年，年平均增长率为 4.76%。从 20 世纪 90 年代之后欧洲和北美洲的煤炭消费量几乎是零增长，甚至是负增长。

（2）能源资源与生产

化石能源依然是最主要的能量来源。截止到 2017 年，全球石油探明储量为

2 393 亿吨，储产比为 50.2。全球天然气探明储量为 193.5 万亿立方米，储产比为 52.6。全球煤炭探明储量为 10 350.12 亿吨，可满足 134 年全球生产性储备需要。化石能源生产占全球能源生产近 90%，但是总体来说呈减少的趋势，可再生能源和核能的比重不断提高。

石油资源分布极不均匀。中东地区的石油探明储量为 1 093 亿吨，占全球探明储量的 47.6%，是全球第一大石油地区，堪称"石油宝库"。其次是中南美洲地区，石油探明储量为 512 亿吨，占全球探明储量的 19.5%。而亚太地区作为世界石油消耗大地，其石油探明储量仅为 64 亿吨，占全球探明储量的 2.8%。石油生产与石油分布类似，主要集中于中东地区。2017 年世界石油产量为 43.87 亿吨，其中中东地区占比为 33.8%。从 20 世纪 90 年代开始，中东地区的石油产量一直位于世界之首。北美洲的石油产量居于第二，占世界石油产量的 20.9%。

天然气资源分布依然以中东地区为首。中东地区不仅蕴藏着全球最多的石油资源，也蕴藏着全球最多的天然气，占全球天然气探明储量的 40.9%。其次是独联体国家，占全球探明储量的 30.6%。北美洲作为消耗天然气资源最多的地区，其探明储量为 10.8 万亿立方米，仅占全球的 5.6%。全球天然气的产量一直在增长，从 1970 年到 2017 年，其产量增加了 377.17%。到 2017 年全球天然气产量为 3.68 万亿立方米。与天然气资源分布不同，其产量分布更加均匀些。北美洲是第一大产地，其 2017 年产量占全球产量的 25.9%。最主要是美国产量较大，占全球产量的 20.0%。接下来依次是独联体国家、中东和亚太地区，分别占全球产量的 22.2%、17.9% 和 16.5%。

全球煤炭资源储量十分丰富，是各种能源资源之首。尤其是亚太地区，其探明储量占全球煤炭储量的 41.0%。接下来是北美洲地区，占全球储量的 25.0%。其中主要煤炭资源在美国，美国的探明储量占全球的 24.2%，为世界上煤炭资源最为丰富的国家。全球煤炭的产量也一直在增加，到 2017 年，全球煤炭产量为 77.27 亿吨，主要集中于亚太地区，占全球产量的 69.4%，其中大部分的产量来源于中国，占全球产量的 45.6%，是全球第一大煤炭产量国。

2. 中国能源概况

能源是全世界人民的基本需求。在中国实现经济快速发展以及实现共同富裕的过程中，能源也始终是重要的战略性问题。

（1）能源消费

我国能源消耗快速稳定增长，如图 4-1-4 所示。据统计，在过去 52 年间，我国能源消费增长了 23 倍之多。其中过去十年间（2006—2016）的年平均增长率为 4.4%，远高于世界年增长率的平均水平。2017 年我国能源消费约为 31.32 亿吨标准油，约占全球能源消费的 23.2%，已经超过世界平均水平，是世界上最大的能源消耗国。

煤炭一直是我国的主要能量来源，我国的煤炭消费量几乎是逐年攀升。但是在 2013 年以后，煤炭消费量开始缓步下跌，直到 2017 年又重新开始上升。2017 年我国煤炭消费量相当于约 18.93 亿吨标准油，占据我国所有能源消费的 60.42%。但是煤炭消费在所有能源消费中所占的比例整体是呈下降趋势的。其次就是石油消费量，呈现逐年攀升。尤其是 20 世纪 90 年代之后，增加速度更加明显。到 2017 年，我国石油消费

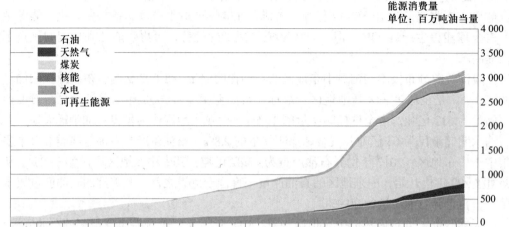

图 4-1-4　中国一次能源消费量

量为 6.08 亿吨，占据我国能源消费的 19.42%。石油消费在所有能源消费中所占的比例变化相对平稳，大概在 17%~21% 之间。天然气的消费量从 2000 年之后开始迅猛增加，年平均增长率为 14.32%。到 2017 年天然气消费量相当于 2.07 亿吨标准油，占全国能源消费总量的 6.6%。可再生能源和核能的比重也在逐步上升。

（2）能源资源与生产

我国具有丰富的能量资源，包括化石能源和可再生能源。其中煤炭作为重要的一次能源，在过去一个多世纪中，发挥了关键作用。到目前为止，煤炭依然是我国主要的能量来源。2017 年我国煤炭的探明储量为 1 388.19 亿吨，位于世界第三。尽管有着丰富的煤炭资源，但是人均资源占有量较低，人均煤炭量是世界平均水平的 50%。我国的煤产量也是在逐年增加，2017 年我国煤产量为 35.23 亿吨（相当于 17.47 亿吨标准油），为世界上第一大产煤国。煤炭资源的储采比仅为 39 年。随着能源消耗速度的不断加快，供需缺口扩大，我国不得不增加能源进口，从 2000 年之后，我国煤炭资源已经出现供需缺口，煤炭进口量开始增加。

我国石油的储量相对较少，2017 年我国石油探明储量为 35 亿吨，仅占世界石油探明储量的 1.5%。我国的石油产量总体上保持着增加的趋势，从 2008 年以后，我国石油产量一直在 2.0 亿吨上下波动，2017 年，我国石油产量为 1.915 亿吨，占全球石油产量的 4.4%。我国石油的储采比仅为 18.3，石油生产不能满足石油消费的需求，石油的外部依赖率已经超过 65%。

我国的天然气资源也较为匮乏，2017 年天然气探明储量为 5.5 万亿立方米，仅占全球储量的 2.8%。我国天然气产量在逐年增加，到 2017 年产量为 0.15 万亿立方米（相当于 1.28 亿吨标准油），占全球总产量的 4.1%。我国天然气的储采比为 36.7 年，天然气的产量已经不能满足我国天然气消费的需求，外部依赖率达到 38.16%。

我国能源资源分布不均匀，煤炭资源主要集中于山西、内蒙古、新疆等地，石油主要集中于东北以及西部山间内陆盆地，天然气分布也主要集中于中西部，东部经济较为发达地区的能源分布较少，经济发展水平和能源资源的分布不匹配，给能量运输及其相关方面也造成了很大的压力。

我国能源结构严重失衡，过度依赖煤炭，石油和天然气支柱作用不足。以煤炭为主的能源结构将会面临很多严峻的挑战，例如能源短缺、利用率低、高碳排放、环境污染等。常规能源的消耗一方面会排放大量污染物以及温室气体，导致环境污染，另一方面也会面临枯竭的危险，研究表明我国化石能源的储采比均不超过 40 年。因此必须增加可再生能源的比重。党的十八大报告指出，"推动能源生产和消费革命，控制能源消费总量，加强节能降耗，支持节能低碳产业和新能源、可再生能源发展，确保国家能源安全"。我国富有很多可再生能源，并且绝大部分都没有得到有效开采利用。虽然我国在这方面已经取得了一些成绩，例如风能和太阳能的利用，但是依然低于世界平均水平。接下来主要介绍我国可再生能源的情况。

（1）水能

我国水资源较为丰富，由地表水、地下水、冰川等组成。水能是指水流在重力作用下不断向下游流动过程中所具有的势能和动能的总称。我国地域辽阔、江河众多（七大江河及其支干流等）、落差巨大（总体趋势为西高东低），蕴藏着极为丰富的水能资源。

水力发电是目前技术较为成熟、可以大规模发展的清洁可再生能源。我国水电潜力巨大，理论水电潜力为 6.94 亿千瓦。目前常见的水力发电主要包括坝式、引水式、混合式、潮汐式和抽水蓄能式等。2014 年我国的水力发电量为 3.05 亿千瓦，约占全国总发电量的 22.25%。尤其是三峡大坝的水力发电，占据全国水力发电量的 14% 左右。此外随着农村经济的发展和政府的支持，小水电（在我国水电站的容量不超过 50 MW 就定义为小水电）也得到了迅速发展，相比于大水电，小水电具有建设期限短、淹没范围小等优点，水力发电如图 4-1-5 所示。

图 4-1-5　水力发电

（2）风能

我国陆地面积大、海岸线长，风能潜力也相当可观。到 2015 年年底，风能累计的装机容量达到 180.4 GW，其中 2015 年新增容量为 30.5 GW，占全球 48.4%，为世界第一位。

东南沿海以及附近岛屿分布着丰富的风能资源，其中上海、浙江、福建、广东、广西、海南等省，其年风能密度在距海岸 10 km 以内达到 200 W/m^2 以上；在泰山、东山、南澳岛、妈祖岛和东沙岛等地可达到 500 W/m^2。内陆大部分地区的风能资源相比于上述两个地区相对有限，一般风能密度低于 100 W/m^2。但是受到地理条件等的影响，也有一些地方具有较大的风能潜力。

尽管全国风能资源丰富，风力发电迅速增加，但是风能资源分布严重不均匀，并且与经济发展不匹配。风机累计容量 28% 以上都集中在内蒙古、甘肃，而这些地区仅占全国总用电量的 6.78%。在东南部浙江、福建、广东等人口密度集中的地方，风力发电累计装机容量仅为4.7%，但是总用电量达到20.5%，目前海上风能并没有得到大规模有效利用。随着技术和经济的不断发展，风能将发挥出更大的潜能。风力发电如图4-1-6所示。

图4-1-6 风力发电

（3）太阳能

我国位于东亚的东北部，在北纬4°到53°之间，东经73°到135°之间，属于太阳能较为丰富的地带。在我国西部，如青藏高原，属于太阳辐射的最高区，每年的日照时数超过3 200，年辐射量约为6 600~8 500 MJ/m²；在一些较好的照射区，如青海、甘肃、新疆南部等地，每年的日照时数约为3 000，年辐射量约为5 800~6 600 MJ/m²；太阳辐射有效区，如山东、河南、吉林、辽宁、云南等地，年日照时数为2 200~3 000；当然也有太阳辐射总量较小的地区，例如四川、甘肃等地，雨多、雾多、晴天较少，年平均日照时数不到2 200。总体来说我国太阳能年日照时数大于2 200的区域占到67%左右，我国具有良好利用太阳能的条件。

我国的光伏发电产业迅速发展，装机容量从2008年的140 MW到2015年的43 180 MW（包括86%的固定式和14%的分布式），而且光伏发电产业也受到了政府的政策鼓励和资金支持，预计在未来一段时间光伏发电产业将会继续保持高增长速度。

太阳能另一个重要的应用是太阳能热水器，太阳能热水器在早些时候就在我国农村广泛应用，随着各种政策的激励，太阳能热水器的应用也在快速增长，我国太阳能热水器的潜在市场是巨大的。太阳能发电如图4-1-7所示。

图4-1-7 太阳能发电

（4）生物质能

通常所说的生物质主要是指植物，生物质通过光合作用将太阳光的物理能转化为化学能，储存在自身的有机物中。光合作用吸收太阳能将二氧化碳和水合成有机物并且释放氧气，因此利用生物质能还能减少碳排放，世界各国都在努力发展生物质能，生物质能占世界一次能源消耗的14%，是继主要的化石能源煤、石油和天然气之后的第4位能源。

　　我国拥有丰富的生物质资源，主要包括农作物秸秆、薪柴和林业废弃物、人畜粪便、生活垃圾以及工业有机废物等。作为一个农业大国，农作物秸秆的产量（主要有稻草、谷物、水稻、玉米和甘蔗等）也在逐年递增，目前我国可利用生物质能有接近一半来自于农作物秸秆，据悉目前全国每年平均可利用的农作物秸秆能量相当于 4.4 亿吨煤当量，我国生物质能发展潜力巨大。

　　生物质能的利用在我国主要有以下三种形式：沼气采暖（主要用于农村家庭的采暖与做饭）、发电（包括秸秆直接燃烧、气化发电、垃圾焚烧发电和沼气发电）以及液体燃料（生物液体燃料主要包括燃料乙醇、生物柴油和合成油），其中生物质气化技术是将低品位生物质能转化为高品位能源的重要技术之一。某沼气发电厂如图 4-1-8 所示。

　　（5）海洋能

　　海洋能也有较为巨大的应用潜力。海洋中可再生能源主要为潮汐能（海水潮涨和潮落形成的水的势能）、波浪能（海洋表面波浪具有的动能和势能）、海流能（海水流动的动能）、海水温差能（海洋表层海水与深层海水之间水温差的热能）和海水盐差能（两种含盐浓度不同的海水之间的化学电位差能）等，目前还正处于研究阶段，据估计我国海洋能的潜力约在 10 亿千瓦量级。海洋能发电如图 4-1-9 所示。

图 4-1-8　某沼气发电厂

图 4-1-9　海洋能发电

　　（6）地热能

　　我国地热资源丰富，目前已经发现的有 2 700 多处地热露头，其中云南（腾冲地热田）、西藏（羊八井地热田）等地分布较多。一般以中低温热水为主，80 ℃以上的不超过 700 处。西藏、云南、台湾等属于高温地热区，福建、广东等沿海省份有丰富的中低温对流性地热资源，中低温传导性地热资源分布在大陆地区的盆地，如松辽、四川等。羊八井温泉如图 4-1-10 所示。

　　地热资源类型多、分布广、储量大、开发利用潜力大，2015 年自然资源部调查结果显示，在 336 个城市中的浅层地热资源相当

图 4-1-10　羊八井温泉

于 95 亿吨标准煤，每年可开采资源相当于 7 亿吨标准煤，经过四十余年的发展，地热利用已经初具规模，例如西藏以地热发电为特色，天津、西安和北京等采用地热供暖。

（7）核能

核能虽然不是可再生能源，但是核能是清洁能源，不会释放大量的空气污染物。随着核事故的发生，人们也越来越担心核安全和环境问题，而且核武器的使用也给人民带来了一定的阴影。

中国核能发展的历史很短，起源于 20 世纪 50 年代。20 世纪 70 年代之前核能应用集中于军事应用，70 年代之后才开始发展民用。1991 年秦山核电站建成，标志着我国核工业迈出了新的一步，随后大亚湾核电站（如图 4-1-11 所示）的建成奠定了我国核工业的基础，之后又建立了秦山 2 号、3 号等核电站。截止到 2017 年我国投入商业运行的核电站为 37 个，容量为 0.35 亿千瓦，根据第十三个五年规划，到 2020 年，我国核电机组的容量将达到 0.58 亿千瓦，下一个十年将是大力发展核电的十年，到 2030 年，我国核电机组容量将达到 1.2~1.5 亿千瓦。

图 4-1-11　大亚湾核电站

2016 年和 2017 年我国核能发电量占总发电量的 3.56% 和 3.94%，然而在 2017 年有 19 个国家的核能发电量已经超过 10%，其中法国已经达到 71.6%。我国核能发展的潜力巨大，长期健康发展核电事业也是目前的发展趋势。

（8）氢能

氢能是一种全新的二次能源，也是一种清洁能源。氢能的主要优点是燃烧热值高且无污染。每千克氢能所产生的热量是汽油的 3 倍、焦炭的 4.5 倍，而且其燃烧产物是水，清洁无污染。氢资源较为丰富，主要是以氢物质的形式存在，整个宇宙 75% 的物质都含有氢元素，地壳中有 1/4 含有氢元素。之前传统的制氢方法成本比较高，难以满足作为能源的要求。人类使用高新技术加快了对氢能的开发和利用速度。

燃料电池是实现氢能应用的重要途径。燃料电池的应用非常广泛，如航天器、潜艇、汽车等，20 世纪 60 年代，氢燃料电池已经成功应用于航天领域。1968 年通用汽车公司生产出了世界上第一辆可使用的氢燃料电池汽车，到 20 世纪 90 年代利用燃料电池驱动的汽车受到了许多国家的欢迎。目前日本和美国是燃料电池市场的主要统治者，我国目前关注的主要是质子交换膜燃料电池技术，氢燃料电池具有良好的应用前景，预计在 2030 年后可在我国大规模推广。氢燃料电池汽车如图 4-1-12 所示。

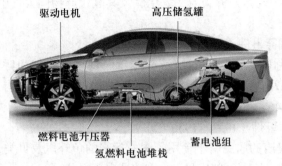

图 4-1-12　氢燃料电池汽车

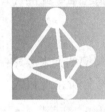

4.2　能源与环境

　　人类生存的空间及其中可以直接或间接影响人类生活和发展的各种自然因素称为环境。我国环境保护法中指出："环境，是指影响人类生存和发展的各种天然的和经过人工改造的自然因素的总体，包括大气、水、海洋、土地、矿藏、森林、草原、野生生物、自然遗迹、人文遗迹、自然保护区、风景名胜区、城市和乡村等。"

　　人类与环境有着密切的联系。一方面，人类依赖于自己的生存环境，并受其制约；另一方面人类又具有改造环境的能动性，想要创造对人民生活更加便利的条件。但是在人类进行活动的同时，会对环境造成影响。例如人类长期过度、不合理的开采和利用自然资源，以及随着人口密度的急剧增大，工业化、现代化的程度加快破坏了环境原来的稳定状态。

　　20 世纪环境公害事件频发不断，著名的有以下几起。

　　（1）比利时的马斯河谷事件（1930 年 12 月 1—5 日）

　　比利时的马斯河谷位于狭窄的盆地中，期间气温发生逆转，致使工厂中排放的有害气体和煤烟粉尘在近大气层中聚集不散。三天后开始有人发病，表现为：胸痛、咳嗽、呼吸困难等。一星期内就有 60 多人死亡，同时有好多家畜死亡。

　　（2）美国洛杉矶光化学烟雾事件（1943 年 5—8 月）

　　洛杉矶位于美国西南海岸，自从加利福尼亚金矿发现之后，该地区人口和汽车数量急剧增加，每年 5 月到 8 月，在强烈阳光的照射下，城市上空出现浅蓝色烟雾。1943年当地大多数居民患病，400 多人死亡，同时远在一百公里之外的高山上的柑橘减产，松树枯黄。

（3）美国多诺拉烟雾事件（1948年10月26—30日）

多诺拉是美国宾夕法尼亚河谷中的小镇。期间，该地区气温逆转，持续有雾，致使大气污染物在近地层大气中集聚，全镇43%的人相继暴病，症状为喉痛、流鼻涕、胸闷、腹泻等，死亡17人，分析认为二氧化硫及其氧化产物同大气中的尘粒结合是致害因素。

（4）英国伦敦烟雾事件（1952年12月5—8日）

有"雾都"之称的伦敦，期间被浓雾笼罩。许多人突然患呼吸系统疾病，死亡4 000多人，随后的两个月中又有8 000多人死亡。分析认为可能与当时大量耗煤有关，当时尘粒浓度高达446 mg/m^3，为平时的10倍，二氧化硫浓度为平常的6倍。

（5）日本水俣病事件（1953—1956年）

日本熊本县水俣湾的居民由于食用了含汞污水的鱼虾以及贝类，患神经中枢疾病，口吃不清、步履蹒跚，继而面部痴呆、全身麻木甚至死亡。

（6）日本四日市哮喘病事件（20世纪50~60年代）

日本东部沿海四日市在该时期建立了许多石油化工厂，终日排出含有二氧化硫的气体和含有金属的粉尘，许多居民患上呼吸道疾病，尤其是哮喘病。

（7）日本骨痛病事件（1955—1968年）

日本富士山平原的居民由于长期饮用含有金属镉的水和食用含有金属镉的大米，导致镉在体内积存，引起了骨痛病，骨骼严重畸形、剧痛、身长缩短、易骨折，上百人死亡。

（8）日本米糠油事件（1968年）

在日本爱知县一带，由于在米糠油中混入了多氯联苯，导致13 000多人中毒，数十万只鸡死亡。

（9）苏联切尔诺贝利核泄漏事件（1986年4月26日）

凌晨一点，苏联切尔诺贝利的一家核电厂发生爆炸，引发核泄漏，带有放射性物质的气体冲向上空，造成一万多平方公里的土地受到污染，截至1993年年初，大量的婴儿成为畸形或残废，瑞典、挪威、丹麦等其他国家也受到影响。

4.2.1 能源导致的主要环境问题

生态环境问题会对人类的生命健康、财产、生活舒适性等造成严重影响。目前全球环境仍然在持续恶化，面临的全球性环境问题主要有以下几方面。

1. 温室效应与气候变化

全球气候变暖是目前较受关注的环境问题。1992年，联合国大会通过了联合国气候变化框架公约，并指出气候变化是指除在类似时期内所观测的气候的自然变异之外，由于直接或间接的人类活动改变了地球大气的组成而造成的气候改变。IPCC第五次评估报告指出，1951年到2010年全球平均表面温度升高的一半以上是由温室气体浓度的人为增加和其他人为驱动因素共同导致的。自工业时代起，人为温室气体排放已经使大气中的二氧化碳、甲烷以及一氧化二氮浓度出现了大幅增加。1970年到2010年期间，人为温室气体排放总量持续上升，尤其是 2000 年到 2010 年。目前大气中二氧化碳、甲烷和一氧化二氮等温室气体的浓度已经上升到过去八十万年来的最高水平，其中，化石燃料燃烧和工业过程的二氧化碳排放量占温室气体总排放增量的 78% 左右，而经济发展和人口增加仍然是推动因化石燃料燃烧造成二氧化碳排放增加的两个最主要的因素。

全球变暖的表现如下。

（1）全球平均地表温度：自 1850 年以来，每十年的地球表面温度都要比前一个十年的温度更高。从 1880 年到 2012 年，温度升高了 0.85℃。而 1983 年到 2012 年这 30 年可能是过去 1 400 年来温度最高的 30 年。

（2）海洋表面气温：海洋变暖占气候系统中所储存能量增加的主要部分，海洋表层温度升幅最大。1971 年到 2010 年期间，在海洋上层 75 m 以内的海水温度升幅为每十年 0.11℃（0.09℃ ~0.13℃）。

（3）海平面变化：在过去一个多世纪里，全球海平面上升了 19 cm，这主要是由于冰层融化和海水因为温度升高而膨胀。在 1993 年到 2010 年间，海平面上升的速度是 1901 年到 2010 年间的两倍。

（4）冰川面积变化：1992 年到 2011 年间，格陵兰冰盖和南极冰盖的冰量一直在损失，而在 2002 年到 2011 年间有可能达到更高的速率，全球范围内的冰川几乎都在继续退缩，如图 4-2-1 所示，北半球春季积雪范围在继续缩小。

图 4-2-1　冰川逐渐融化

气候变化已经对所有大陆上和海洋中的自然系统和人类系统造成了影响，对自然系统的影响是最强的。例如降水量的变化或者冰雪融化正在改变水资源的数量和质量；为了应对不断发生的气候变化，许多陆地、淡水、海洋不得不改变地理分布范围、季节活动规律等；海洋酸化对海洋生物的影响；极端天气和气候事件（洪涝、强热带风暴、沙尘暴等）发生的频率加强等。

如果任其发展，气候变化将会增强对人类和生态系统造成严重、普遍和不可逆转性影响的可能性，而温室气体排放以及其他人为驱动因子已经成为自 20 世纪中期以来气候变暖的主要原因，因此大幅和持续减少温室气体排放是限制气候变化风险的核心。

2. 臭氧层损耗

数十亿年之前，地球的大气中并没有臭氧层。慢慢地，绿色植物吸收二氧化碳放出氧气，大气中的氧分子吸收太阳的紫外线辐射而分解成为氧原子，游离的氧原子与氧分子结合形成臭氧，臭氧分子聚集并形成独特的层次——臭氧层。

臭氧层是指大气平流层中臭氧浓度较高的部分，位于距地面约 15~50 km 高的上空中。大气中的臭氧对太阳紫外辐射有很强的吸收作用，为地球提供一个防止紫外线辐射的有效屏障。臭氧不仅能吸收太阳光中紫外线，还能吸收部分红外辐射，臭氧吸收的太阳辐射能量几乎全部用来加热大气，因此在平流层中会存在着逆温层，臭氧浓度的变化不仅影响平流层大气的温度和运动，也影响了全球热平衡和全球气候变化，因此臭氧的分布以及变化是非常重要的。

自 20 世纪 70 年代以来，科学家们通过观测发现，春季时，南极上空的臭氧含量显著减少。每年春季（9 月到 10 月）臭氧含量显著下降，直到进入夏季（11 月中旬）逐渐减弱，之后恢复到正常值，这种季节性的臭氧总量减少的现象称为臭氧层空洞。进入 20 世纪 90 年代之后，春季臭氧下降幅度超过 40%（与 1957 年到 1978 年之间的平均值比较），臭氧层空洞面积扩大到足以覆盖整个欧洲大陆，而且南极臭氧空洞的情况正在逐渐恶化，南极臭氧空洞的出现，导致大量的紫外线透过大气层到达地球表面，进一步导致南极升温明显、海水面积增加等。

同时北极 30 多个臭氧监测站的数据显示，北极的臭氧浓度也在逐渐下降，2011 年臭氧浓度下降的情况更为严重，出现了类似南极臭氧层的空洞显现。

那么臭氧空洞是如何形成的？关于臭氧空洞成因有几种说法：化学学说、大气动力学说以及太阳活动学说等，但是研究表明主要是由于排放了大量的氟氯烃化合物，氯氟烃化合物在大气中会分解出氯原子，与臭氧分子反应使其变为普通的氧分子。实验表明每一个氯原子会把上万个臭氧分子变为普通的氧分子，杀伤力惊人。氯氟烃可在大气中保留数十年之久，影响持久力强。

臭氧空洞会直接造成地球表面的太阳辐射增强：对人类造成严重影响，增加皮肤癌、白内障以及免疫系统疾病的患病率，增加建筑、包装等材料的老化变质等；对地球上的动植物也会造成影响，农作物减产降质、渔业产量减少（实验表明，臭氧减少 10%，紫外线辐射增加 20%，将会在 15 天内杀死所有生活在 10 米水深内的鳗鱼幼鱼）。

人类意识到臭氧层的保护作用，并采取了一致行动。1987 年 26 个会员国在加拿大蒙特利尔签订了蒙特利尔议定书，规定要求减少氟氯烃化合物和哈龙的生产和消费，最后彻底消除消耗臭氧层物质的排放。之后对其议定书进行了多次修正，并且世界上更多的国家也都签订了协议书，全球对挽救大气臭氧层付出了巨大的努力，每年的 9 月 16 日也设定为世界保护臭氧层日。

3. 酸雨

简单来说，酸雨就是酸性的雨。如果没有其他污染物，大气中浓度足以影响降水酸度的成分只有二氧化碳，自然条件下溶液的 pH 为 5.6，因此 pH 是否小于 5.6 也成了判别酸雨的标准。酸性降水中最常见的就是酸雨，实际上也有酸雪（pH 小于 5.6 的降雪）和酸雾（pH 小于 5.6 的雾）。

酸雨的形成是较为复杂的综合过程。简单来说，大气中的酸性物质增加或者碱性物质减少都会导致酸雨的形成。二氧化硫排放到大气后，遇到氧化剂和催化剂之后就会反应生成硫酸，导致酸雨的形成。氮氧化物排放进入大气后会被氧化剂氧化成为硝酸。而且二氧化氮通常与二氧化硫同时存在，还会促进硫酸的生成，加速了酸雨的形成。

二氧化硫以及氮氧化物的主要来源就是人工排放：人工排放源之一就是煤、石油、天然气等矿物燃料的燃烧；另一个重要的排放源主要是工业过程，如金属冶炼、石油炼制等；另外汽车尾气也会排放二氧化硫与氮氧化物。

酸雨对生态环境以及社会经济造成严重影响。酸雨可造成江、河、湖的水体酸化，抑制其中水生生物的生长和繁殖，破坏其中的生态系统；酸雨可使土壤酸化，农作物减产甚至死亡；酸雨还会促进森林的成片死亡（酸雨对树木叶、茎表面的直接损害，还有土壤对其的间接损害）；酸雨还会污染地下水系统，造成地下水酸化；酸雨可腐蚀露天文物（如图 4-2-2 所示），加速文物资源的破坏，可腐蚀露天建筑物以及设备；酸雨对人体也有不良影响，如眼睛和皮肤红肿、呼吸道疾病等。

图 4-2-2　被酸雨腐蚀的雕像

控制酸雨的根本措施主要是减少二氧化硫以及氮氧化物的排放。如今二氧化硫与氮氧化物在欧美的排放已经得到很好的控制，亚洲是目前排放量增长最快的地区，而我国也成了继欧洲和北美之后的第三大酸雨区。我国酸雨主要是由二氧化硫造成的。我国是以燃煤为主的能源结构，而且煤的含硫量较高，会造成大量二氧化硫的排放。我国有 62.3% 的城市环境空气二氧化硫浓度超过国家标准。目前减少二氧化硫的排放主要采用燃烧后对排放烟气进行脱硫处理。

4. 其他环境问题

目前取得积极进展的环境问题主要是臭氧层损耗和酸雨问题，但是依然有很多环境问题没有实质得到解决，如之前提到的全球变暖，以及土地与森林退化、水土流失与土地荒漠以及生物多样性的破坏等，还有近几年来在我国日益凸显的灰霾天气，如图 4-2-3 所示。

灰霾是指大量极细微的干尘粒等均匀的浮游在空中，使水平能见度小于 10 km 的空气浑浊现象。灰霾天气严重危害人体健康，直径小于 10 μm 的气溶胶粒子，尤其是直径小于或等于 2.5 μm 的颗粒物（PM2.5），能够直接进入并且粘附在人体呼吸道和肺叶中，对呼吸系统和心血管系统造成伤害，灰霾天气对人体的伤害甚至比沙尘暴都要大。同时灰霾天气对交通安全以及区域气候等都会造成影响，还会加快城市光化学烟雾污染。PM2.5 主要来源于化石燃料的燃烧、汽车尾气排放的残留物等。

环境污染是指人类活动使得环境原来的状态以及性质发生了变化。当有害物质的排放量超过环境自净化能力时，就会造成环境污染。环境污染主要包括大气污染、水污染、土壤污染以及放射性污染等。

大气污染物主要分为颗粒物、含硫化合物、氮氧化物、碳氧化物以及光化学氧化剂。其种类繁多、排放量大、污染范围广，对人体健康、农作物等都有着严重的危害，如图 4-2-4 所示。

水污染类型主要有恶臭污染、水硬度、需氧有机物污染、病原微生物污染、有毒物质造成的污染、酸、碱、盐污染等，会对水中生态系统以及人类健康（如日本的水俣病及骨痛病事件）造成严重影响，如图 4-2-5 所示。

图 4-2-3 灰霾下的天安门城楼

图 4-2-4 某发电厂

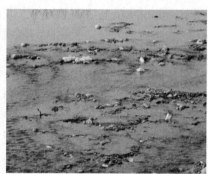
图 4-2-5 被污染的河流

土壤污染源的来源极为广泛，主要包括工业与生活污染源、农业污染源及战争污染源。土壤受到污染后，其作物产量降低、品质恶化，并且被作物吸收后，通过食物链的传递，影响人类以及动植物的健康，而且土壤中的污染物质容易随风力、降水而污染大气和水资源，如图 4-2-6 所示。

放射性污染指人类活动排放出的放射性物质高于标准值。放射性污染很难消除，只能随着时间的推移而减弱。放射性物质对人体的危害分为急性放射病（多为意外核事故、核战争造成）、远期影响（慢性疾病以及遗传效应），如图 4-2-7 所示。

图 4-2-6 被污染的土壤

图 4-2-7 日本福岛核电事故之后

生态环境问题以及环境污染都直接或间接地与能源开发利用有关，任何一种能源的开发和利用都会对环境造成一定影响。例如化石燃料作为世界各国主要的能量来源，其燃烧排放出大量的废气和粉尘，会造成大气污染及水质污染；同时燃烧过程中还会排放大量的温室气体，造成温室效应；高硫煤燃烧时会排放出二氧化硫，进而形成酸雨；生物质能的利用可能会引起森林破坏、土地退化等，核能则会产生放射性污染，在诸多能源中，化石能源对环境的影响是最为严重的。

之前许多国家发展经济是以污染环境、破坏资源等为代价实现的，后来由于大量能源不合理的开发利用导致环境公害日益严重，人们意识到环境污染的后果是极其深远的，人类在享受能源带来的经济发展、科技进步等利益的同时，也遇到一系列无法避免的能源安全挑战，能源短缺、资源争夺以及过度使用能源造成的环境污染等问题威胁着人类的生存与发展，因此需要对环境污染进行综合防治，从资源、经济、生态、人类健康等各方面综合考虑，以求最大限度的合理利用资源、减少污染物的产生和排放，用最经济的手段实现最好的防治效果。

4.2.2　化石燃料对环境的影响

能源的环境问题是指包括开采、运输、储藏加工、利用的全过程所产生的环境影响。本节主要介绍化石燃料带来的环境影响。

1. 化石燃料的开采、加工、运输等对环境的影响

（1）煤炭

煤炭开采，不论是露天开采还是地下开采，都会给环境造成严重破坏。露天开采会破坏地表植被，地面被污染，整个生态平衡打破。采用地下开采时，煤层被采空后，上覆岩层的应力平衡遭到破坏，继之引起上演层的断裂、塌陷，直至造成地表沉陷，废弃的矿井塌顶司空见惯。地表沉陷还会导致相应范围内地面建筑、供水管道等设施变形以致破坏。除了地表和地下岩土的破坏，煤炭开采还会影响地表水和地下水，煤炭开采必然涉及对地下水的疏干和排泄，从而会导致地下水位的下降。其次洗煤废水大量排放，对地表水、地下水资源系统造成污染。当煤炭含硫量大于 5% 时，矿井排水呈酸性，大量酸性废水的排放会造成水体污染和土壤酸化。煤炭开采过程中还会有废气的排放，主要成分是甲烷，甲烷是一种重要的温室气体，其温室效应是二氧化碳的 20 倍。同时我国多数矿井为瓦斯矿，含有一定浓度的瓦斯空气遇火能引起爆炸燃烧，严重威胁井下安全，每年瓦斯爆炸事故频繁发生，如图 4-2-8 所示，造成生命和财产的损失，瓦斯排出地面不仅浪费能源且污染环境。

在采煤和洗选过程中，会排放大量的固体废物，其是一种在成煤过程中与煤层伴生的含碳量极低的灰黑色岩石，几乎占到原煤产量的 10%~20%。煤矸石通常堆积于井口附近，如图 4-2-9 所示，占用了大量的土地资源，同时还会使周围土地变得贫瘠。煤矸石的露天堆放还会产生大量粉尘，造成大气污染。有时煤矸石还会发生自燃，释放出有害气体，

图 4-2-8　瓦斯爆炸事故

危害居民健康以及生态环境。煤矸石虽然会对环境造成危害，但是如果能够合理利用，仍然是一种有用的资源，可以回收煤炭或者用于发电等。

图 4-2-9　煤矸石的随意堆放

　　煤炭在储存和运输过程中也会造成环境污染。在矿区、车站、码头等区域会造成自燃，同时细煤随风飞扬，运输过程中煤尘飞扬、污染大气、破坏景观。降雨淋洗煤堆，进而对水资源造成影响。而我国煤炭丰富地区远离消费地区，长距离的"北煤南运、西煤东运"更是加剧运输过程中的污染。

　　（2）石油

　　石油在开采过程中会造成环境污染。原油外泄首先会污染土地，其次，油气挥发物与其他有害气体被太阳紫外线照射后发生反应，会产生光化学烟雾和一些致癌物。在海上采油发生井喷事故时，会引发多方面的生态和社会危害。生态方面，石油漂浮在海面上，迅速扩散形成油膜，阻断了 O_2、CO_2 等气体的交换，破坏了光合作用的客观条件。石油降解大量消耗了水体中的氧气，而大气溶氧又被油膜阻隔，导致海水中缺氧，打破海洋中的生态平衡。此外石油中所含的稠环芳香烃对生物体有剧毒，近些年有证据表明，这些烃类有致突变和致癌变的作用，慢性石油污染导致的生态学危害更加难以评估。2010 年 4 月 20 日，墨西哥湾英国石油公司的海上钻井平台发生爆炸，如图 4-2-10 所示，11 人死亡，7 人重伤，约 7.8 亿升原油泄漏，引发了美国历史上最为严重的漏油事件，污染导致墨西哥沿岸 1 600 km 长的湿地和海滩被毁，如图 4-2-11 所示，渔业受损，一些物种灭绝。

图 4-2-10　海上钻井平台发生爆炸

图 4-2-11　海滩上的原油块

　　石油在储藏和运输过程中，地下油罐和输油管线会腐蚀渗漏污染土壤和地下水源；海上运油时，发生油船泄漏事故，严重影响海洋生态环境。石油运输产生的影响要比煤炭更为严重，应该引起足够重视。

　　石油在加工过程中，会排放出三废，即废气、废水以及固体废弃物。石油炼制装置的废气排放量大，且污染物成分复杂，毒性强，种类多，危害性极大，排放的污染物甚至在距离生产装置 2 km 处还能检查出。石油化工行业通常排放出含有油、硫、碱、盐的废水，废水的排放量大且污染性强。石油工业产生的固体废弃物种类繁多，主要有废酸液、废碱液、废白土渣、油罐底油污泥等，这些固体废弃物如不加以综合利用，既污染环境又浪费资源。

　　（3）天然气

　　天然气的化学组成可分为烃类气体与非烃类气体两大类，烃类气体主要指甲烷以及 C2–4 重烃气，非烷烃气常见的有 CO_2、N_2、H_2S、H_2 以及 He、Ar 等稀有气体。

　　天然气在开采、加工过程中有可能会向大气释放大量的甲烷气体，进一步加剧全球的温室效应。在开采天然气水合物过程中还会导致极地永久冻土带之下或海底的天然气水合物分解。海底的天然气水合物分解导致斜坡稳定性下降，是海底滑坡产生的另一个重要原因。同时大量的甲烷气体也会破坏海洋的生态平衡。

　　2. 化石燃料利用对环境的影响以及污染防治

　　化石燃料的用途主要是化工厂的原料和燃料。化石燃料使用过程中的污染主要是燃烧过程中产生的气态、固态污染物和余热等。下面主要介绍燃烧污染物（SO_x、NO_x 和烟尘等）的产生、影响以及防治方法。

　　（1）硫氧化物

　　大气中的硫氧化物主要是指 SO_2 和 SO_3，主要来自于含硫燃料的燃烧等。煤炭中含硫量可达到 0.1%~8%，劣质煤的含硫量更高；石油中也含有少量的硫，一般为 0.1%~2%，重油的含硫量比原油高一倍以上；天然气中含硫主要是 H_2S，含量一般少于 1%。化石燃料中的硫元素在燃烧过程中会被氧化成为 SO_2 和 SO_3，构成对环境的污染。SO_2 对人体有强烈的刺激作用，可导致窒息甚至死亡；更严重的是 SO_2 与其他污染物的协同效应和二次污染的伤害，SO_2 与飘尘的协同毒性作用是飘尘将 SO_2 带到肺的深部，使其毒性增加 3 倍。此外硫氧化物还是形成酸雨的主要因素，影响土壤与水系。

因此需要对其进行脱硫处理，目前常用的脱硫方法主要是燃烧过程中脱硫和排烟脱硫。

煤燃烧过程中脱硫常用方法是流化床燃烧脱硫（沸腾燃烧），沸腾燃烧是指煤在气流作用下，与大量的灰渣粒子混合，并与之一起在上下翻腾的过程中进行燃烧，因为燃烧条件好，即使多灰、多水的劣质煤也能稳定燃烧，近年来这种燃烧方法发展得很快。所谓的脱硫，就是硫氧化物被脱硫剂吸收，燃烧过程中，煤粒和脱硫剂（石灰石和白云石）以一定比例加入沸腾床中，其分解产物 CaO 在炉内发生脱硫反应。

流化床加入石灰石后的主要反应如下

$$CaCO_3 \rightarrow CaO + CO_2 \qquad (4-2-1)$$

$$CaO + SO_2 + \frac{1}{2} O_2 \rightarrow CaSO_4 \qquad (4-2-2)$$

$$CaO + H_2S \rightarrow CaS + H_2O \qquad (4-2-3)$$

上述脱硫反应属于固、气相间的反应，反应过程中需要脱硫剂有较大的表面积，SO_2 要良好地扩散；为保证脱硫效果好，还需要有足够的脱硫剂。

除了在燃烧过程中脱硫外，还可以进行排烟脱硫。高浓度烟气（SO_2 含量高于 2%）主要来自于硫化矿焙烧和有色金属冶炼过程，高浓度烟气可以采用催化氧化法来制取硫酸；低浓度烟气（SO_2 含量低于 2%）一般主要来自化石燃料的燃烧。排烟脱硫方法很多，采用不同的碱性脱硫剂就构成了不同的脱硫方法。通常分为干法和湿法两大类。干法即采用易和 SO_2 进行反应的化合物在固体状态下与烟气接触进行脱硫反应；湿法脱硫是使容易和 SO_2 反应的化合物水溶液或者悬浮液与烟气接触进行脱硫反应，其中湿法烟气脱硫技术（如图 4-2-12 所示）因原理简单、脱硫效率高和吸收剂利用率高而应用最多。

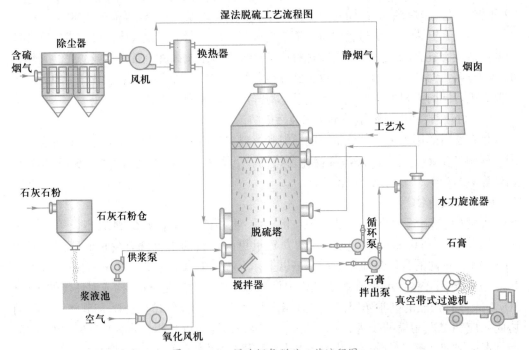

图 4-2-12　湿法烟气脱硫工艺流程图

（2）氮氧化物

氮氧化物是大气污染的首要有害物质之一，人们对氮氧化物的有害性认识比硫氧化物要晚很多。主要污染大气的氮氧化物为 NO 和 NO_2。NO 是无色无味的气体，可以和血液中的血红蛋白相结合，造成血液缺氧而引起中枢神经麻痹。NO_2 是黄棕色有刺激性气味的气体，毒性比 NO 大，对呼吸器官黏膜有强烈的刺激作用，影响人的肺部功能。此外氮氧化物还会引发光化学烟雾，对人体具有强烈的刺激作用。

化石燃料燃烧生成氮氧化物的成因与硫氧化物不同，硫氧化物只是来源于燃料中含有的硫，而氮氧化物的生成受很多因素的影响。主要有以下三种类型：① 热力型，助燃空气中的氮气，在高温下氧化而生成氮和氮的氧化物；② 燃料型，燃料中氮的化合物，在燃烧过程中氧化生成氮的氧化物；③ 快速温度型，碳氢系燃料，在燃料过浓燃烧条件下燃烧时产生的氮氧化物。

目前控制氮氧化物的排放途径有两种，与控制硫氧化物排放类似：其一是在燃烧过程中抑制氮氧化物的形成；其二是对生成高浓度氮氧化物的烟气进行净化处理，即排烟脱氮。控制措施主要有：① 燃料改质和转换；② 改变燃烧操作条件；③ 采用新燃烧方法；④ 排烟脱氮；⑤ 高烟囱排放。对于大量的工业炉，通常采用②和③两种方法。现阶段的低氮燃烧技术只能降低 60% 左右的氮氧化物含量，为达到环境排放要求，在烟气进入大气前进行烟气进化处理。排烟脱氮同样分为干法和湿法两类。干法即使烟气中的氮氧化物在催化剂作用下进行分解，或采用某种粉状、粒状吸收剂来吸收氮氧化物。湿法烟气脱氮是用碱液吸收烟气中的氮氧化物。

目前正在大力发展脱硫和脱氮同时进行的排烟治理，主要有以下四种：① 电子束辐射法；② 高锰酸钾吸收法；③ 二氧化氯氧化 - 吸收法（将经二氧化氯氧化后的烟气送往氢氧化钠吸收塔），进行的反应如下：

$$SO_2+2NaOH \rightarrow Na_2SO_3+H_2O$$
$$NO_2+2Na_2SO_3 \rightarrow \frac{1}{2}N_2+2Na_2SO_4 \tag{4-2-4}$$

④ 选择性催化还原法，主要反应如下：

$$2SO_2+O_2+2H_2O \rightarrow 2H_2SO_4$$
$$2NH_3+H_2SO_4 \rightarrow (NH_4)_2SO_4 \tag{4-2-5}$$

$$6NO+4NH_3 \rightarrow 5N_2+6H_2O$$
$$6NO_2+8NH_3 \rightarrow 7N_2+12H_2O \tag{4-2-6}$$

排烟脱氮近些年来有很大发展，但是成本费较高（包括设备费、附加材料费和能耗等相关费用）。

（3）烟尘

烟尘通常是工业生产过程与废气同时排出的烟和粉尘的总称。如燃煤，有不完全燃烧的气相析出黑烟，粒径为 0.02~0.04 μm；也有机械不完全燃烧的粉煤颗粒、燃尽的灰分等，颗粒较大，粒径为 0.01~1 μm，统称为烟尘。大气中的悬浮颗粒物包括烟尘会对生物尤其是人体健康造成较大危害作用，主要是侵入呼吸道，危害程度取决于粒径的大小以及化学组成。粒径越小危害越大，小于 5 μm 的尘粒极易进入人体器官，造成呼吸道疾病，2 μm 以下的尘粒可沉积于支气管和肺部，小于 0.01 μm 的尘粒，50% 以上可沉积于肺部深处，尘粒的毒性主要取决于尘粒的化学组成及其表面吸附的气体。

烟尘主要有气相析出型和残炭型两种。气相析出型烟尘是气体、液体、固体燃料在燃烧过程中释放出的气体可燃物，当空气不足时，因热分解而生成的固体烟尘，又称炭黑粒子。这种烟尘一般粒径较小。残炭型烟尘一般是煤或重质油燃烧未燃尽时残留下来的固体颗粒物，常称油灰，颗粒尺寸通常较大，一般有 10~300 μm。

对于燃烧烟尘的治理，一般也是两类：燃烧控制和排烟治理。燃烧控制即尽可能使燃料完全燃烧，控制和减少烟尘的生成。燃烧控制的方法主要有，改善现有的燃烧条件、采用特殊燃烧方法（烟尘再燃烧、烟气循环法、添加剂控制法等）。烟尘的排烟治理是通过除尘器实现的，当燃烧治理不达标时就要进行排烟除尘。按照捕集粉尘的机理可分为机械式除尘（利用重力、惯性力、离心力等）、电除尘、过滤式除尘、湿式洗涤等。

4.2.3 水力资源对环境的影响

2017 年，水电在世界电力结构中的比例接近 16%，在未来能源结构中，水电也将有很大的发展。水力资源是一种清洁、可再生的能源，不会产生空气污染，但是满足防洪、电力供应等方面的需求而修建的水利水电工程会对生态环境造成影响。

1. 对自然环境的影响

① 水库建成后，改变了下游河道的流量。不仅存蓄了汛期洪水，还截流了非汛期的基流，往往会使下游河道水位下降，还可能引发周围地下水位下降。② 水库破坏了河流泥沙的运行规律和平衡条件，可能造成泥沙的淤积。以三门峡水库为例（如图 4-2-13 所示），水库于 1960 年蓄水，一年半后 15 亿吨泥沙全部淤在潼关至三门峡河段，淤积带延伸到上游的渭河口，形成拦门沙，造成两岸农田盐碱化。③ 修建大坝后还可能会触发地震、塌岸、滑坡等不良地质灾害，同时水库蓄水还会引起库区土地浸没、沼泽化、盐碱化。④ 库区淹没和工程建筑物的修建对陆生植物和动物造成直接的破坏，土壤盐碱化等进而影响动植物种类、结构以及生活环境。⑤ 除了对陆生生物有影响，对水生生物也会造成影响。水坝修建会切断洄游性鱼类的洄游通道；上游水库泄水，影响了下游鱼类的产量；高坝溢流造成水中氮氧含量饱和，致使鱼类患气泡病。

2. 对社会环境的影响

水库修建除了会对自然环境有影响外，还会影响人民的生产和生活，如图 4-2-14 所示。主要包括：①库区淹没影响较大，造成人口迁移以及工农业生产；②不少疾病如疟疾病、血吸虫病等都直接或间接地与水环境有关，如丹江口水库、新安江水库建成后，原有陆地变成了湿地，有利于蚊虫的滋生，都曾经流行过疟疾病。

鉴于此，在进行水电站建设时，必须事先进行详细、缜密的调查研究，进行环境影响评价，并采取相应措施，趋利避害。

图 4-2-13　三门峡水库"畅泄排沙"

图 4-2-14　水库外溢淹没农田

4.2.4　新能源开发利用对环境的影响

核能作为一种新能源，随着能源危机的严重，其已经越来越引起人们的重视。但是核能对环境的影响也不容忽视，主要包括核反应堆的安全以及放射污染等问题。

（1）核反应堆安全。核反应堆具有厚且密封的外壳，设有精密调控装置，并且采取了各种预防措施，但是仍然会发生核泄漏事件。苏联切尔诺贝利核电站发生爆炸后，引发了火灾，反应堆内的放射性物质大量外泄，周围环境受到严重污染。核安全问题已经引起了各国政府的高度重视。

（2）辐射影响。核能是一种清洁无污染的能源，核燃料在正常使用过程中一般是没有危害的。在使用过程中如有不当或者发生核泄漏事故时，会给人类和生态造成短期和长期的危害（如图 4-2-15 所示），放射辐射通过水或空气尤其是食物链的放大作用会造成人体的慢性辐射，最终产生对人体的危害。

（3）放射性废物的影响。反应堆中取出的废料，具有极强的放射性，进入环境后会造成水、大气和土壤的污染，因此需要进行特殊处理，且长期隔离，如图 4-2-16 所示。

图 4-2-15　切尔诺贝利核电站事故 25 周年，
该地的辐射是正常数值的 37 倍

图 4-2-16　核废料被深埋地下

太阳能是一种巨大的、廉价的清洁能源。太阳能的利用没有有毒气体和碳排放，但是大规模太阳集热系统的使用会占用大量的土地面积，且太阳能集热系统吸收太阳能后，会一定程度影响地面、大气的能量平衡。

生物质能转化为沼气利用时，带来显著的综合效益。但是使用沼气时，尤其应该注意安全，当沼气和空气混合含量达到 5%~15% 时，遇到明火就会发生爆炸。同时沼气中还含有少量的 H_2S，可能会对环境产生影响。此外为了减少碳排放，更多的利用生物质能，许多国家大量选育速生树种，即发展薪柴林，但是速生薪柴林通常具有较强的吸水和吸肥能力（如图 4-2-17 所示），常常使得速生薪柴林周围的植物无法生存，破坏了植物的多样性。

地热能是从地壳内部抽取的天然热能，但是地热水和地热蒸汽中，含有许多污染环境的矿物质，含有 H_2S、NH_3、Be。个别地方的地热水中可能含有 As（砷）、Sb（锑）、汞等有毒物质，会对大气和水体产生污染。此外建设地热电站要占用大量的土地，破坏地表的植被，提取地热流体后还容易引起地表沉降。

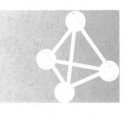

图 4-2-17 树龄一年多的桉树（速生林的一种）被砍后流下的水

风能是清洁能源，大规模风力发电的使用也会对环境造成影响。首先是风力发电会产生噪声，风向、风机的排列方式、风机型号等都会影响风力发电机的噪声。其次风力发电机正常运转时，还会对鸟类造成伤害，鸟撞到塔架或翼片时，会受到伤害；风机的运转也会妨碍鸟类的繁殖和栖居。风力发电机还会成为妨碍电磁波传播的障碍物，由于风力发电机的影响，电磁波可能被反射、散射和衍射，从而干扰无线电通信。

能源资源特别是化石能源的不可再生性以及能源资源开发利用过程都会对环境和生态产生明显影响。能源开发和利用不仅影响当代的能源和环境问题，也会影响着后代的能源和环境。世界环境与发展大会对可持续发展的定义为"既满足当代人的需求又不损害后代将来满足其需求的能力的发展"。能源既是社会发展的动力，也是环境问题的来源，解决好环境保护与能源开发利用问题，是实现可持续发展的核心。实现可持续用能的主要途径包括提高能源利用率，减少能源损失，降低能源污染，加大可再生能源的开发利用，以及采用先进的能源技术。

思 考 题

一、填空题

1. 一次能源包括_____、_____、_____等，二次能源包括_____、_____、_____。

2. 能源评价包括_____、_____、_____等方面。

3. 世界能源消费结构以_____为主导，逐渐向_____方向倾斜。

4. 我国能源消费结构过度依赖_____，_____和_____支撑作用不足。

5. 全球_____资源储量十分丰富，是各种能源资源之首。

6. _____是目前技术较为成熟、可以大规模发展的清洁可再生能源。

7. 生物质能在我国利用的主要形式包括_____、_____和_____。

8. 臭氧层空洞现象最初发现于_____。

9. 判别酸雨的条件为_____。

10. 面临的全球性环境问题主要有_____、_____、_____等。

11. 化石燃料燃烧的主要污染物有_____、_____、_____等。

二、简答题

1. 简述一次能源和二次能源。

2. 简述新能源与可再生能源。

3. 简述煤炭资源对环境的影响。

4. 简述核能开发利用对环境的影响。

5. 简述水力资源开发利用对环境的影响。

第 5 章

典型的能源动力设备与系统

能量转换是能量利用中最重要的环节，通常的能量转换是指能量在形态上的转换，例如燃料的化学能通过燃烧转换成热能，热能通过各种热力机械转换成机械能。广义的能量转换应包括：① 能量在空间上的转换，即能量的传输；② 能量在时间上的转换，也就是能量的储存。

电子教案
2-5-1：典型
的能源动力
设备与系统

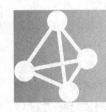

5.1 能量转换的基本定律

在了解热力过程和循环过程之前，我们需要了解各个过程需要遵循的基本定律，即经典的热力学第一定律和热力学第二定律。热力学主要是研究热能与其他形式的能量之间相互转换规律的学科，工程热力学主要是从工程技术观点出发，研究物质的热力学性质，热能转换为机械能的规律和方法，以及有效、合理地利用热能的途径。

5.1.1 热力学第一定律

热力学发展的初期，热能和机械能的相互转化是人们的主要研究对象。在工业革命的推动下，工业上和运输上都相当广泛地使用蒸汽机，人们开始研究如何消耗最少的燃料而获得尽可能多的机械能，甚至幻想制造一种机器，在不需要外界提供能量的前提下，却能不断地对外做功，这就是所谓的第一类永动机。

早期著名的一个永动机设计方案是 13 世纪时一个法国人提出来的，其设计简图如图 5-1-1 所示。如图所示：轮子中央有一个转动轴，边缘安装着 12 个可活动的短杆，短杆的末端装有一个铁球。设计者认为，右边的铁球离轴距离要比左边的球远些，右边的球产生的转动力矩自然要比左边的球产生的转动力矩大。这样轮子就会永无休止地转动下去，并且带动机器转动。这一设计被一些人以不同的形式复制出来，但从未实现不停息地转动。分析后不难发现，右边球产生的力矩大，但球的个数少，左边球产生的力矩虽小，但球的个数多。于是，轮子不会持续转动下去对外做功，只会稍摆动几下，便停止运动。

为了解决这个困扰已久的现实问题，促使人们去研究热和机械能之间的关系。迈尔（J. R. Mayer）是第一个提出了能量守恒定律的人，但此定律得到物理学界的确认，却是在焦耳（J. P. Joule）的实验工作发表以后。

热力学第一定律是能量守恒和转换定律在热力学中的应用，其具体表述为"在任何发生能量传递和转换的热力过程中，传递和转换前后能量的总量

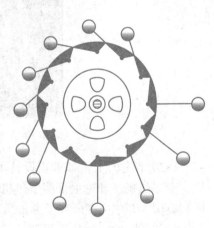

图 5-1-1　第一类永动机设计简图

维持恒定"。能量可以从一种形式转化为另一种形式,从一个物体传递到另一个物体,但是在转化和传递的过程中,能量的总量是不变的。

热力系统与外部环境之间由于存在不平衡势差会发生能量交换,从而实施热力过程。具体的能量传递方式有两种:做功和传热。根据热力学第一定律,对任意热力系统,其各项能量的平衡关系可以表示为:

$$ \boxed{进入系统的能量} - \boxed{离开系统的能量} = \boxed{系统总存储能量的变化} $$

其中,系统总存储能包括外部存储能(宏观动能和宏观位能)和内部存储能(热力学能)。该平衡公式适用于任意系统和任何过程,但对于不同的热力系统,参与热力过程能量转换的各项能量不同,则具体的关系式也不尽相同。

5.1.2 热力学第二定律

在热力学第一定律问世后,人们知道了能量是不能被凭空制造出来的,于是有人提出,设计一类装置,从海洋、大气乃至宇宙中吸取热能,将这些热能作为驱动永动机转动和功输出的源头,这就是所谓的第二类永动机。从单一热源吸热使之完全变为有用功而不产生其他影响的热机称为第二类永动机,第二类永动机不可能制成,表示机械能和内能的转化过程具有方向性。

历史上首个成型的第二类永动机装置是美国人约翰·嘎姆吉为美国海军设计的零发动机(如图5-1-2所示),这一装置利用海水的热量将液氨汽化,推动机械运转。但是这一装置无法持续运转,因为汽化后的液氨在没有低温热源存在的条件下无法重新液化,不能完成循环。

图 5-1-2　第二类永动机原理图

1820年法国工程师卡诺设计了一种工作于两个热源之间的理想热机——卡诺热机,卡诺热机从理论上证明了热机的工作效率与两个热源的温差相关。德国人克劳修斯和英国人开尔文在研究了卡诺循环和热力学第一定律后,提出了热力学第二定律。

一切实际的宏观热过程都具有方向性,热过程不可逆,这是热过程的特征,也是热力学第二定律揭示的基本事实和自然规律。在热力学史上，热力学第二定律曾有几种不同的表达形式，形成了有关热力学第二定律的各种说法，这里我们列举几种常见的说法。

克劳修斯说法：不可能把热从低温物体传至高温物体而不引起其他变化。

开尔文说法：不可能从单一热源取热，并使之完全变成有用功而不产生其他影响。

普朗克说法：不能制造一部机器，它在循环动作中把一重物升高而同时使一热库冷却。

当系统经历某个过程后，我们不能使过程逆行，从而使正过程在系统及环境中所引起的变化在逆过程中全部消除，这样的过程称之为不可逆过程。实际过程不可避免的包含着不可逆因素，因而都是不可逆过程。如果我们设法减轻这些不可逆因素至可以忽略，则过程的不可逆性也随之消失，这样的过程称为可逆过程，即当系统完成某一过程后，如果能使过程逆行而使系统与外界恢复到原始状态不留下任何变化，这样的过程称为可逆过程。

能量的形式有很多种，例如机械能、热能、化学能、电能、势能、光能等，但是并不是所有的能源都可作为终端能源使用，一般都需要根据实际使用需求对其进行转换。各种形式的能量之间可以相互转换。当前用得最多的一般是热能、机械能以及电能的相互转换。任何能量转换过程都需要一定的条件，在一定的系统中实现。对于能量转换一般有几点要求：转换效率高、转换速度快、负荷调节性好、满足经济性与环保性的要求等。

热能连续转换为机械能是通过热机中工质的热力循环实现的，热机的工作循环称为动力循环。根据工质种类的不同可以分为蒸汽动力循环和气体动力循环两大类。在蒸汽动力循环中水和水蒸气作为工质，只是从外部吸热来完成整个循环，并不参与燃烧过程。因此便于利用各种燃料，如煤、渣油等。气体动力循环主要包括燃气动力循环和内燃机循环。它们将燃气作为工质，参与热力循环的各个过程。

热机的理想循环为卡诺循环。卡诺循环是工作于高温热源和低温热源之间的正向循环，由两个定温过程和绝热过程组成，也是最为理想的循环。卡诺循环的热效率只与高低温热源的温度有关。热力学第二定律已经表明，同温限内卡诺循环的效率是最高的，但是实际当中卡诺循环是很难实现的。

制冷和热泵循环则是实现了能量的转移，将热量从低温热源转移到了高温热源，但是这一能量转移过程通常需要消耗其他形式的能量作为补偿，一般是以机械能（如蒸汽压缩式）或者热能（如吸收式）作为能量补偿。制冷或热泵循环的理想循环为逆卡诺循环。

实际生活中所用到的各种热能动力装置有蒸汽动力装置（图 5-1-3）、内燃机（图 5-1-4）、燃气轮机（图 5-1-5）和制冷制热装置（图 5-1-6）等，表 5-1-1 为几种典型动力装置热能与机械能之间的转换过程，这些装置尽管其设备结构和应用领域各不相同，但它们在能量转换的本质上却有很多相同点。一方面，在热力设备实现能量转换的过程中都需要有工作物质（如水蒸气、制冷剂等）的参与，这些工作物质被称为"工质"。另一方面，各种动力装置都是在工质状态的连续变化中实现能量转换的，工质在经历压缩、吸热、膨胀和放热等循环过程，完成对外做功和换热。因此，了解工质的性质、各个热力工程和循环过程是非常有必要的。

图 5-1-3　超大型蒸汽机游轮

图 5-1-4　内燃机车

图 5-1-5　燃气轮机发电机

图 5-1-6　压缩式制冷机

表 5-1-1　几种典型动力装置热能与机械能之间的转换过程

典型的动力装置	工质	高温热源	低温冷源	功
内燃机	燃气	燃烧产气	大气环境	对外做功
蒸汽动力装置	水蒸气	高温物体	冷却水	对外做功
燃气轮机	燃气	燃烧产气	大气环境	对外做功
压缩制冷装置	制冷剂	大气环境	冷库	消耗功

　　蒸汽机动力装置是早期船舶的主动力装置，是机动船舶上最先应用的动力装置。自从汽轮机动力装置和柴油机动力装置在船上试用成功以后，蒸汽机动力装置即逐渐被淘汰。

　　内燃机车以内燃机作为原动力，通过传动装置驱动车轮的机车。根据机车上内燃机的种类，在我国铁路上采用的内燃机绝大多数是柴油机。燃油（柴油）在气缸内燃烧，将热能转换为由柴油曲轴输出的机械能，但并不用来直接驱动动轮，而是通过传动装置转换为适合机车牵引特性要求的机械能，再通过走行部驱动机车动轮在轨道上转动。

燃气轮机动力装置是船舶的一种主动力装置，它的主机是燃气轮机，它是一种将煤油燃烧产生的热能转换成为机械功的旋转式动力机械。它主要用作发电用的原动机，也可直接驱动各种泵、风机、压缩机和船舶螺旋桨动力机械。

压缩式制冷机是依靠压缩机提高制冷剂的压力以实现制冷循环的。制冷机由压缩机、冷凝器（凝汽器）、制冷换热器（蒸发器）、膨胀机或节流机构和一些辅助设备组成。按所用制冷剂的种类不同可分为气体压缩式制冷机和蒸汽压缩式制冷机两类。

接下来几个小节将主要介绍各动力循环、制冷和热泵循环设备，并分别对其热力过程进行分析。

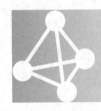

5.2 动力机械

将热能转换成机械能的装置称为热机，也被称作动力机械。热机又可以进一步分为内燃机和外燃机两种类型。当燃料的燃烧和工质的膨胀均在汽缸内部进行时，将这样的动力机械称为内燃机，如汽油机、柴油机等。当燃料的燃烧发生在汽缸的外部，而工质的膨胀做功是在汽缸内部进行时，将这样的动力机械称为外燃机，如蒸汽机、汽轮机等。

5.2.1 内燃机

内燃机是燃料在它的汽缸内部燃烧释放出的热能，直接以燃气为工质推动汽缸内的活塞做功的动力机械。内燃机主要分为往复活塞式内燃机和回转式燃气轮机。一般所说的内燃机是指往复活塞式内燃机，活塞所做的机械功经曲柄连杆机构汇集，经曲轴以回转运动形式带动耗功机械。燃料的燃烧、工质膨胀、压缩等都在同一个带有活塞的气缸中进行，结构相对紧凑、体积小、重量轻，因此广泛应用于轻型交通工具及园艺机械中。

内燃机按照燃料不同可以分为煤气机、汽油机和柴油机；按照点火方式的不同可以分为点燃式和压燃式；按照完成循环所需要的冲程又可以分为四冲程和二冲程。

1. 内燃机的工作原理

一般地，内燃机做功会经历包括进气、压缩、燃烧膨胀和排气在内的四个过程，将这四个过程称为一个完整的工作循环。通过内燃机周而复始的工作循环，将燃料的化学能通过燃烧、放热、膨胀等复杂的物理和化学变化转化为机械能。

通过活塞往复四个行程来完成循环的内燃机称为四冲程内燃机，在一个工作循环中，活塞要上下往复运动四个单程，曲轴旋转两周。四冲程活塞式汽油内燃机三维立体剖面图如图 5-2-1 所示，往复活塞式内燃机的工作腔称作气缸，气缸内表面为圆柱形，在气缸内作往复运动的活塞通过活塞销与连杆的一端铰接，连杆的另一端则与曲轴相连，构成曲柄连杆机构。因此，当活塞在气缸内作往复运动时，连杆便推动曲轴旋转，或者相反。其具体的工作过程如图 5-2-2 所示。四冲程往复活塞式内燃机在四个活塞行程内完成进气、压缩、做功和排气四个过程，即在一个活塞行程内只进行一个过程。因此，活塞行程可分别用四个过程命名。

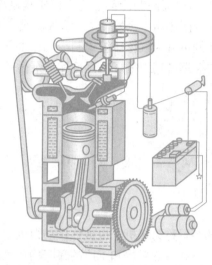

图 5-2-1　四冲程活塞式汽油内燃机三维立体剖面图

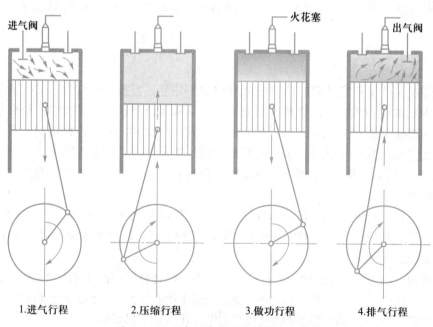

1.进气行程　　　2.压缩行程　　　3.做功行程　　　4.排气行程

图 5-2-2　往复活塞式内燃机的工作过程

（1）进气行程：活塞在曲轴的带动下由上止点移至下止点。此时排气门关闭，进气门开启。在活塞移动过程中，气缸容积逐渐增大，气缸内形成一定的真空度。空气和汽油的混合物通过进气门被吸入气缸，并在气缸内进一步混合形成可燃混合气。

（2）压缩行程：进气行程结束后，曲轴继续带动活塞由下止点移至上止点。这时，进、排气门均关闭，随着活塞移动，气缸容积不断减小，气缸内的混合气被压缩，其压力和温度同时升高。

（3）做功行程：压缩行程结束时，安装在气缸盖上的火花塞产生电火花，将气缸内的可燃混合气点燃，火焰迅速传遍整个燃烧室，同时放出大量的热能。燃烧气体的体积急剧膨胀，压力和温度迅速升高。燃烧开始时，过程十分迅猛，压力迅速上升，而活塞移动并不显著，该过程接近于定容加热。在气体压力的作用下，活塞由上止点移至下止点，并通过连杆推动曲轴旋转做功，此时燃烧在继续进行，气缸内气体的压力变化很少，近似于定压加热过程。这时，进、排气门仍旧关闭。

（4）排气行程：排气行程开始，排气门开启，进气门仍然关闭，此时部分废气排入大气，气缸中压力突然下降，接近于定容降压过程。曲轴通过连杆带动活塞由下止点移至上止点，此时膨胀过后的燃烧气体（或称废气）在其自身剩余压力和活塞的推动下，经排气门排出气缸之外。当活塞到达上止点时，排气行程结束，排气门关闭。

实际的内燃机循环中会存在着很多因素的影响，导致其循环偏离理想循环。主要有以下几个方面的影响。

（1）工质的影响：理想循环中都假设工质为理想气体，但是实际上的工质是空气与燃烧产物的混合气体。

（2）传热损失：压缩和膨胀过程不可能做到完全绝热，不可避免会与汽缸壁等发生热交换。

（3）燃烧损失：实际过程当中燃烧不可能是瞬时完成的，必然需要一定的时间，以及燃料的不完全燃烧，都会造成损失。

（4）流动损失：工质在气缸中流动，以及进排气过程都会引起一定的流动损失。

（5）漏气损失：活塞在往复运动的过程中肯定会造成一定数量的工质泄露，引起漏气损失。

以上各因素以及其他可能的影响因素会导致内燃机循环的实际热效率比理想循环的热效率低。

二冲程内燃机的工作循环也是由进气、压缩、燃烧膨胀和排气这四个过程组成的，与四冲程内燃机不同的是，二冲程内燃机的工作过程中，活塞只需上下往复运动两个单程，曲轴旋转一周。二冲程内燃机没有单独的进气过程和排气过程，而是通过设置的扫气泵将新鲜空气通过汽缸上的扫气孔扫入汽缸，做功后的废气一部分自由排出，另一部分则被进入汽缸的新鲜空气所挤出。与四冲程内燃机相比，二冲程内燃机运动部件少，质量轻，发动机的平稳性较好。

2. 内燃机的技术现状与发展趋势

内燃机技术经过一百多年的发展，在能量密度、热效率、燃料灵活度等方面均具有绝对优势。具体表现为：① 内燃机能量密度高，乘用车升功率最高达 150 kW/L；② 内燃机热效率高，汽油机的热效率可达 45%，与最新的超超临界和整体煤气化联合循环发电系统（IGCC）发电站效率相当，柴油机的热效率正在接近 50%；③ 可以使用灵活的燃料，内燃机可使用的燃料不仅包括化石燃料、天然气、生物质燃料，还包括乙醇等可再生能源。

内燃机的出现为汽车的发展提供了基础，汽车行业的繁荣促进了内燃机的改进和提高。内燃机是汽车的心脏，内燃机性能的优劣直接决定汽车的动力性、经济性、排放和机动性等多项性能指标。在高速和高功率要求下，世界各大汽车企业持续加大技术研发投资力度，使得内燃机燃烧技术、高增压技术和多参数控制技术等都迎来了迅速发展。

（1）先进的燃烧技术高速发展。现有先进的燃烧技术包括汽油压燃着火燃烧（GCI）、双燃料的反应活性控制着火燃烧（RCCI）、汽油/柴油双燃料高预混合低温燃烧（HPCC）、均质充量压燃（HCCI）着火燃烧、适度和较高分层的压燃燃烧过程（GDCI）等均具有很高的热效率。据报道，美国橡树岭国家实验室（ORNL）的某些多缸实验发动机热效率已经提高到55%以上；日本Toyota 8NR–FTS–Turbo GDI发动机的百公里油耗为5.15 L；Mazda SKYACTIV–G汽油机采用HCCI燃烧，热效率可达40%，实现了低速大扭矩。

（2）先进的高增压技术迅速发展。先进的高增压技术包括电动增压技术（eBooster）、可变截面涡轮增压技术（VGT）、二级可调增压（RTST）技术等。其中，eBooster能够极大地提高进气系统的响应特性，提高内燃机大负荷效率，但存在成本较高、电器设备耐热性差等问题。VGT技术是当今高档小排量轿车采用较多的一种技术，该增压技术能够提高低速转矩特性，极大提高内燃机的功率密度，促进内燃机向小型化方向发展。二级可调增压技术主要包括：废气旁通增压 + 普通增压器（WGT+FGT）和（VGT+FGT）两种增压方式，主要匹配于较大排量的内燃机，BMW 740MY2010 3.0 L内燃机采用（VGT+FGT）增压系统，相比原机节约油耗约10%，高效动力性与8缸、10缸动力性能相当。

（3）多系统、多参数可变控制技术的迅速发展。发动机各子系统包含控制参数众多，包括增压系统（VGT叶片和废气旁通阀开度）、喷油系统（预喷、主喷、喷油定时、喷油量）、排气再循环（EGR）系统（阀门开度和开闭时刻）、气门连杆机构（气门升程、定时）等，内燃机可变智能技术包括可变增压技术，可变EGR技术、可变气门定时和升程技术，可变直喷和双喷技术，可变压缩比技术等。Ford公司设计了自然吸气（NA）发动机设计的复合高增压（HyBoost）系统，该系统将电动涡轮增压器与传统废气涡轮增压相结合，电动增压器能够根据发动机工况自由调节涡轮转速，达到进气充量的精确控制，同时，HyBoost系统还能够回收内燃机高负荷时的一部分能量，极大提高低速转矩和油耗，其经济性可与混合动力相当。

为了进一步提高内燃机的热效率，改善油耗和排放性能，除了上述主要的技术外，还包括智能停缸技术、工质移缸技术、缸内喷水技术和提高汽油机的辛烷值等多项技术。

5.2.2 燃气轮机

燃气轮机全称为燃气涡轮发电机，它是以气体为工质将热能转化为机械能的热力发动机，属于以燃气推动涡轮机做功的回转式内燃机。一般地，燃气轮机是从外界大气中吸入空气，并将其在压气机中压缩增压，进入燃烧室中与喷入的燃油混合燃烧成为高温高压的燃气，最后进入涡轮膨胀做功。做功后的燃气，温度和压力均已降低，可以直接排入大气，也可进行余热利用，如接余热锅炉发电等，再排入大气。一般地，燃气轮机的膨胀做功可以分为两部分：一部分膨胀功通过传动轴传递给压气机，用以压缩吸入的空气；另一部分膨胀功则对外输出，如用于飞机、车辆、船舰和发电等。

航空用的燃气轮机的最基本形式是航空涡轮发动机，燃气发生器出口的高温高压燃气在尾喷管中膨胀加速，向后方高速喷射，并获得反作用推力。对于地面燃气轮机或船用燃气轮机，为获得更高的轴功率，一般会在燃气发生器后面再设置动力透平。

1. 燃气轮机工作原理

不同于活塞式内燃机，燃气轮机的压缩、燃烧和膨胀分别在压气机、燃烧室和涡轮三个不同部件完成，是一个等压循环，又称为布雷顿循环。压气机从外界大气环境中吸入空气，并将其逐级压缩；经压缩后的空气被送至燃烧室与喷入的燃料混合燃烧产生高温高压的燃气；燃机进入透平进行膨胀做功；做功后的燃气可直接排放至自然环境，也可通过加装换热设备以回收利用部分余热。燃气轮机的工作过程就是重复上述循环，将燃料的化学能转化为设备的机械能。燃气轮机的工质气流朝一个方向高速旋转，摆脱了活塞式内燃机受活塞体积和运动速度限制的制约，因此，燃气轮机的功率也会大很多。

（1）压气机

压气机是燃气轮机中利用高速旋转的叶片对空气做功以实现对空气增压的部件。一般地，燃气轮机的压气机可以分为离心式和轴流式两类，其中轴流式压气机适用于大流量的空气压缩，其工作效率较高；离心式压气机适用于空气流量较小的场合。压气机的级都是由工作轮和位于工作轮后的静止的整流器组成的，工作轮叶片之间形成扩散形的气流通道。通过工作叶片对空气做功，空气压力提高的同时，也提高了空气的流速，经过多级压缩后，便可将空气压力提高到规定值。由分析可知，提高压气机的压缩比，可使燃气轮机的效率显著提高。

（2）燃烧室

燃烧室位于压气机和涡轮之间，是提供燃料与经压气机压缩的高压空气混合燃烧的场所，并保证为涡轮提供高温燃气。气流在燃烧室燃烧可以分为三个阶段：第一阶段为扩压段，为利于燃烧，气流经过扩压段降速，将流速降低至 40~45 m/s；第二阶段为燃烧段，进入燃烧室的空气分为两部分，一部分经稳定器产生低压回流区，保证气流停留时间足够长，保证与喷入的燃料可以更好地混合燃烧；另一部分空气则是进入第三阶段燃尽降温段，剩余的空气与燃烧后的燃气混合，以降低燃气的温度，以适应涡轮叶片的强度许可，同时对未燃尽的燃料进行补充燃烧。还有极少的空气用于冷却涡轮组件等设备部件。

（3）涡轮

涡轮是燃气轮机的核心部件，是将经压气机压缩和燃烧室加温的燃气流的热能，转化为带动压气机和涡轮转轴的机械功的叶轮机械。燃气轮机的涡轮也可以分为轴流式涡轮和离心式涡轮。虽然这两种涡轮的结构形式有很大的差别，但其工作原理基本相同：气流进入涡轮工作叶片组成的收缩性通道，膨胀做功，压力降低，温度降低，绝对速度降低。

2. 燃气轮机技术现状与发展趋势

自 20 世纪问世以来，燃气轮机在发电、航空等领域得到了飞速的发展。进入

20 世纪 80 年代以来，燃气轮机单机容量和参数不断提高，目前单机最大容量已经超过 500 MW，最高气温已达到 1 600℃。燃气轮机的发展经历了几个阶段，如图 5-2-3 所示，由 B、D 级的常规机，发展为技术成熟的 E 级和 F 级的重型燃气轮机，单机效率可达 40% 的 H 级和 J 级产品也陆续投入生产。

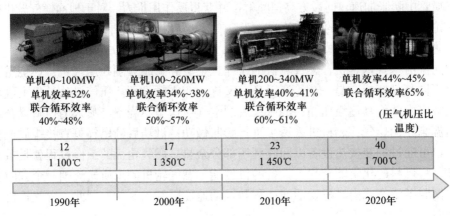

单机40~100MW
单机效率32%
联合循环效率
40%~48%

单机100~260MW
单机效率34%~38%
联合循环效率
50%~57%

单机200~340MW
单机效率40%~41%
联合循环效率
60%~61%

单机效率44%~45%
联合循环效率65%

（压气机压比温度）

| 12 | 17 | 23 | 40 |
| 1 100℃ | 1 350℃ | 1 450℃ | 1 700℃ |

1990年 　　　 2000年 　　　 2010年 　　　 2020年

图 5-2-3　燃气轮机发展阶段

当前国际重型燃气轮机市场垄断，基本形成以通用电气（GE）、西门子（Siemens）、三菱日立（MHPS）等公司为主导的格局，其各自不同等级产品的主要参数见表 5-2-1。

表 5-2-1　主要 F/G/H/J 级重型燃气轮机出力及效率对比表

企业	燃气轮机型号	出力 /MW（SC/CC）	效率 /%（SC/CC）
通用电气（GE）	9HA.02	557/826	44/64
	9HA.01	446/660	43.1/63.5
	9HA.06	342/508	41.1/61.1
	9HA.05	299/462	38.7/60.5
	9HA.04	281/429	38.6/59.4
	9HA.02	265/405	37.8/58.4
西门子（Siemens）	SGT5-8000H	425/630	41/61
	SGT5-4000F	329/475	40.7/59.7
三菱日立（MHPS）	M701JAC	493/717	42.9/63.1
	M701J	478/701	42.3/62.3
	M701F	385/566	41.9/62
	M701G	334/498	39.5/59.3

注：表中 SC 为单循环配置，CC 为联合循环配置，联合循环出力及效率均为一拖一配置下的参数。

各公司的代表产品，H 级和 J 级重型燃气轮机的压气机、燃烧室和透平这些主要部件的技术对比见表 5-2-2。

表 5-2-2　H 级/J 级产品技术特点对比

企业	燃气轮机型号	主要部件技术特点		
		压气机	燃烧室	透平
通用电气（GE）	9HA.01/02	借鉴航空引擎技术，采用 14 级轴流压气机，压比为 22.9，全部叶片无需分解转子即可实现现场更换，叶片采用 3D 叶型设计和 Super Finishing 技术以降低玷污，提高效率	采用 DLN2.6 + 燃烧系统，逆流、分管式设计，燃烧器设计方案使燃料混合更好、燃烧更加稳定，提高了燃料适应性，机组正常状况下的 NO_x 排放小于 25 ppm	采用 4 级动静叶设计，第一级由定向凝固单晶合金制造并采用表面热障涂层技术，前三级采用强制对流空冷方式，第四级不予冷却，双层缸体设计，便于拆装
西门子（Siemens）	SGT5-8000H	综合原 V94.3 及 W501F 系列燃气轮机技术，采用 13 级演进型三维叶片，压比 19.2，空气调节范围 50%~100%，可实现无起吊转子的静叶更换	采用由原 W501F 环管形燃烧室基础上开发而成的 ULN 燃烧系统，增加了在线燃烧参数自动调节系统，实现对燃烧特性及 NO_x 排放的动态控制	四级动静叶设计，三维设计叶型，一二级叶片采用定向结晶材料和改进型隔热涂层技术，采用液压间隙优化技术（HCO）控制动静间隙
三菱日立（MHPS）	M710J	采用可调导叶的 17 级高效轴流压气机，压比约为 23，通过控制进气量控制排气温度，气缸采用水平中分面结合式布置，静叶珊和燕尾型轴向插入的叶片可在现场与转子同时更换	在燃烧火焰筒、过渡段采用蒸汽冷却技术，燃烧室成水平中分面拼合布置以便于转子就位后的维修，采用燃烧压力波动检测系统以实现更加稳定的燃烧	采用先进的涂层、冷却等优化技术，四级动静叶片设计，一二级为自立设计，三四级为整体围带设计，转子冷却空气通过透平空气冷却器在外部冷却，过滤后再返回转子内部

我国燃气轮机的设计制造起步较晚，在 20 世纪 60 年代末 70 年代初，我国才开始重型燃气轮机的自助设计与研发。目前，我国重型燃气轮机主力机型为引进并国产化制造通用电气、西门子和三菱日立公司的 E 级和 F 级燃气轮机。

随着燃气轮机技术的持续发展，可以预见，重型燃气轮机仍将继续向大容量、高参数的方向发展，具体体现如下：① 通过进一步提高燃气轮机参数提高循环热效率；② 增强燃料适应性的同时进一步降低污染物排放水平；③ 研发新一代耐高温材料；④ 进一步提高压气机等主要部件性能，据预测，未来的燃气轮机最高进气温度可达 1 700℃，联合循环的效率可达 65% 左右。通用电气表示将继续向 21 世纪 20 年代初实现 65% 效率的目标迈进，西门子也已经宣布开始研发下一代 HL 级燃气轮机技术，其中期目标是使联合循环效率达到 65%。

5.2.3　蒸汽轮机

蒸汽轮机（也称汽轮机）具有单机功率大、热经济性高、运行安全可靠等诸多优点，被广泛应用于火力发电厂、核电厂、冶金、化工、船舶等领域，以满足生产生活需要。因此，可从不同的角度对汽轮机加以分类，如表 5-2-3 所示。

表 5-2-3　蒸汽轮机的分类

分类标准	类型	简要说明
按工作原理	冲动式汽轮机	蒸汽主要在喷嘴中膨胀，在动叶栅中只有少量膨胀
	反动式汽轮机	蒸汽在喷嘴和动叶栅中膨胀程度相同
按热力特性	凝汽式汽轮机	排汽进入凝汽器凝结成水
	背压式汽轮机	排汽直接用于供热，没有凝汽器
	抽汽背压式汽轮机	从汽轮机某一级后抽汽供热，其余排汽仍进入凝汽器
按用途	电站汽轮机	拖动发电机旋转，产生电能
	工业汽轮机	拖动风机、水泵、压缩机等旋转机械
	船用汽轮机	用于船舶推动动力装置，驱动螺旋桨
按进气参数	低压汽轮机	主蒸汽压力小于 1.5 MPa
	中压汽轮机	主蒸汽压力为 2~4 MPa
	高压汽轮机	主蒸汽压力为 6~10 MPa
	超高压汽轮机	主蒸汽压力为 12~14 MPa
	亚临界汽轮机	主蒸汽压力为 16~18 MPa
	超临界汽轮机	主蒸汽压力为 22~25 MPa
	超超临界汽轮机	主蒸汽压力大于 27 MPa

此外，汽轮机还可以按照转速、汽缸数目、工作级数等进行分类。

汽轮机种类很多，为了方便使用，常采用一定的符号来表示汽轮机的蒸汽参数、热力特性和功率等基本特征，这种符号称为汽轮机的型号。我国生产的汽轮机所采用的型号表示方法如下：

$$\triangle \times\times - \times\times - \times$$

其中，第一组符号表示汽轮机的型号，用汉语拼音字母表示，见表 5-2-4；第二组符号用数字表示汽轮机的额定功率，单位为 MW；第三组符号表示蒸汽参数，一般分为几段，中间用斜线分开；最后一组符号则是表示变型设计的先后次序，若按原型设计则没有此部分。

表 5-2-4　国产汽轮机类型代号

代号	类型	代号	类型	代号	类型
N	凝汽式	CC	二次调整抽汽式	H	船用
B	背压式	CB	抽汽背压式	HN	核电汽轮机
C	一次调整抽汽式	Y	移动式		

例如，N1000-26.25/600/600-2 型汽轮机，表示该汽轮机的额定功率是 1 000 MW，额定进汽压力是 26.25 MPa，额定主蒸汽温度为 600℃，额定再热蒸汽温度为 600℃，是

中间再热凝汽器式汽轮机，属于二次变型设计。

1. 汽轮机的工作原理

蒸汽动力循环采用水蒸气作为工质，水在锅炉中汽化为蒸汽，进入汽轮机中膨胀并对外做功，排出的乏汽进入冷凝器凝结为水，经过水泵压缩后再次进入锅炉完成循环。

通常在蒸汽动力循环中系统结构包括蒸发器（一般为锅炉）、汽轮机、凝汽器以及给水泵，图5-2-4（a）所示为电厂常用的蒸汽发电装置简图，图5-2-4（b）为其对应热机循环的工作原理图。其热力过程如下：

（1）水在锅炉中定压吸热，并汽化为饱和蒸汽，之后在过热器中继续定压吸热变为过热蒸汽。

（2）过热蒸汽在汽轮机内绝热膨胀，并对外做功。蒸汽降温降压。此过程实现了将热能转化为机械能。

（3）汽轮机排出的乏汽在凝汽器内等压冷凝，放出热量。

（4）凝结水在水泵内绝热压缩。

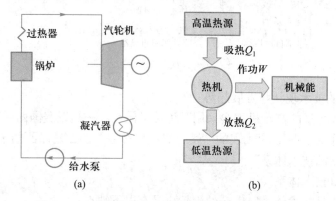

图5-2-4　蒸汽发电装置简图与热机循环工作原理图

一般地，按气流流经的部件将汽轮机的本体分为进汽部分、通流部分和辅助部分，如图5-2-5所示。其中，进汽部分是由主汽阀、调节汽阀等组成，通过调节汽门的开度，调节进入汽轮机的蒸汽量或蒸汽参数，实现汽轮机的启动、停机和功率的变化。通流部分是由汽轮机各级的静叶和动叶以及它们所依附的隔板、静叶环、轮盘、转子边缘等构成，蒸汽在静叶组成的气流通道中膨胀加速，将热能转变成动能，从静叶出来的高速气流进入动叶做功，推动动叶旋转。辅助部分则包括凝汽器及附属的阀门、管道及泵组等设备，凝汽器最主要的任务在汽轮机的排气管内建立并维持高度正空，回收在汽轮机做完工的乏汽并供应洁净的凝结水作为锅炉给水。

大功率汽轮机都是由若干级构成的多级汽轮机，"级"是汽轮机中最基本的工作单元，它是由一列静叶（喷嘴）和其后紧邻的对应的一列动叶所组成。汽轮机工作时，蒸汽在喷嘴中膨胀，压力降低，气流速度增加，实现了蒸汽的热能向动能的转换。高速流动的气流经喷嘴出口进入动叶，产生了对动叶的推动力。气流在动叶槽内继续膨胀，气流方向改变，当气流离开槽道时，它给动叶以反动力，这两个力的合力，推动叶轮和轴旋转，将蒸汽的动能转变为轴旋转的机械能。

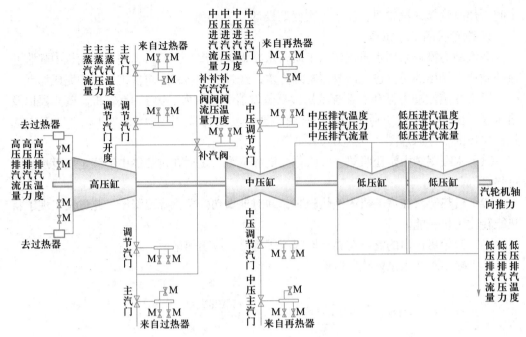

图 5-2-5　汽轮机设备及蒸汽流程示意图

2. 汽轮机的技术现状与发展趋势

国内现役大容量的汽轮机主要采用两种技术体系：一是以美国西屋、GE 公司，以及日本三菱、东芝、日立为代表的"美-日技术体系"；二是以西门子和阿尔斯通公司为代表的"欧洲技术体系"。

（1）美-日技术体系

采用"美-日技术体系"生产的汽轮机具有以下缺点：

① 均采用喷嘴调节，具有调节级，使通流效率降低；

② 汽缸内部结构复杂，高、中压缸内短路蒸汽较多，且漏气量大，造成蒸汽做功损失大；

③ 机组需在现场完成组装，安装精度差；

④ 大修间隔较短，一般为 4~5 年。

由于结构上的原因，以及国内制造、安装等方面存在的问题，目前，我国采用"美-日技术体系"生产的汽轮机普遍性能较差，一般热耗率至少较制造厂的保证值高约 150 kJ/（kW·h）。

我国上海汽轮机厂、哈尔滨汽轮机厂、东方汽轮机厂生产的 300 MW、600 MW、1 000 MW 汽轮机（上汽超超临界机组除外），即国内运行的机组大多数属于"美-日技术体系"。

（2）欧洲技术体系

采用"欧洲技术体系"生产的汽轮机具有以下优点：

① 汽缸结构设计合理，内外缸夹层漏气量极少；

② 高、中压缸在工厂内完成组装，整体发往现场，因此，制造、安装质量极高，

动静间隙小，容易保证机组性能；

③ 多采用节流调节，没有调节级，高压缸通流效率较高；

④ 大修间隔长，一般均超过 10 年。

上汽引进西门子技术生产的 600 MW、1 000 MW 超超临界机组及北京重型电机厂引进阿尔斯通技术生产的 600 MW 超临界汽轮机属于"欧洲技术体系"。从目前运行状况来看，"欧洲技术体系"的机组各项性能指标基本都达到了设计保证值。

近年来，我国发电行业主力汽轮机机型已从小容量、低参数的高压、超高压机组，发展到大容量亚临界 [（16~17）MPa/540℃/540℃，300 MW/600 MW]、超临界（24 MPa/540℃/565℃，600 MW/660 MW）机组，直至当今的高参数的超超临界 [（27~28）MPa/（580℃~600℃）/（600℃~620℃），660 MW/1 000 MW]，二次再热机组 [（31~34）MPa/600℃/（610℃~620℃）/（610℃~620℃），1 000 MW] 等，因此，通过新蒸汽初参数的提高来提高机组运行的经济性，还需要在一定程度上依赖于高强度、耐高温材料的研究开发及冶金和机械行业的技术进步。

5.2.4 燃气－蒸汽联合循环

燃气－蒸汽联合循环指的是燃气动力循环和蒸汽动力循环以某种方式组合成一个整体热力循环。燃气轮机的排气温度一般较高，通常约 400℃~650℃，且工质的流率一般也比较大；而蒸汽轮机的进汽温度一般很少超过 600℃。联合循环就是利用燃气轮机排出的高温乏汽作为热源加热蒸汽动力循环中水泵提供的水，将其加热为过热蒸汽，之后进入汽轮机中做功，完成循环。这样做功量增加了，能量之间的转化效率也就提高了。联合循环示意图如图 5-2-6 所示，以燃气作为高温区工质，蒸汽作为低温区工质，两个循环通过余热锅炉结合，理想情况下，燃气动力循环的定压放热量可全部由余热锅炉利用来加热给水。

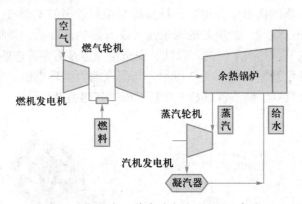

图 5-2-6　燃气－蒸汽动力循环流程示意图

实际循环中，由于传热温差等原因，燃机轮机排出高温乏汽的热量并不能完全用来加热给水，依然有一部分热量排向了环境，因此实际联合循环中的热效率要更低些。目前如采用回热、再热等措施之后，该联合循环的效率可达 47%~57%。

余热锅炉是联合循环中的重要连接部件，上述介绍的都是非补燃型余热锅炉，利用燃气轮机的排气余热直接加热给水。常见的还有补燃型、增压锅炉型等。

补燃型：在余热锅炉中还需要补充燃烧一定数量的燃料，这样可以增加余热锅炉中产生的蒸汽量。

增压锅炉型：燃气动力循环中的燃烧室与蒸汽动力循环中的增压锅炉合二为一，燃烧吸热后的燃气进入燃气轮机中做功，产生的蒸汽则进入蒸汽轮机中做功。

5.2.5 新型动力系统及装置

除了上述几种传统典型的能量转换方式，随着科技的不断进步，人们在不断探索其他清洁能源转换方式。

1. 有机朗肯循环

能源的消耗逐年上升，节能减排的压力也日益增加，这就要求我们尽可能最大程度的利用余热能源。统计指出至少有 50% 的能源转化为余热资源，而余热资源得到利用的比例很小。有机朗肯循环（ORC）利用低沸点的有机物代替水作为循环工质，能够回收低温余热。相比于水蒸气朗肯循环，具有热效率高、系统结构简单、环境友好等优点，是提高能源利用率与降低环境污染的有效途径，具有很大的市场应用潜力。

有机朗肯循环（organic Rankine cycle，简称 ORC），又称双循环，是一种新型环保型的发电技术。有机朗肯循环的基本原理与常规的朗肯循环类似。两者最大的区别是有机朗肯循环的工质是低沸点、高蒸气压的有机工质，而不是水。工质在蒸发器中从低温热源中吸收热量产生有机蒸气，进而推动膨胀机旋转，带动发电机发电，在膨胀机做完功的乏气进入冷凝器中重新冷却为液体，由工质泵打入蒸发器，完成一个循环。

有机朗肯循环技术可以利用各种类型的低温热能，除工业余热外还可以利用太阳热能、生物质能、海洋温差等低品位热能。

对于有机物工质的选取至关重要，目前研究相对较多的工质有：R123、R245、正戊烷、正己烷、环己烷等。最重要的因素是考虑其热物理性质，如临界温度、临界压力、比热容、沸点等。其次工质的环保性、安全性等也是需要考虑的。

有机朗肯循环示意图如图 5-2-7 所示，与蒸汽动力循环类似，主要由蒸发器、有机工质膨胀机、凝汽器、储液罐以及工质泵组成。其热力循环如下：

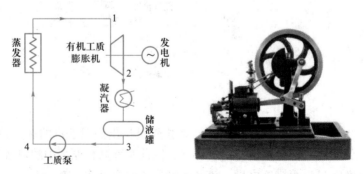

图 5-2-7 有机朗肯循环示意图

（1）有机工质蒸汽在膨胀机中绝热膨胀并对外做功；

（2）有机工质蒸汽在凝汽器内凝结为液体回到储液罐；

（3）有机工质通过工质泵压缩为高压液体；

（4）高压液体进入蒸发器，吸收余热热量成为高压高温的蒸汽。

2. 动电效应

受到生物细胞膜纳米孔的启发（例如电鳗可以利用自身细胞膜上蛋白质离子通道和离子泵产生高压电击），目前利用人工纳米孔道实现机械能和电能的转换逐渐成了研究热点。

例如利用动电效应来实现能量转换。当有净余电荷富集的纳米孔道表面处于溶液中时，会在溶液层中形成静电场，使溶液中的反离子聚集在表面附近形成离子分布。这样就形成了表面双电荷层。外部压力驱动电解质溶液通过带有净电荷的纳米孔道时，阴阳离子在双电荷层内发生电荷分离，在孔道内出现阴阳离子的非对称运输，这时就会产生动电流和动电压。动电流产生原理示意图如图 5-2-8 所示。

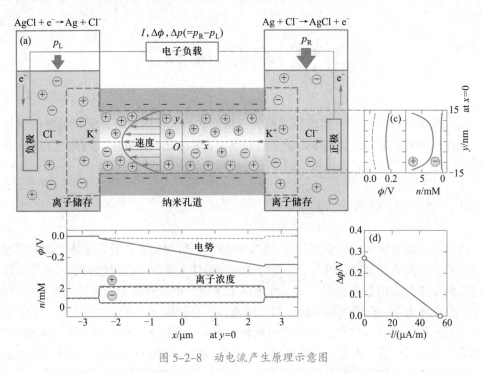

图 5-2-8　动电流产生原理示意图

3. 盐差发电

还有一种方式是利用纳米流体的反向电渗析将盐差能转换为电能，如图 5-2-9 所示。水溶液体系中由于盐分分布不均所产生的盐差能是一种通过混合不同浓度的盐溶液来释放能量。传统的方法是通过具有选择透过性的离子交换膜进行不同浓度的盐溶液混合。但是离子交换膜的制造成本较高，而且容易受到生物及化学污染影响，寿命不能保证，因此没有满足实际需要。具有规整几何结构和电荷选择性的固体纳米孔道可代替传统的离子交换膜，实现盐差发电。

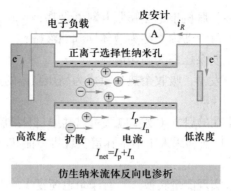

图 5-2-9 仿生纳米流体反向电渗析

目前这些能量转换体系所能达到的实际能量转换效率相对较低，还没得到广泛应用，但是作为未来发展的新方向，其为人类利用新能源开辟了新道路。

5.3 流 体 机 械

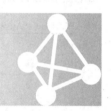

泵、风机与压缩机是一类将原动机的机械能转换成被输送流体的机械能的流体机械，流体机械的基础理论是流体力学。一般地，若其输送的是液体，则称之为泵；若输送的流体是气体，则称之为风机；制冷压缩机则是制冷机的核心设备。

5.3.1 流体力学基本原理

流体力学是力学的一个重要分支，它以流体为研究对象，是研究流体平衡和运动规律的学科。按其研究内容的不同，主要分为理论流体力学和工程流体力学。理论流体力学主要侧重于严密的数学推理，而工程流体力学则侧重于解决工程实际中出现的问题。对于工程流体力学一般研究的系统是指一团流体质点的集合。在运动过程中，系统始终包含着确定的这些流体质点，有确定的质量，而这一团流体的表面常常是不断地变形。控制体是指流场中某一确定的空间区域，这个区域的界面称为控制面。流体质点的运动轨迹线称为迹线。控制体的形状是根据流体流动的情况和边界位置任意选定的，一旦选定之后，就不像系统边界那样随着流体的流动而变化。控制体的形状和位置相对于所选定的坐标系来讲是固定不变的。

1. 流体的基本属性

通常把能流动的物质称为流体，包括气体和液体。从力学特征来讲，流体是一种受任何微小剪切力作用都能连续变形的物质。

众所周知，任何流体都是由无数分子组成的，分子与分子间有空隙，这就是说，从微观的角度看，流体并不是连续分布的物质。但是，流体力学并不研究微观的分子运动，只研究流体的宏观机械运动。在研究流体的宏观运动中，所取的最小的流体微元是体积为无穷小的流体微团。流体微团虽小，却包含着数以万计的分子。例如，在标准状态（0℃，101 325 Pa）下，1 mm³ 体积中所包含的气体分子数目约为 2.7×10^{16}，由此可知流体分子间的空隙是极其微小的。在研究流体运动时，只要所取的流体微团包含有足够多的分子，使各个物理量的统计平均值有意义，就可以不去考虑无数分子的瞬时状态，而只研究描述流体运动的某些宏观特性，即可以不去考虑分子间存在的空隙，而把流体视为由无数连续分布的流体微团所组成的连续介质，这就是流体的连续介质假说。这种假设，即把流体看做连续介质来处理，对于多数的工程技术问题都是成立的，但对于某些特殊情况则不适用。例如，当分子的自由行程和所涉及的最小有效尺寸可以相比拟的时候（如火箭在高空非常稀薄的气体中飞行），则必须以微观的分子动力学作为基本的研究方法。

随着压强的增大，流体体积缩小；随着温度的升高，流体体积膨胀，这是所有流体的共同属性，即流体的压缩性和膨胀性。液体与气体主要区别在于它们的密度对其压强的依存特性，即压缩性的不同。气体的压缩性是当气体被压缩时，压强变化而引起密度或比容发生变化的特性。工程实际中在研究液体流动时，通常认为它们是不可压缩流体，而只有在特殊情况下，如研究水中爆破、液压冲击和高压领域等方面，这时液体的压缩特性才显示出来。对于气体来说，当压强变化小，其流速不高（如烟气流速 $v \leqslant 102$ m/s）情况下，便可忽略压缩性的影响，把气体视为不可压缩流体。

2. 流体力学的应用

流体力学其应用范围非常广泛，各个学科都对流体力学有一定的研究，其主要分类包括：地球流体力学、水动力学、气动力学、空气动力学和气体动力学、渗流力学、物理 – 化学流体力学、等离子体动力学和电磁流体力学、环境流体力学、生物流变学、多相流体力学等。

（1）地球流体力学：研究地球以及其他星体上的自然界流体的宏观运动，重点探讨其中大尺度运动的一般规律。

（2）水动力学：主要研究水及其他液体的运动规律及其与边界相互作用的学科。

（3）气动力学：气动力学在传统上研究气体的热力学状态和与海平面标准大气条件相差不多的流动。

（4）空气动力学和气体动力学：内容主要包括升力产生的无黏和黏性机制，低速翼型与机翼空气动力学，一般亚、超音速空气动力学和粘性流动的一些内容，同时还包括非定常空气动力学，高超音速流动及相关技术和大气环境与大气飞行器。

（5）渗流力学：主要研究对象是石油和天然气的开采、地下水的开发利用，要求人们了解流体在多孔或缝隙介质中的运动。渗流力学还涉及土壤盐碱化的防治、化工中的浓缩、分离和多孔过滤、燃烧的冷却等技术问题。

（6）物理 – 化学流体力学：燃烧煤、石油、天然气等，可以得到热能来推动机械或做其他用途。燃烧离不开气体，这是有化学反应和热能变化的流体力学问题，是物理 – 化学流体动力学的内容之一。

（7）等离子体动力学和电磁流体力学：等离子体是自由电子、带等量正电荷的离子以及中性离子的集合体。等离子体在磁场作用下有特殊的运动规律。研究等离子体的运动规律的学科称为等离子体动力学和电磁流体力学。

（8）环境流体力学：风对建筑物、桥梁、电缆等的作用使它们承受载荷和激发振动；废气和废水的排放造成环境污染；河床冲刷迁移和海岸遭受侵蚀；研究这些流体本身的运动及其同人类、动植物的相互作用的学科称为环境流体力学。

（9）生物流变学：生物流变学研究人体或其他动物、植物中有关流体力学的问题，例如血液在血管中的流动，心、肺、肾中的生理流体运动和植物中营养液的输送等。

（10）多相流体力学：研究沙漠迁移、河流泥沙运动、煤粉传输等，都涉及流体中带有固体颗粒或液体中带有气泡等问题。

流体力学在生产生活中的应用也很广泛，航空、航天、航海技术、水利工程、环境保护以及生活中很多不起眼的小物件也利用了流体力学的基础知识。

例如生活中常见的高尔夫球，高尔夫球的表面做成有凹点的粗糙表面，如图 5-3-1 所示，而不是平滑的表面，就是利用粗糙度使层流转变为紊流的临界雷诺数减小，使流动变成紊流，以减小阻力的实际应用例子。将球的表面做成粗糙面，促使流动提早转变为紊流，临界雷诺数降低到 10^5，相当的临界速度为 35 m/s，一般高尔夫球的速度要大于这个速度。因此，流动属于大于临界雷诺数的情况，阻力系数较小，球打得更远。

图 5-3-1　左图为粗糙面，右图为光滑面

同样在游泳的时候，也受到流体的作用。游泳是在水中进行的周期性运动。人在水中的漂浮能力与身体所持姿势直接相关。身体保持流线型（吸足气），使重心与水的浮心接近一条直线，就能漂浮较长时间；如果先吸足气，双臂却紧贴体侧，胸腔虽然充足气，但下肢相对上身比重较大，下肢会很快下沉。因此，游泳不但要充分利用水的浮力，而且要尽量减少失去浮力的时间，如图 5-3-2 所示。

图 5-3-2　游泳身体保持流线型

我们经常看到的飞驰的汽车，其更是与流体力学的巧妙结合。汽车发明于19世纪末，当时人们认为汽车的阻力主要来自前部对空气的撞击，因此早期的汽车后部是陡峭的，称为箱形车，如图5-3-3（a）所示，阻力系数（CD）很大。实际上汽车阻力主要来自于后部形成的尾流，称为形状阻力。

20世纪30年代，人们开始运用流体力学原理改进汽车尾部形状，出现了甲壳虫形，如图5-3-3（b）所示，阻力系数降低至0.6，20世纪50—60年代改进为船型，如图5-3-3（c）所示，阻力系数为0.45。20世纪80年代经过风洞实验系统研究后，又改进为鱼形，如图5-3-3（d）所示，阻力系数为0.3，以后进一步改进为楔形，如图5-3-3（e）所示，阻力系数为0.137。可以说汽车的发展历程就代表了流体力学不断完善的过程。

(a) 箱形　　　　　　　(b) 甲壳虫形　　　　　　　(c) 船形

(d) 鱼形　　　　　　　　　(e) 楔形

图5-3-3　汽车的发展历程

航空航天方面的典型应用是飞机翼型的升力：飞机为什么能够飞上天？因为机翼受到向上的升力。飞机飞行时机翼周围空气的流线分布是指机翼横截面的形状上下不对称，机翼上方的流线密，流速大，下方的流线疏，流速小，由伯努利方程可知，机翼上方的压强小，下方的压强大。这样就产生了作用在机翼上的升力，其工作原理示意图如图5-3-4所示。

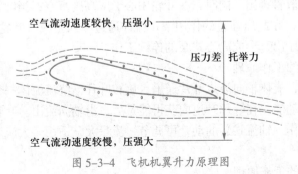

空气流动速度较快，压强小

压力差　托举力

空气流动速度较慢，压强大

图5-3-4　飞机机翼升力原理图

5.3.2 泵

泵在国民经济的各部门都有广泛的应用，如农业的灌溉、采矿工业中的坑道排水、石油工业的输油和注水、火电厂中的给水等。泵的主要作用是通过原动机带动旋转，给所输送的液体加压，将原动机的机械能转换为被输送流体的能量。

1. 泵的分类

泵的分类如表 5-3-1 所示。其中，叶片式泵按照叶片对流体做功原理的不同，又可以分为离心式、轴流式和混合式三种；容积式泵又可分为往复式泵和回转式泵；其他类型泵包括射流泵、水锤泵、液环泵等。

表 5-3-1　泵 的 分 类

分类标准	类型	说明
按压力	低压泵	压强小于 2 MPa
	中压泵	压强在 2~6 MPa 之间
	高压泵	压强大于 6 MPa
按工作原理	叶片式	工作叶轮上的叶片旋转将能量连续地传递给流体
	容积式	通过工作室容积周期性变化而实现输送流体
	其他类型	利用具有较高能量的工作流体来输送能量较低的流体

2. 泵的工作原理

泵是将原动机的机械能转换为液体的动能和压力势能。这里主要对几种常见泵机的工作原理进行简要的介绍。

（1）离心式泵的工作原理

离心泵的主要部件有吸入室、叶轮和压出室，其主要工作部件是叶轮，当原动机带动叶轮高速旋转时，叶轮中的叶片对流体沿着它的运动方向做功，从而使流体的压强势能和动能增加。流体在惯性作用下，从中心向叶轮边缘流去并以很高的速度流出叶轮进入压出室，再经扩散管排出。同时，在叶轮中心形成高度真空，当叶轮中心机械能低于吸入截面机械能时，在此压强差的作用下，流体通过吸入室吸入叶轮，叶轮不断旋转，流体不断地吸入和压出，形成离心式泵的连续工作。

（2）轴流式泵的工作原理

当叶轮旋转时，流体轴向流入叶片通道，旋转叶片给绕流流体一个轴向推力，使流体获得压强势能和动能，在叶片叶道内获得能量后，沿轴向流出。叶轮连续旋转即形成轴流式泵的连续工作。轴流式泵的动叶可调节，流量大，适用于大流量、低压头的管路系统。

（3）往复式泵的工作原理

往复式泵是依靠工作部件（活塞、柱塞和隔膜）的往复运动，间歇改变工作室内容积来输送流体的。当活塞在泵的缸内自最左位置向右移动时，工作室容积逐渐增大，工作室内的压力降低，吸入池中的液体在压强差的作用下进入工作室，直至活塞移到最右位置为止。之后工作部件向左移动，工作室内的液体在挤压下获得能量，压强升高，顶开压水阀，液体由压出管路输出直至活塞移动到最左位置为止。活塞在曲柄连杆的带动下，不断地做往复运动，泵的吸入压出过程就能连续不断地交替进行，从而形成了往复泵的连续工作。

（4）回转式泵的工作原理

常见的回转式泵有：齿轮泵、螺杆泵、水环式真空泵等。这里以齿轮泵为例，介绍回转式泵的工作原理。齿轮泵中装有一对相同尺寸啮合的齿轮，主动齿轮固定在主动轴上，主动轴的一端伸出泵壳外，由原动机驱动。当主动齿轮由原动机带动旋转时，从动齿轮随之向反方向旋转，两齿轮分开，齿间容积增大，形成局部真空，液体被吸入。进入齿槽内的液体随着齿轮旋转，当在压出室时，两齿轮逐渐啮合，齿间容积减小，局部压力增大，齿槽内的液体被挤压排出，以此往复，形成了齿轮泵的连续工作。其他回转式泵的工作原理大同小异，在此不做赘述。

5.3.3 风机

风机作为一种通用机械，与泵一样，在国民经济中的各部门都有广泛的应用，如采矿工业的通风、冶金工业中输送空气、电力工业中输送一、二次风等。与泵不同的是，风机输送的流体是气体，是把原动机的机械能转换成被输送气体的能量的装置。

1. 风机的分类

与泵相似，风机的类别可以以不同的角度进行区分，如表 5-3-2 所示。其中，叶片式风机按照叶片对流体做功原理的不同，又可以分为离心式、轴流式和混流式三种；容积式风机可分为往复式风机和回转式风机，回转式风机又包括叶氏风机、罗茨风机、螺杆风机等。

表 5-3-2　风机的分类

分类标准	类型	简要说明
按压头	通风机	压强小于 12 kPa
	鼓风机	压强在 15~340 kPa 之间
	压气机	压强大于 0.6 MPa
按工作原理	叶片式	工作叶轮上的叶片旋转将能量连续地传递给气体
	容积式	通过工作室容积周期性变化而实现气体输送

2. 风机的工作原理

风机的工作原理与泵的工作原理相似，都是将原动机的机械能转换为流体的动能和压力势能。这里主要对几种常见风机的工作原理进行简要的介绍。

（1）离心式风机的工作原理

离心式风机的主要部件有吸入室、叶轮和机壳。风机的吸入室称为进口集流器，主要作用是将气体均匀地引入叶轮的进口，并使流体的流动损失最小。叶轮是将机械能转换为气体动能及压强势能的部件。与泵的工作原理相似，风机中叶轮的叶片对气体沿着它的运动方向做功，气体从中心向边缘流动并以很高的流速流出叶轮进入压出室。叶轮不断旋转，流体不断地吸入和压出，形成离心式风机的连续工作。

（2）轴流式风机的工作原理

当原动机驱动浸没在流体中的轴流式叶轮转动时，气体沿轴向进入叶轮，在流道中受到叶片的推力作用而获得能量，流体平行于风机的轴流动，在叶轮中获得能量的气体从叶片出口沿轴向流出，经过导叶等部件进入压出管道。同时，叶轮进口处形成了低压区，气体被吸入。只要叶轮不停地旋转，气体就会不断地被压出和吸入，形成轴流式风机的连续工作。

（3）往复式风机的工作原理

往复式风机是通过工作室容积周期性变化而实现输送流体的机械。常见的往复式风机是空气压缩机，其工作过程与往复式泵的工作过程相同，可参见往复式泵的工作原理。往复式空压机一般采用多级，以获得较高的压头，但结构复杂，维修量大。

（4）回转式风机的工作原理

罗茨风机就属于回转式风机的一种，其工作原理与齿轮泵相同。它是依靠安装在机壳中两根平行轴上的两个"∞"字形转轮做同步反向旋转，转轮渐开，容积增大，壳内压力减小，吸入气体；当啮合侧容积减小，压力增大，将气体压出。回转式风机就是通过这样周期性改变工作室容积的大小而吸入和压出气体，实现其连续工作的。

需要注意的是，风机在运行过程中要避免喘振现象的发生。所谓喘振是风机在流量减少到一定程度时所发生的一种非正常工况下的振动。具体过程表现为：风机流量减小到最小值时出口压力会突然下降，管网压力反而高于出口压力，于是被输送气体倒流回风机内，直到出口压力升高重新向管道输送气体为止；当管道中的压力恢复到原来的压力时，流量再次减少，管道中气体又产生倒流，如此周而复始。当进入喘振工况后，流体压力和流量都会出现周期性的大幅脉动，并发出周期性的吼声或喘息声，机体会出现强烈震动，严重时会使工作部件发生损坏、断裂，造成严重的事故，所以应尽量防止风机进入喘振工况。

目前，由于泵和风机的内效率低、型号不全导致选型不合理、管路系统设计不合理，以及泵与风机的调节效率低等多种原因造成国内泵组和风机能耗过高。因此，可以通过开发高效系列化节能的泵与风机进行新产品设计，如采用三元流动叶轮设计；合理选型，保证泵与风机在高效区工作，避免"大马拉小车"的现象；改造老的泵或风机的设备，如更换叶轮、切割叶轮等；在风机叶轮进口装设导流器，减少损失；采用变频或变速节能运行等手段来提高泵与风机运行的经济性，达到节能运行的目的。

5.3.4　制冷压缩机

压缩机是将低压气体提升为高压气体的一种从动的流体机械，是制冷系统的心脏。它从吸气管吸入低温低压的制冷剂气体，通过电机运转带动活塞对其进行压缩后，向排气管排出高温高压的制冷剂气体，为制冷循环提供动力，从而实现压缩→冷凝（放热）→膨胀→蒸发（吸热）的制冷循环。

1. 制冷压缩机的分类

压缩机种类繁多，制冷压缩机按照不同的分类标准可以分为多种类型，如表5-3-3所示。其中，容积式制冷压缩机又可以分为往复式制冷压缩机（又称为活塞式制冷压缩机）、螺杆式制冷压缩机、涡旋式制冷压缩机、滚动转子式制冷压缩机等几种类型。速度式制冷压缩机则又可分为离心式制冷压缩机和轴流式制冷压缩机这两种类型。

表 5-3-3　制冷压缩机的类型

分类标准	类型	简要说明
按工作原理	容积式制冷压缩机	在容积可变的封闭容积中直接压缩制冷剂蒸气
	速度式制冷压缩机	先提高气体的动能，再将动能转化为位能，提高压力
按制冷剂不同	开启式制冷压缩机	靠原动机驱动其伸出机壳外的轴或其他运转零件的压缩机
	半封闭式制冷压缩机	外壳可在现场拆卸修理，内部机件的无轴封制冷压缩机
	全封闭式制冷压缩机	压缩机和电动机装在一个焊死的外壳内的制冷压缩机
按蒸发温度范围	高温型制冷压缩机	吸入压力饱和温度在 -15℃~12.5℃之间
	中温型制冷压缩机	吸入压力饱和温度在 -25℃~0℃之间
	低温型制冷压缩机	吸入压力饱和温度在 -40℃~-12.5℃之间

2. 制冷压缩机的工作原理

（1）往复式制冷压缩机的工作原理

往复式制冷压缩机的工作循环可以分为压缩过程、排气过程、膨胀过程和吸气过程这四个过程。在压缩过程开始时，活塞由下止点向上止点移动，汽缸容积逐渐减小，处于缸内的制冷剂受到压缩，温度和压力逐渐升高。当气缸内制冷剂的压力不再升高时，制冷剂通过排气管流出至冷凝器这一过程称为排气过程。排气过程结束，活塞由上止点向下止点运动，缸内容积增加，缸内制冷剂压力下降，当缸内气体的压力降低至稍低于吸气腔内的气体压力时，开始吸气过程。在吸气过程中，从蒸发器吸入低压的制冷剂，完成吸气过程，活塞又开始从下止点向上止点运动，重新开始压缩过程，形成往复式制冷压缩机的连续工作。

（2）滚动转子式制冷压缩机的工作原理

滚动转子式制冷压缩机，又被称为滚动活塞压缩机，属于回转式制冷压缩机。滚动转子式制冷压缩机主要由气缸、滚动转子、偏心轴、滑片等组成。装在曲轴上的滚动转子沿气缸内壁滚动，与气缸间形成一个月牙形的工作腔，工作腔被滑片分为两部分，与吸气孔相连部分称为吸气腔，另一侧则称为压缩腔。容积内的气体压力随着转子角度的改变而变化，从而完成压缩机的工作过程。

（3）涡旋式制冷压缩机的工作原理

涡旋式制冷压缩机的关键工作部件是由两个涡旋体组成，一个是固定的涡旋体，也称为静盘，另一个是与静盘相啮合、相对运动的运动涡旋体，称为动盘。通过合理安装，动、静盘之间形成了一系列的月牙形空间，称为基元空间。动盘以静盘的中心为旋转中心做回转平动时，基元容积不断缩小，同时外侧未封闭的基元容积不断扩大。这样，每个基元容积在动盘的旋转过程中周期性地扩大与缩小，从而实现气体的吸入、压缩和排出。

（4）螺杆式制冷压缩机的工作原理

螺杆式制冷压缩机是一种高速回转的容积式压缩机，它的转子的齿相当于活塞，转子的齿槽、机体的内壁面和两端端盖共同构成的工作容积相当于气缸。机体的两端设有吸、排气口。随着转子在机体内的旋转运动，工作容积随着齿的侵入或脱开而不断发生变化，从而周期性地改变转子每对齿槽的容积，来达到吸气、压缩和排气的目的。

（5）离心式制冷压缩机的工作原理

离心式制冷压缩机是蒸气压缩式制冷系统中的关键部件，其主要功能是负责驱动制冷系统中的制冷剂完成热力循环过程，常用于大型制冷系统。离心式制冷压缩机按蒸发温度的不同又大致可以分为冷水机组和低温机组。与离心式泵与风机的工作原理类似，离心式压缩机也是通过旋转叶轮的叶片对制冷剂做功，提高制冷剂的压力能和动能，克服流动损失，从而完成其连续工作。

5.4 制冷空调中的能源利用

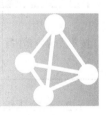

制冷空调中要实现某一空间的冷却或加热，必然进行热量的传递，这与本学科的传热学紧密相关。

5.4.1 传热学基本原理

传热学（heat transfer）是研究由温差（temperature difference）引起的热能传递规律的学科。工程热力学研究的是处于平衡状态的系统，其中不存在温差或压力差，而传热学则是研究有温差存在时的热能传递规律。从热量传递的角度，所谓稳态过程指的是系统中各点的温度不随时间而改变的过程，而非稳态过程中各点的温度则随时间而异。在传热学讨论的范围内，将假定所研究的物体中的温度、密度、速度、压力等物理参数都是空间的连续函数。对于气体，只要被研究物体的几何尺寸远大于分子间的平均自由程，则这种连续的假设总是成立的。

热量传递的动力是温度差，热能总是由高温处向低温处传递。两种介质或者同一种物体的两部分之间如果没有温差就不可能有热量的传递，这也正是热力学第二定律所规定的内容。

本节主要论述传热学的研究内容，简单扼要地介绍热量传递的三种基本方式，以及由这些方式组成的传热过程。

1. 传热方式

热能的传递有三种基本方式：热传导、热对流和热辐射。下面分别对其进行简要介绍。

（1）热传导

物体各部分之间不发生相对位移时，依靠分子、原子及自由电子等微观粒子的热运动而产生的热能传递称为热传导（heat conduction），简称导热。

从微观角度来看，气体、液体、导电固体和非导电固体的导热机理是不同的。气体中，导热是气体分子不规则热运动时相互碰撞的结果。气体的温度越高，其分子的运动动能越大。导电固体有相当多的自由电子，它们在晶格之间像气体分子那样运动，自由电子的运动在导电固体的导热中起主要作用。在非导电固体中，导热是通过晶格结构的震动，即原子、分子在其平衡位置附近的震动来实现的。对于液体的导热机理，目前主要存在两种不同的观点：一种观点认为定性上类似于气体，只是情况更为复杂，因为液体间的间距比较近，分子间的作用力对碰撞过程的影响远比气体大；另一种观点认为液体的导热机理类似于非导电固体，主要靠弹性声波的作用。

在实际生活中存在着各种各样的热传导过程，例如，人们喜欢在冬季艳阳高照的时候晒被子，经过一整天的晾晒，晚上盖起来会觉得很暖和，尤其晾晒过程中经过拍打以后，效果更加明显。这主要是因为，棉被经过晾晒以后，可使棉花空隙里进入更多的空气。而空气在狭小的棉絮空间里的热量传递方式主要是导热，由于空气的导热系数较小，具有良好的保温性能，而经过拍打的棉被可以让更多的空气进入，因而保温效果更明显，盖起来会觉得很暖和。

（2）热对流

热对流（heat convection）是指由于流体的宏观运动而引起的流体部分之间发生相对位移，冷、热流体相互掺混所导致的热量传递过程。热对流现象仅能发生在流体中，而且由于流体中分子同时进行着不规则的热运动，因而热对流必然伴随有热传导现象。区别于一般意义上的热对流，工程中把流体流过一个物体表面时流体与物体表面间的热量传递过程，称之为对流传热（convection heat transfer）。

对流传热主要分为自然对流和强制对流两种。自然对流（natural convection）是由于流体冷、热各部分密度不同引起的，冬季供暖时暖气片附近受热空气向上流动就是一个很形象的例子。但如果流体的流动是由于水泵、风机或者其他压差的作用所造成的，则称为强制对流。

对流传热在我们的生活中随处可见，例如，在冬天室外温度相同的条件下，为什么人们会感觉有风比无风时更冷一些？这是因为，假定人体表面温度相同，人体的散热在有风时相当于强制对流传热，而在无风的条件下属于自然对流传热（假定人体辐射换热量相同）。而空气的强制对流传热的换热系数要比自然对流大很多，因而在有风时从人体带走的热量更多，所以人们会感到冬天有风时更冷一些。

（3）热辐射

物体通过电磁波来传递能量的方式称为辐射。物体会因为各种原因发出辐射能，其中因热的原因而发出辐射能的现象称为热辐射。

自然界中各个物体都不停地向空间发出热辐射，同时又不断地吸收物体发出的热辐射。辐射与吸收过程的综合结果就造成了以辐射方式进行的物体间热量的传递——辐射传热（radiation heat transfer），也称为辐射换热。当物体与周围环境处于热平衡时，辐射传热量等于零，但这是动态平衡，辐射与吸收光程仍在不停地进行。

导热、对流这两种热量传递方式只在有物质存在的条件下才能实现，而热辐射可以在真空中传递，实际情况是在真空中辐射能的传递最有效。辐射换热的主要特点是：① 换热过程中伴随着电磁能和热能两种能量形式的转换，即发射时从热能转换为辐射能，而被吸收时又从辐射能转换为热能；② 传播不需要任何中间介质；③ 只要物体的温度高于绝对零度，它们总是不断地把热能转变为辐射能向外发出热辐射。在探索热辐射规律的过程中，一种称作绝对黑体（简称黑体，black body）的理想物体的概念有重要意义。所谓黑体，是指能吸收投入到其表面上的所有热辐射能量的物体。黑体的吸收本领和辐射本领在同温度的物体中是最大的。

热辐射在实际生活中有很多的应用举例，如在"非典"期间采用的非接触型的红外线测温仪，图 5-4-1 所示，其具体测量原理就是基于热辐射现象。一切温度高于绝对零度的物体均会依据其本身温度的高低发射定比例的红外辐射能量。辐射能量的大小及其按波长的分布与它的表面温度有着十分密切的关系。人体温度在 36℃ ~37℃ 放射的红外波长为 9~13μm。依据此原理便能通过准确地测定人体额头的表面温度，进而修正额头与实际体温的温差便能准确地显示其具体体温值。

图 5-4-1　在"非典"期间采用的非接触型的红外线测温仪

实际生活中，这些传热方式往往不是单独出现的。例如，对于室内取暖的暖气片来说，其热量传递过程包含了三种换热方式，图 5-4-2 为冬季采暖用家装暖气片示意图。其热量传递过程中各个环节的换热方式如下：

图 5-4-2　冬季采暖用家装暖气片

2. 传热在生活中的应用

当室内与室外温度不同时，室内、室外的空气通过墙壁进行热量的交换。这种热量由壁面一侧的流体通过壁面传递到另一侧流体中区的过程称为传热过程（overall heat transfer process）。

我们的生活中就有很多传热学的例子，而且就是我们每天都会碰见的事，了解了传热学就可以用传热学的知识来解释这种现象或事情。夏季在维持 20℃的室内工作时，穿单衣感到舒适，而冬季在维持 22℃的室内工作时，为什么必须穿绒衣才觉得舒服？

首先，冬季和夏季的最大区别是室外温度不同，夏季室外温度比室内温度高，因此通过墙壁的热量传递方向是由室外传向室内。而冬季室外气温比室内气温低，通过墙壁的热量传递方向是由室内传向室外。冬季和夏季墙壁内表面温度不同，夏季高而冬季低，尽管冬季室内温度 22℃比夏季略高20℃，但人体在冬季通过辐射与墙壁的散热比夏季高很多，人体对冷暖的感受主要是散热量的原理，在冬季散热量大，因此要穿厚一些的绒衣。

我们国家北方深秋季节的清晨，树叶叶面上常常结霜，为什么霜会结在树叶上表面？这是因为清晨，树叶上表面朝向太空，下表面朝向地面。而太空表面的温度低于摄氏零度，而地球表面温度一般在零度以上。由于相对树叶下表面来说，其上表面需要向太空辐射更多的能量，所以树叶下表面温度较高，而上表面温度较低且可能低于零度，因而容易结霜，如图 5-4-3 所示。

图 5-4-3　结霜的玫瑰花

在寒冷的北方地区，建房用砖采用实心砖还是多孔的空心砖（如图5-4-4所示）好？为什么？

在其他条件相同时，实心砖材料如红砖的导热系数约为0.5 W/（m·K）（35℃），而多孔空心砖中充满着不动的空气，空气在纯导热（即忽略自然对流）时其导热系数很低，是很好的绝热材料，因而用多孔空心砖较好。

图5-4-4　建筑用空心砖

电影"泰坦尼克号"里（如图5-4-5所示），男主人公杰克在海水里被冻死而女主人公罗丝却因躺在筏上而幸存下来。杰克在海水里其身体与海水间由于自然对流交换热量，而罗丝在筏上其身体与空气之间产生自然对流，在其他条件相同时，水的自然对流强度要远大于空气，杰克身体由于自然对流散失能量的速度比罗丝快得多，因此，杰克被冻死而罗丝却幸免于难。

图5-4-5　"泰坦尼克号"剧照

5.4.2　制冷

将热量从低温物体转移到高温物体的过程称之为制冷。由于热量只能自动从高温物体转移到低温物体，因此制冷过程的实现必须包括消耗能量的补给（一般是机械能或者热能）。

制冷低温技术与国民经济紧密联系。制冷技术主要与国民生活密切相关，渗透到生活和生产活动中的各个领域。例如：① 空调系统。印刷厂、纺织厂、精密零件制造厂以及计算机房等都要求恒温恒湿的工作环境，需要采用空调系统对其进行调节。此外包括住宅、商店以及车辆等空调系统也越来越普及。② 食品冷冻、冷藏。现代食品工业有一条完整的冷链，主要包括食品的冷加工、冻结、储藏、运输等。③ 工业制冷。机械制造业中对钢进行冷处理来提高强度；化学中实现气体分离、冷凝等；建筑工业中采用冻土法挖掘土方提高效率。

此外现代科学技术和国防技术的不断发展也对低温技术提出了越来越迫切的要求。例如：① 超导技术。低温是目前限制超导技术应用的关键因素之一。② 液化天然气。液化天然气作为一种清洁、高效的优质能源在能源结构中的比例快速增加且今后发展潜力巨大。③ 航空航天。包括火箭推进器所需要液氧和液氢的制取与保存、空间飞行器上仪器的冷却、空间探测和红外探测器的应用等。

按照人工制冷所获得的温度区间，将人工制冷分为普通制冷与低温制冷两个领域。从环境温度到 120 K 为普通制冷，低于 120 K 为低温制冷。低温制冷又可以进一步划分为深度制冷（120~20 K）、低温制冷（20~0.3 K）和超低温制冷（小于 0.3 K）。

1. 制冷循环

制冷循环是逆热力循环，它使热量从低温热源转移到高温热源，由热力学第二定律可知，热不可能自发地从低温物体传到高温物体而不产生其他影响，因此，制冷循环需要消耗机械能、电能或热能。按照能量的补偿方式，制冷循环可以分为两大类：一类是以机械能或电能为补偿的，如蒸汽压缩式制冷循环、热电制冷循环等；另一类是以热能为补偿的，如吸收式制冷循环、蒸汽喷射式制冷循环、吸附式制冷循环等。两类制冷循环的能量转换关系如图 5-4-6 所示。

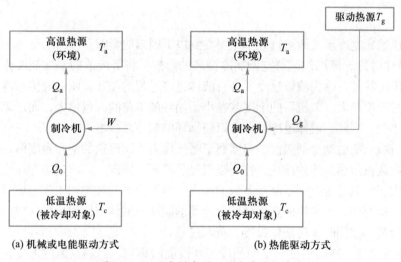

图 5-4-6 两类制冷循环的能量转换关系

（1）蒸汽压缩式制冷循环

蒸汽压缩式制冷系统主要由压缩机、冷凝器、蒸发器、节流装置及一些辅助设备组成，它们之间用管道依次连接，形成一个封闭的系统，制冷剂在系统中循环流动，不断发生状态变化，并与外界进行热量交换，达到制取冷量的目的。

蒸汽压缩式制冷循环可以分为单级压缩制冷循环和多级压缩制冷循环。其中，单机压缩是指制冷剂蒸汽只经过一次压缩，最低蒸发温度可达 –40℃ ~–30℃，对于空调系统，一般都采用单级压缩制冷。

如图 5-4-7 所示，蒸汽压缩式制冷系统的工作流程是，制冷剂液体在蒸发器内蒸发，以较低的温度与室内空气进行热交换，吸收空气中的热量，产生低压蒸汽。压缩机吸入低压制冷剂蒸汽，并将其进行压缩，使其温度、压力升高。高温高压气态制冷剂经油分离器将其中的润滑油分离出来，返回压缩机。分离出的制冷剂蒸汽则进入冷凝器，在压力基本保持不变的情况下，被常温的冷却介质（冷却水或环境）冷却，放出热量，温度降低，进一步凝结成高压液体。从冷凝器流出的高压液体经干燥过滤器，进入节流装置节流降压，导致部分制冷剂液体气化，吸收气化潜热，使其本身温度降低，变成低温低压的气液两相混合物，回到蒸发器。其中，液态制冷剂在蒸发器中吸收室内空气的热量蒸发制冷，产生的低压蒸汽再次被压缩机吸入。如此周而复始，不断循环，形成空调的连续工作。

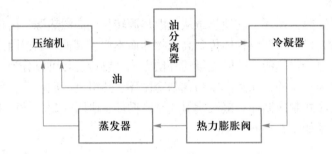

图 5-4-7　蒸汽压缩式制冷系统组成示意图

蒸汽压缩式制冷系统的运行效率主要受到以下因素的影响：

① 液体过冷、蒸汽过热对空调制冷循环的影响。将节流前的制冷剂液体冷却到低于冷凝温度的状态，称为液体过冷。带有液体过冷过程的循环，叫做液体过冷循环。节流前液体过冷度越大，节流后的干度就越小，循环的单位制冷量增大，而压缩功和吸气比体积都不变，因此，液体过冷循环可以使循环的制冷系数增大。

压缩机吸入前的制冷剂蒸汽的温度高于吸气压力下制冷剂的饱和温度时，称为蒸汽过热。带有蒸汽过热过程的循环，称为吸气过热循环。同理，蒸汽过热循环也可使单位制冷量增大，但其是否有利于制冷系数的增大，与制冷剂的种类和工作温度有关。

在实际运行中，常利用回热循环使节流前的制冷剂液体与压缩机吸入前的制冷剂蒸汽进行热交换，以同时实现液体过冷、蒸汽过热。

② 蒸发温度、冷凝温度对空调制冷循环性能的影响。当蒸发温度不变，冷凝温度升高时，对同一台空调而言，单位制冷量减小，而压缩机的理论比功增大，制冷系数降低，空调的运行经济性降低。同时，由于吸气比体积不变，又会使总的制冷量减少，消耗的功率增加。反之，蒸发温度不变，冷凝温度升高时，变化情况相反。

当冷凝温度不变，蒸发温度下降时，同样会导致单位制冷量减小，压缩机的理论比功增大，制冷系数减小。同时，吸气比体积将增大，制冷剂流量减小，总的制冷量也减小。反之，冷凝温度不变而蒸发温度升高时，变化情况相反。

（2）吸收式制冷循环

吸收式制冷和蒸汽压缩式制冷类似，都是依靠制冷剂汽化吸热来达到制冷的目的。不同的是蒸汽压缩式制冷通过消耗机械工作为能量补偿，而吸收式制冷则是通过消耗热能实现能量补偿。

吸收式制冷的工作原理图如图 5-4-8 所示，蒸发器、节流阀、冷凝器与蒸汽压缩式制

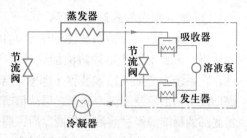

图 5-4-8　吸收式制冷工作原理图

冷都一样。而压缩机的作用则是由点画线框内发生器、节流阀、吸收器和溶液泵来替代。在发生器中加热制冷剂浓溶液，使得制冷剂汽化并输送到冷凝器；发生器中剩余的稀溶液经过节流阀后进入吸收器；吸收来自蒸发器的制冷剂蒸汽后变为浓溶液；经过溶液泵后再次进入发生器，如此往复循环。由于吸收混合过程通常为放热过程，故需要对吸收器进行冷却。从蒸发器到冷凝器的工作过程与蒸汽压缩式制冷一样。

吸收式制冷循环对于制冷剂的要求与蒸汽压缩式制冷一致，即热力性质满足要求、传热和流动性良好、安全无污染，对于吸收剂的要求是与制冷剂的沸点相差大，安全无毒、无污染、价格低廉等。

目前可用于吸收式制冷循环的工质对有很多种，但是广泛应用的还是溴化锂－水溶液和氨－水溶液两种。溴化锂－水溶液中制冷剂为水，吸收剂为溴化锂，常用于空调系统。氨－水溶液中制冷剂为氨，吸收剂为水，常用于低温系统。

① 溴化锂吸收式制冷循环

溴化锂吸收式制冷系统图如图 5-4-9 所示。在该制冷系统中，制冷剂为水，实际中，从发生器出来的含水量少的溶液温度一般较高，在温度降为与吸收器内压力对应的饱和温度之前不具备吸收水蒸气的能力；而从吸收器出来的含水量较高的溶液温度一般较低，在温度升高到发生器压力对应的饱和温度之前不可能沸腾。因此通过一台溶液热交换器使得两种溶液进行热量交换。

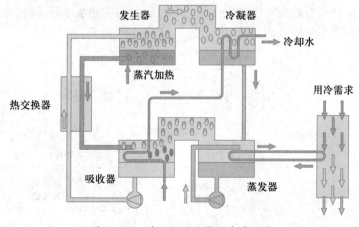

图 5-4-9　溴化锂吸收式制冷系统图

② 氨－水吸收式制冷循环

氨－水吸收式制冷系统图如图5-4-10所示。由于氨和水在相同压力下的汽化温度较为接近，因此对发生器浓溶液加热时会产生含水分较多的氨蒸气，为了提高氨蒸气的浓度，在系统中会加入精馏装置（即图中A所示的精馏塔）。浓溶液在发生器中加热，经过提馏段、精馏段及回流冷凝器之后从精馏塔顶部排出几乎是纯氨蒸气进入冷凝器。而发生器底部的稀溶液经过溶液热交换器后，通过节流阀进入吸收器，吸收从蒸发器过来的纯氨蒸气后，形成浓溶液。通过溶液泵经溶液热交换器后再送入精馏塔精馏，如此往复循环。

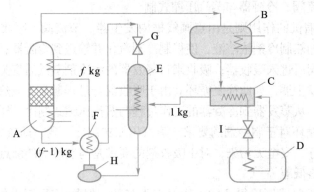

图 5-4-10　氨－水吸收式制冷系统图

（A 精馏塔　B 冷凝器　C 过冷器　D 蒸发器　E 吸收器　F 溶液热交换器　G、I 节流阀　H 溶液泵）

（3）吸附式制冷

吸附式制冷也是通过消耗热能作为动力补偿的制冷系统。固体吸附剂具有吸收制冷剂的作用，吸附能力随温度不同而不同。

以太阳能吸附为例分析其制冷原理。一般采用沸石－水工质对。如图5-4-11所示，该制冷系统包括吸附床、冷凝器（肋片）、蒸发器等。白天，吸附床受到日照加热产生解析作用。制冷剂工质脱附，系统内水蒸气压力升高，当达到冷凝温度对应的饱和压力时在冷凝器中凝结，放出潜热。晚上，吸附床被冷却，吸附水的能力变强，系统内压力下降，当达到蒸发温度对应的饱和压力时，蒸发器中的水不断蒸发，之后被吸附床吸附。蒸发过程产生制冷效应。

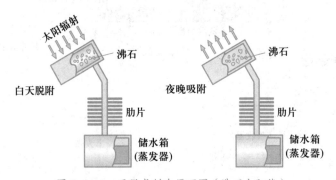

图 5-4-11　吸附式制冷原理图（沸石太阳能）

可以看到吸附式制冷其实是一种间歇式制冷的方式，倘若要实现连续制冷，则必须采用两台或多台吸附器同时工作，合理切换吸附器的运行状态。

目前研究的吸附对工质有很多种，如：活性炭-甲醇，沸石-水，硅胶-水等，这些都是物理吸附工质对。还有化学吸附工质对，如氯化钙-水等。目前也有一些复合吸附剂的研究。

（4）其他制冷方式

以上介绍的三种制冷循环都是利用相变（液体汽化）原理来实现制冷的，也是应用最为广泛的制冷方式。实际上实现制冷的方法有很多，本小节将简要介绍其他制冷方式。

① 气体绝热膨胀制冷：利用高压气体绝热膨胀温度降低而达到制冷目的。在该制冷循环中制冷工质气体没有发生相变。构成该制冷循环的方式主要有以下三种：定压循环、有回热的定压循环及定容回热循环。

这里以定压循环（制冷工质为工期）为例对其进行介绍，空气膨胀制冷示意图如图5-4-12所示。主要包括四个部件：压缩机、空气冷却器、膨胀机和冷室。其中冷室就相当于蒸气压缩式制冷循环中的蒸发器，从低温热源吸热，达到制冷效果。具体循环过程如下：压缩机压缩产生的高温高压气体进入空气冷却器；定压冷却后进入膨胀机，等熵膨胀后降温降压；低温低压的空气进入冷室，与低温热源在等压下发生热交换；之后升温的空气被压缩机吸入，如此往复循环。

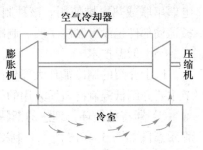

图 5-4-12　空气膨胀制冷示意图

② 涡流管制冷：利用涡旋效应而达到制冷目的。涡流管制冷系统图如图5-4-13所示，其由喷嘴、管子、涡流室、孔板和控制阀组成。涡流室将管子分为冷、热两部分。

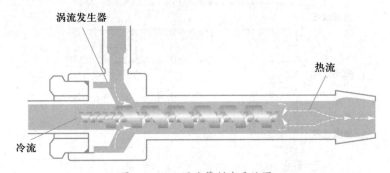

图 5-4-13　涡流管制冷系统图

具体工作流程为高压气体经过喷嘴，在喷嘴内加速，从切线方向射入涡流室；在涡流室内形成自由涡流，自由涡流的工质越靠近中心其角速度越大，角速度的不同导致了自由涡流层与层之间存在摩擦；导致的结果就是中心层气流的能量向外层流动，导致中心层工质的温度降低，从管子一端的孔板流出，而外层工质的温度升高，从管子另一端通过控制阀流出。可以看出涡流管可以同时实现冷、热两种效应。该种制冷方式通常用于高压气源较为方便且廉价的场合。

③ 热电制冷：利用热电效应（帕尔帖效应）达到制冷目的。帕尔帖效应：当有电流通过不同导体组成的回路时，除产生不可逆的焦耳热外，在不同导体的接头处随着电流的方向会分别出现吸热和放热现象。

热电制冷原理图如图 5-4-14 所示，一般采用半导体材料。一个 P 型半导体和一个 N 型半导体，二者连接成电偶对。N 型半导体具有负温差电势，而 P 型材料具有正温差电势，通上直流电源后，在接头处就产生能量的转移。电流的方向从 N 型到 P 型，即电子由 P 型到 N 型，必须增加能量也就需要从外界吸热，即产生了吸热效应。电流的方向从 P 型到 N 型，即电子从 N 型到 P 型，需要释放能量，即产生了放热效应。

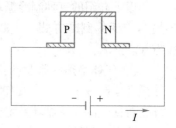

图 5-4-14　热电制冷原理图

实际上每对热电偶产生的冷量非常小，需要将若干热电偶串联成热电堆使用。该种制冷效应的实现没有任何机械运动部件也没有制冷工质。制冷效率较低，但是具有较大的灵活性。

（5）低温技术

以上介绍的制冷循环大部分都工作于普冷温区，低温技术的发展也非常迅速。本小节主要介绍低温制冷机所采用的循环。

① 斯特林循环：理想的斯特林循环由两个等温过程和两个等容过程组成。循环流程示意图如图 5-4-15 所示。制冷系统由压缩活塞、排出器（也称为膨胀活塞）、回热器，还有两个气缸组成。两个气缸与活塞之间分别形成膨胀腔和压缩腔。两个工作腔通过回热器连通。

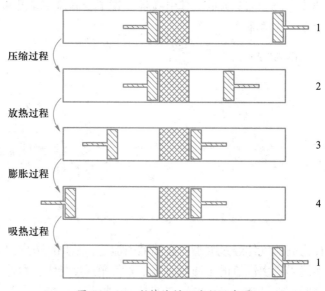

图 5-4-15　斯特林循环流程示意图

斯特林制冷循环的效率与同温限逆卡诺循环的制冷效率相同。斯特林循环是非常理想化的，实际过程中很难实现，例如会受到两个腔体中余隙容积、气体工质和回热填料的不完全回热、流动阻力等因素的影响。

② 脉管制冷：20 世纪 60 年代有两位学者发现当一根中空管子内存在交变压力波动时，管子的封闭端会发热，并且沿管子的轴向形成很大的温度梯度。进而装上回热器并且将管子的封闭端控制在室温端，则可在管子的另一端获得制冷效应。这就是第一代脉管制冷机即基本型脉管。如图 5-4-16 所示，交变压力波动通过压缩机产生。但是这种基本型脉管的制冷效率较低，在基本型脉管的基础上又发展起来很多调相型脉管，例如小孔气库型、双向进气型等。该种制冷方式在低温下没有任何运动部件，因此具有可靠性高、寿命长、震动小等一系列优点。

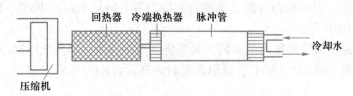

图 5-4-16　基本型脉管制冷原理图

③ 磁制冷循环：利用磁热效应达到制冷目的。固体磁性物质在受磁场作用磁化时，系统的磁熵减小，放出热量；反之，当去除外磁场时，磁熵增大，要从外界吸热，即可产生制冷效应。磁制冷循环是通过励磁—放热—去磁—吸热—励磁过程来完成的。

2. 制冷剂

制冷剂是制冷机中实现制冷循环的工作介质，又称为制冷工质，俗称雪种，用 R 表示，它通过在制冷系统中循环流动，利用自身的状态变化来达到制冷的目的。

制冷剂按照化学结构的不同，可以分为：无机化合物、卤代烃、饱和碳氢化合物和混合制冷剂这四类。

无机化合物，如水、氨、二氧化碳等，规定无机化合物的简写为 R7（ ），括号内为该无机化合物的相对分子质量的整数部分。如水、氨和二氧化碳可分别简写为 R717、R718 和 R744。

卤代烃，也称为氟利昂，是链状饱和碳氢化合物的氟、氯、溴衍生物的总称，其分子通式为 $C_mH_nF_xCl_yBr_z$，规定它们的简写为 R（$m-1$）（$n+1$）（x）B（z），括号中的数字数值为零时，可以省去，同分异构体则在其最后加小写字母加以区分，如表 5-4-1 所示。

表 5-4-1　部分卤代烃的制冷剂简写符号

化合物名称	分子式	m，n，x，z 值	简写符号
二氟一氯甲烷	CHF_2Cl	$m=1$，$n=1$，$x=2$，$z=0$	R22
三氟一氯甲烷	C_2HF_3Cl	$m=2$，$n=1$，$x=3$，$z=0$	R123
四氟乙烷	$C_2H_2F_4$	$m=2$，$n=2$，$x=4$，$z=0$	R134 a

饱和碳氢化合物，如甲烷、乙烷、丙烷、乙烯、丙烯等，它们的简写符号表示方法与氟利昂相同，如甲烷为 R50，乙烯为 R1150，正丁烷为 R600，异丁烷为 R600 a。

混合制冷剂又可分为非共沸混合制冷剂和共沸混合制冷剂。非共沸混合制冷剂是由两种或两种以上不同制冷剂按任意比例混合而成的。这些混合的制冷剂没有共同的沸点。其简写符号规定为 R4（ ），括号内是两位数字，是制冷剂命名的先后顺序，如构成制冷剂的纯物质种类相同而配比不同时，可以在数字后面加 A、B、C 加以区分。如，R401、R402、R402A 等。

共沸混合制冷剂是由两种或两种以上不同制冷剂按一定比例混合而成的。它和单一物质一样，在一定的压力下发生相变时，能保持恒定的相变温度，而且气相和液相始终具有相同的成分。其简写符号规定为 R5（ ），括号内是两位数字，也是制冷剂命名的先后顺序。目前，正式被命名的共沸混合制冷剂有 R500、R501、R502、R503、R504、R505、R506、R507 等。

根据蒸发温度和冷凝压力的不同，又可将制冷剂分为：高温低压制冷剂，如 R11；中温中压制冷剂，如 R12，R717；低温高压制冷剂，如 R13。

3. 载冷剂

在间接冷却的制冷装置中，被冷却空间或物体的热量是通过一种中间介质传给制冷工质的，这种中间介质在制冷工程中被称为载冷剂或第二制冷剂。常用的载冷剂大致可以分为三类：水、盐水和有机化合物溶液。

水由于价格低廉，方便获得，传热性能好，因此，常被用于空调装置及某些蒸发温度高于 0℃ 的制冷装置中的载冷剂。

盐水，如氯化钙、氯化镁、氯化钠等水溶液，常被用于蒸发温度低于 0℃ 的制冷装置中的载冷剂。但需要注意的是，盐水会对一些金属材料产生腐蚀。

有机化合物及其溶液，如乙二醇、丙二醇、丙三醇、二氯甲烷、三氯乙烯等，具有较低的凝固温度，也常被用于低温载冷剂。

5.4.3 热泵

热泵和制冷机在热力学上实际并没有本质区别，它们的工作循环都一样，区别只是工作温度范围和使用的目的。制冷机的目的是从低温热源吸热，而热泵的目的则是向高温热源放热。热泵是一种消耗一定高品位能源实现热量由低温热源向高温热源传递的一种节能装置，相比于直接利用高品位能源的方式，热泵技术的应用节省了一定的高品位能源。

同样按照循环驱动方式来区分，热泵也可以分为蒸气压缩式、吸收式热泵等。以蒸气压缩式热泵为例进行简要介绍，如图 5-4-17 所示，同样包括蒸发器、压缩机、节流阀和冷凝器四大部件。热泵的热力学循环与制冷循环类似。

1—2：工质在蒸发器内与低温热源发生热量

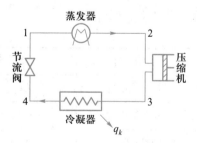

图 5-4-17　压缩式热泵循环流程示意图

交换，吸收热量后汽化。

2—3：压缩机抽吸蒸发器中产生的蒸气，并将其压缩到高温高压状态后排到冷凝器。

3—4：在冷凝器内冷凝为液体，并向高温热源放热，实现制热的目的。

4—1：冷凝后的液体经过节流阀变成低压、低温的湿蒸气进入蒸发器，如此循环。

热泵另一种常见的分类方式是按照低位热源的不同来进行分类，包括空气源热泵、土壤源热泵、水源热泵、太阳能热泵等。下面分别对其进行简要介绍。

（1）空气源热泵：空气源热泵是利用所处环境的空气为热源的热泵系统。当冬季环境温度较低时，该种热泵的性能随着供热需求的升高而下降。

（2）土壤源热泵：土壤源热泵是利用地下土壤作为热源的热泵系统。其构成一般包括室外管路系统、热泵机组工质循环系统以及用户负荷系统。其中室外管路系统通过埋设于土壤中的聚乙烯塑料盘管构成，将盘管作为换热器，从土壤热源中吸热。

（3）水源热泵：水源热泵的热源可以是地下水、地表水甚至可以是城市污水等。其通常包括水源换热系统、热泵机组工质循环系统以及用户负荷系统。① 地下水源热泵：以蕴藏丰富的地下水作为热泵循环的热源，但是通常这类热泵会受到国家严格控制，而且对水温、水质、地质环境等要求较高，因此应用范围并不广泛。② 地表水源热泵：地表水指的是暴露在地表上面的江、河、湖、海这些水的总称。③ 污水源热泵：大部分的城市污水经处理后直接排放到自然环境，污水源热泵就是利用污水中储存的大量低温热能作为热源的热泵系统。

（4）太阳能热泵：太阳能热泵是利用太阳作为热源的热泵系统，系统通常会有太阳能集热装置，但是该类型热泵容易受到天气变化的影响，通常都会增加其他辅助热源。

5.4.4　空调系统的分类

随着社会的飞速发展，各项科学技术的不断进步，人们的生活水平越来越高，对于生活环境的要求也越来越高。空调作为现在必不可少的一种电器，在炎热的夏天给人们带来冰凉的空气，直接影响了人们的日常生活。空调器通电后，制冷系统内制冷剂的低压蒸气被压缩机吸入并压缩为高压蒸气后排至冷凝器，室内空气不断循环流动与制冷剂发生热交换，从而达到降低温度的目的。

空调系统的种类很多，按照不同的角度可以分为不同的类型，如表 5-4-2 所示。

表 5-4-2　空调的主要类型

分类标准	类型	说明
按空气处理设备的集中程度	集中式空调系统	所有的空气处理设备以及通风机都集中在空调机房
	半集中式空调系统（混合式系统）	空气处理设备一部分集中在机房，另一部分分散在被调房间内
	分散式空调系统（局部式系统）	空气处理设备全部分散在被调房间内

分类标准	类型	说明
按负担室内湿热负荷所用介质	全空气系统	空调房间的室内负荷全部由经过处理的空气来负担
按负担室内湿热负荷所用介质	全水系统	空调房间的热湿负荷全部由冷水或热水来负担
	空气 – 水系统	空调房间的负荷由空气和水共同承担
	制冷剂系统	空调房间的负荷由制冷剂直接负担
按空调的功能	单冷型空调	只能用于室内降温,兼有一定的除湿功能
	冷热两用型空调	制冷运行时,向室内输送冷风;制热运行时,可向室内输送热风
按空调系统组成	整体式	所有零部件装在一个箱体内
	分体式	空调系统分为室内机组和室外机组,并用管道、电线相连

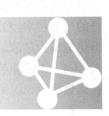

5.5 发 电 厂

发电厂(power plant)又称发电站,是将自然界蕴藏的各种一次能源转换为电能(二次能源)的工厂。随着科学技术的发展及能源应用技术的不断突破,可用于发电的能源已经由传统的火电、核电、水电拓展为现今的风力发电、太阳能发电、地热发电、潮汐能发电以及海洋能发电。但受我国资源环境的制约,并从电网安全的角度考虑,火力发电、核能发电和水力发电仍然是电力供应的支柱。

5.5.1 火力发电厂

利用热能动力装置来生产电能的工厂称为热力发电厂或火力发电厂(fossil-fuel power station),简称火电厂。火电厂的生产过程涉及多种能量转换的过程,它将煤炭、石油、天然气等传统化石燃料的化学能通过燃烧转变为蒸汽的热能,蒸汽的热能进一步转变为旋转机械的动能,最后通过发电机将机械能转化为所需的电能。

1. 火电厂的分类

火力发电厂可根据不同的分类标准分成不同的类型。如按照燃料可将火力发电厂分为燃煤电厂和燃气电厂;按产品终端可分为纯发电电厂、热电联产电厂和热电冷三联产电厂;按冷却方式又可分为空冷电厂和湿冷电厂。

2. 火电厂的生产过程

我国"多煤、贫油、少气"的资源禀赋，决定了我国仍是以燃煤电厂为供电主力的现状。燃煤发电厂的生产过程是一个典型的朗肯循环，图 5-5-1 给出了火电机组生产过程示意图，主要由以下几个热力过程组成：

（1）原煤输送系统将破碎后的原煤送入原煤仓，经给煤机送至磨煤机磨成煤粉，通过粗粉分离器将合格的煤粉由空气送至炉膛燃烧。

（2）煤粉燃烧所需的空气由送风机经空预器加热后分为两路：一路由燃烧器二次风喷口进入燃烧室；另一路进入制粉系统的磨煤机干燥煤粉并送至燃烧器一次风喷口进入燃烧室，引风机将燃烧生成的烟气抽出，经脱硝、脱硫、除尘后经烟囱排入大气。

（3）锅炉给水由省煤器受热面加热升温，到水冷壁吸热，将给水转变为汽水混合物或直接转变为蒸汽，后经由过热器加热达到过热状态，送至汽轮机做功。

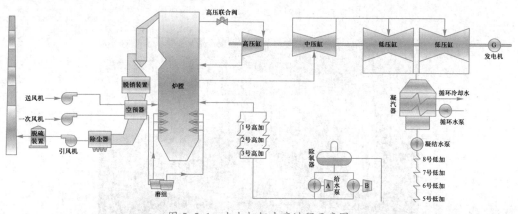

图 5-5-1　火电机组生产过程示意图

（4）进入汽轮机的蒸汽在高压缸做功后，排汽进入锅炉再热，再热后的蒸汽进入中、低压缸继续做功，做功后的乏汽排入凝汽器冷却。

（5）排汽离开低压缸之后进入凝汽器，由循环水泵提供的循环水作为冷却工质，将排汽凝结成水。抽气设备将凝汽器内的不凝结气体抽出，以维持真空。

（6）凝结水由凝结水泵依次送入机组的低压加热器、除氧器、高压加热器，利用已在汽轮机做过功的部分蒸汽将其加热，最终成为锅炉给水进入锅炉。

3. 火电厂技术现状与发展趋势

经过近百年的发展，我国火电厂主力机型从小容量、低参数的高压、超高压机组，发展到大容量亚临界［（16~17）MPa/540 ℃ /540 ℃，300 MW/600 MW］、超临界（24 MPa/540 ℃ /565 ℃，600 MW/660 MW）机组，直至当今的高参数的超超临界［（27~28）MPa/580 ℃ ~600 ℃ /（600 ℃ ~620 ℃），660 MW/1 000 MW］、二次再热机组［（31~34）MPa/600 ℃ /（610 ℃ ~620 ℃）/（610 ℃ ~620 ℃），1 000 MW］等，初参数逐步提高，循环热效率也不断提高，如图 5-5-2 所示。截至 2018 年 9 月，我国内蒙古托克托发电厂位居中国第一大火力发电厂，也是世界上在运的最大火力发电厂，总装机容量6 720 MW。内蒙古托克托发电厂如图 5-5-3 所示。

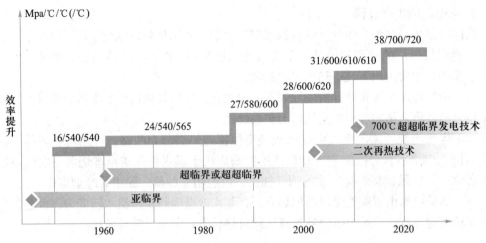

图 5-5-2　我国煤电机组参数发展趋势图

图 5-5-3　托克托发电厂

　　下一代 700℃ 等级高效超超临界煤电机组技术攻关工作已开始推进，国家发改委、国家能源局发布的《能源技术革命创新行动计划（2016—2030 年）》指出：到 2020 年建成 700℃ 超超临界燃煤电站，到 2050 年 700℃ 常规煤电机组供电效率达到 56%~60%。

　　随着电网进入超高压、大电网、大机组时期，"以大代小""以煤代油"政策的实施，煤电机组结构进一步优化，小容量机组逐年关停，高参数、大容量、高效环保型机组比例进一步提高。单机 300 MW 及以上机组比重上升到 78.6%，600 MW 及以上机组占煤电机组装机容量的 41.56%；煤电机组热效率逐年提升，平均供电煤耗率从 2007 年的 356 g/（kW·h）逐渐下降到 2017 年的 309 g/（kW·h），如图 5-5-4 所示。上海外高桥第三发电公司机组（2×1 000 MW，28.0 MPa/605℃/603℃）的额定工况循环效率已经达到 46%，年平均供电煤耗率仅为 276 g/（kW·h）。国电泰州电厂二期 2 台百万千瓦超超临界二次再热煤电机组，其设计发电效率为 47.9%，设计发电煤耗率为 256.2 g/（kW·h）。

　　虽然，近年来火电厂节能减排工作日益深入，但面对能源匮乏的危机和严峻的环境形势，提高能源利用效率，延长既有能源的使用效率及减少 SO_2、NO_x、烟尘等污染物

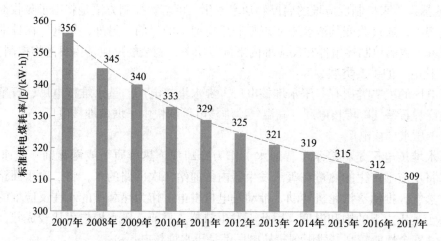

图 5-5-4　2007—2017 年我国煤电机组平均标准供电煤耗率（数据来源：中国电力工业统计）

的排放仍然是火力发电厂发展的主要目标。因此，在提高机组蒸汽参数的基础上，对现役机组进行技术改造，如供热改造，能量梯级利用等；进一步发展新型蒸汽－燃气联合循环，发展大容量流化床技术，多元化除尘、脱硫、脱硝技术等，都是火力发电工程的主流发展方向。

5.5.2　核电厂

核电厂（nuclear power plant）与火电厂仅在于热源的不同。核电站反应堆一次回路中的冷却水流过核燃料元件表面，把裂变产生的热量带出来，在通过蒸汽发生器时，又把能量传递给二次回路的水，把它变成蒸汽，驱动汽轮发电机发电。核电厂是将核燃料裂变反应产生的热能，转化为电能的电站。当前应用最广的反应堆核燃料是 U235。与火电厂发电相比，核电不产生 SO_2、NO_x、CO_2 等有害气体和温室气体，对环境的污染小，且核燃料能量高度集中，1 kg 天然铀产生的能量相当于 20 吨标准煤。

1. 核电厂工作原理

核裂变是核电厂反应堆内最重要的核反应。根据原子核理论，原子核吸收一个中子后，立即分裂成两个质量相近的核素，同时释放出能量和中子。U235 的裂变反应如下：

$$^{235}_{92}U + ^1_0n \rightarrow ^{A_1}_{Z_1}X_1 + ^{A_2}_{Z_2}X_2 + v^1_0n + 200MeV \qquad (5-5-1)$$

在裂变反应中，每次裂变释放出的能量大约为 200 MeV。在上述裂变反应中，俘获一个中子会产生 2~3 个中子，这些中子与其他原子核碰撞后，继续产生裂变碎片，释放能量和中子，使裂变反应继续进行下去，这种反应称为链式反应。由链式反应的性质可以看出，可以通过一定的装置（反应堆）进行控制，使链式反应缓慢地按受控方式进行，这就是目前核电站的核反应模式。

对于压水堆核电厂，对反应堆的反应性的控制，是通过对中子通量实现的。可以通过移动控制棒的位置和改变可溶性毒物的浓度这两种方法对核反应堆进行控制。其中，控制棒是由可以吸收中子的材料如银铟镉合金、碳化硼等组成，靠移动控制棒

（抽出或插入）来控制反应堆的启停和功率变化。可溶物控制方法是将中子吸收剂溶化在慢化剂中，通过改变其浓度来实现控制反应速率的目的。另外，核电厂在日常运行中，只有少数的控制棒组件在反应堆内来调节功率，剩余的反应性由可溶物控制。

2. 核电厂的主要类型

核电厂的主要类型有：压水堆核电厂、沸水堆核电厂、重水堆核电厂、石墨水冷堆核电厂、石墨气冷堆核电厂、高温气冷堆核电厂和快中子增殖堆核电厂。

（1）压水堆核电厂

压水堆核电厂是将轻水（普通水）作为冷却剂（热载质）或慢化剂（减速剂），通过水将反应堆产生的热量在蒸汽发生器内传递给二次回路的水，将二次水回路水加热为水蒸气，推动蒸汽轮机转动，带动发电机发电。作为热载质的水在反应堆的出口温度小于其压力下的饱和温度，因此不发生沸腾。目前，压水堆技术比较成熟，经济效益好，安全性能较高，我国现役核电厂都是压水堆核电厂。

（2）沸水堆核电厂

沸水堆又称为沸腾型轻水反应堆。沸水堆也是用轻水（普通水）作为冷却剂和慢化剂，与压水堆不同的是，沸水堆的水吸收反应堆堆芯的热量，加热至沸腾，产生的蒸汽带动汽轮机旋转做功。由于初参数低，电厂热经济性不高，且蒸汽带有放射性，对汽轮机设备及运行要求较高。

（3）重水堆核电厂

重水堆是采用重水作为冷却剂和慢化剂，重水的中子吸收截面积小，慢化性能好，中子利用率高，因此，重水堆可以直接利用天然铀作为核燃料。

（4）石墨水冷堆核电厂

石墨水冷堆是以石墨为慢化剂，以轻水（普通水）为热载质的沸腾型反应堆，这种反应堆既可以产生饱和蒸汽，也可以产生过热蒸汽，但其在低功率时，不具有自稳性。

（5）石墨气冷堆核电厂

石墨气冷堆是以石墨为慢化剂，以二氧化碳气体（空气）为热载质的反应堆。其核燃料一般有两种，一种是天然铀，另一种是低富集度的二氧化铀。

（6）高温气冷堆核电厂

高温气冷堆也是以石墨为慢化剂，以氦气或其他惰性气体为冷却剂。氦气吸收堆芯释放的热量通过蒸汽发生器传递给水产生蒸汽。在反应堆的出口，氦气温度高，可以采用燃气轮机热力系统。

（7）快中子增殖堆核电厂

快中子堆是将 U238 通过增值反应转换成为 Pu239 这种自然界并不存在的二次核燃料，Pu239 可以全部进行裂变反应，使铀资源的利用率达到 60%~70% 左右，但其造价高，系统复杂。

3. 核电厂的生产过程

目前，我国建成的核电厂都属于压水堆核电厂。核电厂由核岛、常规岛和与之相对应的配套设施组成。其中，核岛主要包括核反应堆和冷却剂循环系统，核反应堆内装载有进行核裂式反应的核燃料，核反应所产的热量由反应堆冷却剂带走，并产生蒸汽；常规岛包括汽轮发电机及其相关的附属系统。

一般地，将核电站的整体工作流程分为两个回路：一回路和二回路。一、二回路之间通过蒸汽发生器进行能量的交换。其生产过程示意图如图 5-5-5 所示。

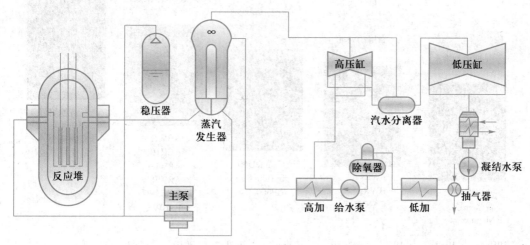

图 5-5-5　核电机组生产过程示意图

一回路又被称为反应堆冷却剂回路，它是由反应堆本体、蒸汽发生器、主循环泵（主泵）、稳压器以及与之相连的阀门管道构成。核燃料在反应堆内发生裂式核裂变反应，产生大量的热量传给冷却剂（含硼的高纯度除盐水），由主循环泵（主泵）把冷却剂从堆芯送到蒸汽发生器，冷却剂在蒸汽发生器放出热量被主泵排到反应堆，在反应堆内重新加热后再送往蒸汽发生器，以此循环往复。一回路冷却剂的热量通过蒸汽发生器传热管传给管外介质（水），使之预热蒸发而产生品质合格的蒸汽，品质合格的蒸汽被送到汽轮机做功，通过带动发电机做功产生电能。汽轮机内做功后的蒸汽，经凝结、加热、除氧后重新被送入蒸汽发生器中加热、汽化，以此循环往复形成第二回路。二回路主要是由汽轮机、发电机、汽水分离再热器、凝汽器、低压加热器、凝结水泵、给水泵、除氧器、高压加热器等构成。不同于热力发电厂汽轮机的是，核电厂蒸汽参数低，蒸汽湿度较大，高压缸、低压缸叶片尺寸相对较长。

4. 核电厂技术现状与发展趋势

纵观核电发展历史，核电厂技术方案大致可以分为四代，如图 5-5-6 所示。

第一代核电站为原型堆，在 20 世纪 50 年代到 60 年代中期，其目的在于验证核电设计技术和商业开发前景。例如，美国西屋电气公司开发的希平港（Shippingport）核电厂，通用公司开发的民用沸水堆核电厂，1954 年苏联在莫斯科附近奥布宁斯克建成的第一座石墨气冷堆核电厂。

第二代核电站为技术成熟的商业堆，从 20 世纪 60 年代中期到 90 年代末，在运的核电站绝大部分属于第二代核电站。

第三代核电站，为消除苏联切尔诺贝利核电站事故的负面影响，《先进轻水堆用户要求文件》（utility requirements document，URD）和《欧洲电力公司用户要求文件》（European utility requirements document，EUR）应运而生，于是把符合 URD 和 EUR 的核

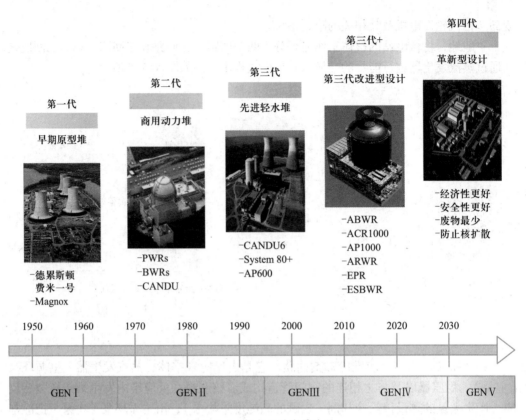

图 5-5-6 核电厂的发展阶段

电机组，称为第三代核电机组。第三代核电机组包括改革性的能动（安全系统）核电站和先进型的非能动（安全系统）核电站，其中具有代表性的设计包括美国西屋公司的AP1000 和法国阿海珐公司开发的 EPR 技术，其安全性和经济性均较第二代有所提高。我国浙江三门核电厂、山东海阳核电厂就采用了 AP1000 技术，广东台山核电厂则采用了 EPR 技术。

第四代核电站，2000年1月由美国能源部提出，与一些工业发达国家联合约定共同合作研究开发第四代核能技术，进一步降低电站的建造成本，更有效地保证它的安全性，使核废料的产生最少化和防止核扩散。现今，第四代核反应堆因其更加安全、经济的特点，成为国际研究热点。各国都在第四代核反应堆科研领域投入大量的精力，比尔·盖茨更是专门创立泰拉能源公司，大力推进第四代核反应堆的科技研发。一般地，认为第四代核反应堆有两类六种不同的方案，包括：热中子反应堆和快中子反应堆。其中，热中子反应堆包括超高温反应堆、超临界水反应堆和液相氟化钍反应堆；快中子反应堆包括气冷式快反应堆、钠冷式快反应堆和铅冷式快反应堆。但第四代核电站仍在设计阶段，并未投入实际运行。

20 世纪 80 年代，我国第一个自主设计的 60 万千瓦核电厂秦山核电建成。随着我国在运核电机组数量不断增长，我国已具备了第三代核电技术的自主研发能力。截至2017 年年底，中国在运核电机组 37 台，总装机容量 3 580 万千瓦，位列世界第四；在建核电机组 20 台，装机容量 2 287 万千瓦。我国核电技术实现了二代向三代的跨越。在运的 37 台核电机组在技术层面都属于"二代"；在建的 20 台机组中，10 台属于"第三代"技术，包括 4 台华龙一号、4 台 AP1000 以及 2 台 EPR 机组。今后新建的机组将全部采用第三代技术，核电技术将实现二代向三代的跨越。我国核电已经完成了三代 AP1000 技术的改进消化吸收，自主创新能力显著提升，形成了以华龙一号、CAP1400 为代表的自主三代核电技术，同时建设了具有第四代特征的高温气冷堆示范工程。在未来的核电发展中，提高我国核电装备的自主化建设水平，加速我国核电产业的发展，争取取得新的突破，将核电做大做强，成为保证国际能源安全、提升国家核心竞争力的支柱产业。

5.5.3　水力发电厂

不同于传统化石燃料能源，水能是可以大规模开发的清洁可再生能源。水能的主要利用方式，即水力发电。水力发电厂（hydraulic power plant）是将位于高处的河流、湖泊的水流往低处的重力势能，通过水轮发电机组转化为机械能，推动发电机产生电能的综合工程设施，也称为水电站。与火电、核电相比，水力发电过程中不消耗燃料，生产成本低、负荷调整响应较快，且产物无污染。

1. 水力发电的基本原理

如图 5-5-7 所示，H_1 和 H_2 分别表示河段上下游单位质量流体所具有的能量，用液柱高度表示，忽略上、下游的压差和动能差，河流两个断面的能量差值主要表现为重力势能的差，即

$$H_{1-2} = H_1 - H_2 = Z_1 - Z_2 \qquad (5-5-2)$$

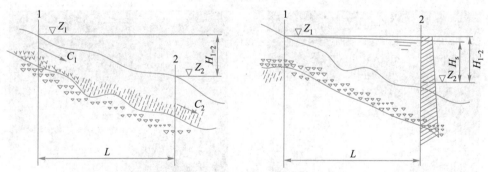

图 5-5-7　河段的潜在水能资源示意图

这些能量消耗于水流动过程中对河床的冲刷、携带泥沙以及水流的漩涡、冲击等沿程阻力损失上。若拦河筑坝，将下游水位抬高，形成一个水库，坝前水流能量增加，坝前后产生了 H_3 落差，这个落差也即水电站的水头。由此，水轮机的输出功率 P 可以表示为

$$P = \rho g q H_3 \eta_t \eta_g \qquad (5-5-3)$$

式中，ρ 表示河流水的密度，q 表示水轮机的流量，η_t 和 η_g 分别表示水轮机效率和发电机效率。由式（5-5-3）可以看出，河段上可利用的水能资源与河段水流的落差和流程

成正比。

2. 水电厂的主要类型

水电站主要由水库、引水道和厂房组成。水库具有存储和调节河水流量的功能。引水道则负责将水流传送到压力管道，以推动水轮机做功，然后将发电后的水流排到下游河道。厂房则是由水轮机及其相应的控制、保护设备组成。

受各流域、各河段的水文、地质和地形等条件的影响，水电工程都需要因地制宜，采用合适方式来进行落差和流量的调节，这就形成了水电站的多样性，这是水电与火电的区别之一。按照集中落差的方式不同，水电厂主要可分为坝式水电站、引水式水电站、混合式水电站、抽水蓄能电站和潮汐发电站等五种基本类型。

（1）坝式水电站

在河床上拦河筑坝，用坝集中水头的水电站称为坝式水电站。坝式水电站的坝高由于受到地势、地形和工程投资等方面的影响，水头不能过高，一般不超过 300 m 左右。坝式水电站又可根据落差的大小和厂房的布置情况分为坝后式水电站和河床式水电站这两种类型。

坝后式水电站的厂房紧邻坝体布置在坝的下游，厂房本身不承受上游水压，本身水头较高，是我国目前采用最多的一种厂房布置方式。目前，世界上超过 500 MW 的大型水电站多是坝式水电站。如我国三峡水电站（如图 5-5-8 所示）就采用这种方式，装机达到 22 400 MW，单机容量达到 700 MW。

将厂房和坝一起建在河床中，厂房本身承受上游水压力，起到挡水的作用，这样的水电站称为河床式水电站。河床式水电站一般位于河流地域开阔的中下游，水头较低，一般在 3~40 m 左右，但水流量大，水电机组多。如葛洲坝水电站（如图 5-5-9 所示）就是我国目前最大的河床水电站，水电机组的装机台数多达 21 台。

图 5-5-8　三峡大坝实景图

图 5-5-9　葛洲坝实景图

（2）引水式水电站

引水式电站是利用人工修建的引水道如明渠、隧洞、管道等，将水流引至较远的与下游河道有较大落差的地方，再经压力管道引至水轮机发电。引水式电站的特点是引水道较长，按照引水道的不同类型，可将引水式电站分为无压引水式电站和有压引水式电站。

其中，无压引水式电站，引水道采用无压引水建筑，如明渠、无压隧洞等引水，以集中落差。有压引水式电站，引水道采用有压引水建筑，如有压隧洞、高压管道等引水，以集中落差。有压引水站的水头较高，如意大利某有压引水式水电站的水头高达 2 030 m。

与坝式水电站相比，引水式水电站的水头较高，但其流量较小，一般建在河流坡降较陡的山区河段，因此，水电站规模一般较小。同时，由于不设有水库，工程造价便宜，但水流量调节性较差，水能综合利用率差。

（3）混合式水电站

混合式水电站利用了坝和有压引水道这两种方式集中落差，形成水电站的总水头。因此，它兼备了坝式水电站和引水式水电站的优点，设有蓄水库，既可以调节水流量，又可充分利用地形，提高水电站水头。如鲁布革水电站就是一个典型的混合式水电站，其装机达到了 600 MW，电站水头达到了 372 m。

（4）抽水蓄能电站

抽水蓄能电站（pumped storage power station）是兼有调峰和填谷双重功能的水电站。在电网用电负荷低谷时，利用系统电能将下水库的水抽到上水库储存起来，将电能转化为水的势能；在电网用电高峰时，则利用上水库的水发电，将水的势能转化为电能。因此，抽水蓄能电站一般有上、下两个水库，厂房内装有抽水和发电功能的机组。

抽水蓄能电站有发电和抽水两种主要运行方式，在两种运行方式之间又有多种从一个工况转到另一工况的运行状态。抽水蓄能电站具有启动快、运行灵活的特点，在电网中能发挥显著的调峰、调频、调相和事故备用作用，可提高电力系统整体的经济性和安全可靠性，是当前特高压电网、智能电网发展以及风电、光伏等清洁能源大规模入网的重要配套设施。抽水蓄能电站的大规模并网，是促进"全球能源互联网"的加快构建、清洁能源大规模开发、大范围配置和高效利用的重要保证。

近年来，我国抽水蓄能电站建设进入加快发展阶段，广州抽水蓄能电站、北京十三陵抽蓄电站（图 5-5-10）、天荒坪抽水蓄能电站（图 5-5-11）等现代大型抽水蓄能电站相继建成并投入使用，并计划在"十三五"期间开工建设 6 000 万千瓦抽水蓄能电站。中国目前在运的最大抽水蓄能电站是惠州抽水蓄能电站，位于广东省惠州市，装机总容量为 244.8 万千瓦，2004 年开工，2011 年并网运行。目前在建的河北丰宁抽水蓄能电站装机容量为 360 万千瓦，建成后将超越美国的巴斯康蒂抽水蓄能电站，成为世界最大的蓄能电站，并将为 2020 年北京冬奥会提供电力保障。

图 5-5-10　十三陵抽水蓄能电站实景图

图 5-5-11　天荒坪抽水蓄能电站外景图

（5）潮汐发电站

潮汐发电（tidal power station）是一种水力发电的形式，利用潮汐水流的移动，或是潮汐海面的升降，获得能量，推动水轮机旋转，驱动发电机发电产生电能，称为潮汐发电。潮汐发电与普通水力发电原理类似，通过储水库，在涨潮时将海水储存在水库内，以势能的形式保存，然后，在落潮时放出海水，利用高、低潮位之间的落差，推动水轮机旋转，驱动发电机发电。能量转换过程：潮汐能（势能／动能）→机械能→电能。我国潮汐资源相当丰富，据统计，我国可开发的潮汐发电装机容量达 21 580 MW，年发电量约为 619 亿度。

潮汐电站可以是单水库或双水库。单水库（包括单库单向发电和单库双向发电）潮汐电站只筑一道堤坝和一个水库，仅在涨潮（或落潮）时发电。双水库潮汐电站建有两个相邻的水库，一个水库在涨潮时进水，另一个水库在落潮时放水，这样前一个水库的水位总比后一个水库的水位高，故前者称为上水库（高水位库），后者称为下水库（低水位库）。水轮发电机组放在两水库之间的隔坝内，两水库始终保持着水位差，故可以全天发电。浙江江厦潮汐电站（图 5-5-12），位于温岭市坞根镇下楼村，是我国已建成的最大的潮汐电站（单库双向），总装机容量 3 000 kW，可昼夜发电 14~15 小时，每年可向电网提供 1 000 多万千瓦时电能。

图 5-5-12　江厦潮汐电站示意图

3. 水电机组的技术现状与发展趋势

我国水能资源非常丰富，早在 4000 年前就开始兴修水利工程，至春秋战国时期，水利工程已经初具规模。但现代化建设起步较晚，直到 1910 年才开始在云南滇池修建了第一个水电站——石龙坝水电站，装机容量只有 472 kW。之后，水电在我国经历了多个发展阶段，装机容量从改革开放初期的 1 727 万千瓦，跃升为 2017 年的 3.41 亿千瓦，装机增长了约 20 倍，超过了全球水电开发总量的 1/4。我国水电厂建设技术已经达到世界先进水平，我国建成了世界最大的水利工程——三峡水电站，三峡水电站大坝高程 185 米，蓄水高程 175 米，水库长 2 335 米，全年累计发电 988 亿千瓦时，相当于减少 4 900 多万吨原煤消耗。

随着我国经济的快速发展，我国电力行业在发展过程中面临着新的发展形势，电力市场中出现了新的变化，由以往的电量与容量不足转变为电量过剩以及容量缺乏调峰，这一新的形势要求大力发展抽水蓄能电站，为清洁能源的消纳、电网的安全运行提供保障。

5.5.4 太阳能发电厂

太阳能发电厂（solar power plant）是一种用可再生能源太阳能来发电的工厂，通过光电技术把太阳能转换为电能。太阳能发电主要有太阳能光发电和太阳能热发电两种基本方式。

太阳能光发电是一种不通过热过程，利用太阳能光伏电池，直接把照射到太阳能光伏电池上的光能转换成电能的方式。能量转换过程：太阳的光能→电能。白天，在光照条件下，太阳能光伏电池组件产生一定的电动势，通过组件的串并联形成太阳能光伏电池方阵，使得方阵电压达到系统输入电压的要求，再通过充放电控制器对蓄电池进行充电，将电能储存起来。晚上，蓄电池组为逆变器提供输入电，通过逆变器的作用，将直流电转换成交流电，输送到配电柜，由配电柜的切换作用进行供电。太阳能光发电示意图如图 5-5-13 所示。

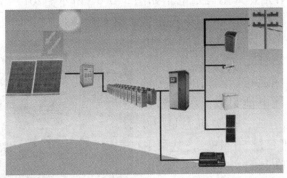

图 5-5-13　太阳能光发电示意图

太阳能热发电是通过大量反射镜以聚焦的方式将太阳能直射光聚集起来，加热工质（工质是实现热、功转换的工作物质，简称工质，各种热机或热力设备借以完成热能与机械能的相互转换，常见的有：燃烧气体、水蒸气、制冷剂以及空气等），产生高温高压的蒸汽，蒸汽驱动汽轮机发电。能量转换过程：太阳的热能→机械能→电能。太阳能热发电有多种类型，主要有以下五种：塔式系统、槽式系统、盘式系统、太阳池和太阳能塔热气流发电。前三种是聚光型太阳能热发电系统，后两种是非聚光型。太阳能热发电示意图如图 5-5-14 所示。

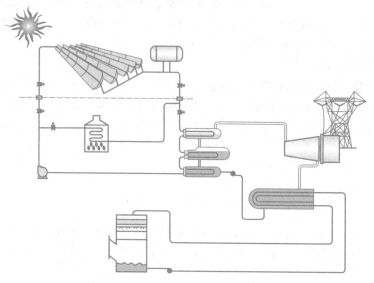

图 5-5-14　太阳能热发电示意图（槽式系统）

2018 年 10 月 10 日我国首个大型商业化光热示范电站——中广核德令哈 50 MW 光热示范项目正式投入运行，我国由此成为世界上少数掌握大规模光热技术的国家。其位于青海省海西蒙古族藏族自治州德令哈市的戈壁滩上，占地 2.46 平方公里，项目由 25 万片共 62 万平方米的反光镜、11 万米长的真空集热管、跟踪驱动装置等组成。可以跟踪太阳的转动，把热量收集并储存起来，实现 24 小时连续稳定发电，年发电量可达近 2 亿度。德令哈光热太阳能发电站如图 5-5-15 所示。2017 年 12 月 10 日安徽淮南 150 MW 水面漂浮光伏项目正式并网发电，这是全球最大水面漂浮光伏电站并网发电项目。水面漂浮光伏发电站如图 5-5-16 所示。2017 年 6 月 29 日，熊猫太阳能发电站在山西大同并网运行。熊猫的黑色部分由单晶体硅太阳能电池组成，白色部分由薄膜太阳能电池组成，总装机容量 100 MW（一期电站装机容量 50 MW），共采用 69 888 块 295 W 的单晶硅组件，94 248 块 310 Wp 的双玻双面组件，11 200 块 115 W 的碲化镉薄膜组件。熊猫太阳能发电站如图 5-5-17 所示。

图 5-5-15　德令哈光热太阳能发电站

图 5-5-16　水面漂浮光伏发电站　　　　　　　　图 5-5-17　熊猫太阳能发电站

5.5.5　风力发电厂

风力发电厂（wind farm）简称风电厂，是将风的动能转为电能的发电厂。能量转换过程：风的动能→机械能→电能。风力发电的原理是利用风力带动风车叶片旋转，再通过增速机将旋转的速度提升，来驱动发电机发电。依据目前的风车技术，大约是每秒三米的微风速度（微风的程度），便可以开始发电。风力发电所需要的装置，称作风力发电机组，包括可分风轮、发电机和塔筒三部分。风力发电示意图如图 5-5-18 所示。

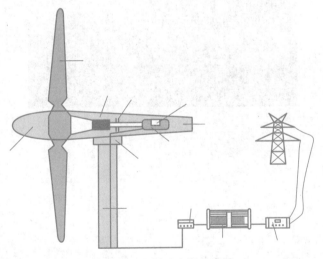

图 5-5-18　风力发电示意图

中国著名的四大风电场是新疆达坂城风力发电场、内蒙古辉腾锡勒风电场、浙江临海括苍山风电场和甘肃酒泉千万千瓦级风力电场。酒泉风力电场是我国第一个千瓦级风电基地，也是目前世界上最大的风力发电基地，被誉为"风电三峡"。截至 2016 年底，酒泉市风电装机达 9 150 MW。上海东海大桥海上风电场是亚洲第一座大型海上风电场，风电场总装机容量 100 MW，布置 20 台单机容量 5 MW 的风电机组。2018 年 12 月 19

日完成全部吊装，创下了目前所有同等规模海上风电项目工程建设"世界之最"。酒泉风电场如图 5-5-19 所示，海上风电场如图 5-5-20 所示。

图 5-5-19　酒泉风电场

图 5-5-20　海上风电场

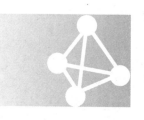

思 考 题

一、填空题

1. 第一类永动机幻想制造一种机器，在不需要外界提供能量的前提下，却能不断地对外做功，第一类永动机不能实现表明能量可以从一种形式转化为另一种形式，从一个物体传递到另一个物体，但是在转化和传递的过程中，_____是不变的；从单一热源吸热使之完全变为有用功而不产生其他影响的热机称为第二类永动机，第二类永动机不可能制成，表示机械能和内能的转化过程具有_____。

2. 按照燃料可将火力发电厂分为_____和_____；按冷却方式又可分为_____和_____。

3. 核电厂的主要类型有：压水堆核电厂、_____、_____、石墨水冷堆核电厂、_____、高温气冷堆核电厂和_____。

4. 水力发电厂是将位于高处的河流、湖泊的水流往低处的_____，通过水轮发电机组转化为_____，推动发电机产生电能。

5. 将热能转换成机械能的装置称为热机，也被称作_____。热机又可以进一步分为_____和_____两种类型。

6. 按照进汽参数等级，可以将蒸汽轮机分为：低压汽轮机、中压汽轮机、高压汽轮机、超高压汽轮机、_____（主蒸汽压力为 16~18 MPa）、_____（主蒸汽压力为 22~25 MPa）和_____（主蒸汽压力为 22~25 MPa）。

7. 按照人工制冷所获得的温度区间，将人工制冷分为_____与_____两个领域。从环境温度到_____为普通制冷。

8. 制冷剂按照化学结构的不同，可以分为：无机化合物、_____、_____、混合制冷剂这四类。

二、简答题

1. 请简述火电厂生产过程和能量转换过程。
2. 请简述核电站生产的基本原理与生产过程。
3. 请简述抽水蓄能电站的工作过程。
4. 请简述内燃机的基本工作原理。
5. 请描述燃气轮机的工作过程。
6. 请简述蒸汽轮机的工作过程。
7. 请简述流体机械的含义。
8. 请简述蒸汽压缩式制冷系统的工作流程。

参考文献 2：
第二篇 能源与动力工程参考文献

第三篇

电气工程导论

第6章

电气工程及其自动化

本章介绍电气工程基础知识、电机与电器的分类及作用、电力网、电力电子器件及装置、电力传动的基本概念、高电压与绝缘技术，使读者全面认识和了解电气工程及其自动化专业的研究内容、体系结构、新理论、新技术及其发展方向。

6.1 电气工程理论基础

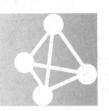

从 18 世纪下半叶开始的漫长岁月，人们对电磁现象的研究与认识使电磁学理论逐渐成形，为电工理论提供了坚实的理论基础。电工理论来源于实践，反过来电工理论也在指导实践，在实际应用中电工理论要兼顾工程设计、制造工艺、经济效益、使用可靠性等一系列问题，从而逐步形成了分析电工设备中发生的电磁过程及其定量计算方法的电工理论。电工理论主要包括电路理论和电磁场理论，它们是物理学中电学和磁学的发展及延伸。

6.1.1 电路理论与定律

电路理论作为一门独立的学科登上人类科学技术的舞台大约已有 200 多年的历史，从用莱顿瓶和变阻器描述电物理问题的原始概念及分析方法，逐渐演变发展成为一门严谨抽象的基础理论科学，是当今整个电气科学技术中不可或缺的支柱性理论基础，同时也在开拓、发展和完善自身以及新的电气理论中具有举足轻重的作用。

1. 电路理论的建立

电路理论是一门严谨抽象的基础理论科学，它的发展和变化贯穿于整个电气科学技术的萌芽、进步与成熟过程中。电路理论的发展历程见表 6-1-1。

表 6-1-1 电路理论的发展历程

年份	科学家	理论成果
1778 年	伏特（Count Alwssaedro Volta）	提出电容的概念，导体上储存电荷 $Q=CU$
1826 年	欧姆（Geory Simon ohn）	发表欧姆定律
1831 年	法拉第（Michale Faraday）	发表电磁感应定律
1845 年—1847 年	基尔霍夫（Gustav Robert Kirchhoff）	提出了基尔霍夫电流定律（KCL）、基尔霍夫电压定律（KVL）来研究电路
1853 年—1855 年	汤姆逊（William Thomson）	构建模型，推导出了电路振荡方程；计算出振荡频率与 R、L、C 参数之间的关系，为动态电路分析奠定了基础

年份	科学家	理论成果
1853 年	亥尔姆霍兹（Helmholtz）	提出电路中的等效发电机原理
1880 年	霍普金森（Hopkinson）	提出了磁路欧姆定律，还提出了磁阻、磁势等概念；引用铁磁材料的磁化曲线，考虑磁滞现象对电机的影响
1882 年	傅里叶（Jean Baptiste Joseph Fourier）	提出了级数和变换，应用于非正弦电路中分析和信号处理
1891 年	多布罗夫斯基（Josef Dobrovsky）	提出交流电的基本波形为正弦函数形式；将磁化电流分为两个分量"有功分量"和"磁化分量"
1892 年—1923 年	施泰因梅茨（C.P.Steinmetz）	提出了计算交流电机的磁滞损耗公式；创立了交流电路的使用方法"向量法"，沿用至今；研制成避雷器、高电压电容器等
1911 年	亥维赛德（Oliver Heaviside）	提出了正弦交流电路中阻抗的概念；提出了求解电路暂态过程的"运算法"，后人称这种方法为"拉普拉斯变换"
1918 年	福台克（Charles LeGeyt Fortescue）	提出了对称分量法
1952 年	特勒根（BernardD.H.Tellegen）	提出了特勒根定理，用于电路分析

2. 欧姆定律

欧姆定律是由德国物理学家乔治·西蒙·欧姆于 1826 年 4 月发表的"金属导电定律的测定"论文提出的。欧姆定律是指在同一电路中，通过某段导体的电流跟这段导体两端的电压成正比，跟这段导体的电阻成反比。

公式：

$$I = \frac{U}{R}$$

变形公式：$U=IR$ 和 $R=\frac{U}{I}$。式中，I——电流，单位是安培（A），U——电压，单位是伏特（V），R——电阻，单位是欧姆（Ω）。

欧姆定律只适用于纯电阻电路，在气体导电和半导体元件中欧姆定律将不适用。

欧姆定律及其公式的发现，给电学的计算，带来了很大的方便，在电学史上是具有里程碑意义的贡献。由于欧姆定律在宏观层次表达电压与电流之间的关系，即电路元件两端的电压与通过的电流之间的关系，因此在电气工程领域欧姆定律得到了广泛应用。

3. 基尔霍夫定律

基尔霍夫（电路）定律（Kirchhoff laws）是电路中电压和电流所遵循的基本规律，

是分析和计算较为复杂电路的电学基本定律。

基尔霍夫定律于 1845 年由德国物理学家 G.R. 基尔霍夫（Gustav Robert Kirchhoff，1824—1887）提出，它概括了电路中电流和电压分别遵循的基本规律。基尔霍夫（电路）定律包括基尔霍夫电流定律（KCL）和基尔霍夫电压定律（KVL）。

（1）基尔霍夫第一定律（KCL）

基尔霍夫第一定律又称基尔霍夫电流定律，简记为 KCL，是电流的连续性在集总参数电路上的体现，其物理背景是电荷守恒公理。基尔霍夫电流定律是确定电路中任意节点处各支路电流之间关系的定律，因此又称为节点电流定律。

基尔霍夫电流定律表明：所有进入某节点的电流的总和等于所有离开这节点的电流的总和。

或者描述为：假设进入某节点的电流为正值，离开这节点的电流为负值，则所有涉及这节点的电流的代数和等于零。以方程表达，对于电路的任意节点满足

$$\sum_{k=1}^{n} i_k = 0$$

式中，i_k——第 k 个进入或离开这节点的电流，是流过与这节点相连接的第 k 个支路的电流，可以是实数或复数。

KCL 定律不仅适用于电路中的节点，还可以推广应用于电路中的任一不包含电源的假设的封闭面，即在任一瞬间，通过电路中任一不包含电源的假设封闭面的电流代数和为零。

（2）基尔霍夫第二定律（KVL）

基尔霍夫第二定律又称基尔霍夫电压定律，简记为 KVL，是电场为位场时电位的单值性在集总参数电路上的体现，其物理背景是能量守恒。基尔霍夫电压定律是确定电路中任意回路内各电压之间关系的定律，因此又称为回路电压定律。

基尔霍夫电压定律表明：沿着闭合回路所有元件两端的电势差（电压）的代数和等于零。

或者描述为：沿着闭合回路的所有电动势的代数和等于所有电压降的代数和。以方程表达，对于电路的任意闭合回路

$$\sum_{k=1}^{m} u_k = 0$$

式中，m——闭合回路的元件数目，u_k——元件两端的电压，可以是实数或复数。

基尔霍夫电压定律不仅应用于闭合回路，也可以把它推广应用于回路的部分电路。

基尔霍夫定律建立在电荷守恒定律、欧姆定律及电压环路定理的基础之上，在稳恒电流条件下严格成立。当基尔霍夫第一、第二方程组联合使用时，可正确迅速地计算出电路中各支路的电流值。基尔霍夫定律既可以用于直流电路的分析，也可以用于交流电路的分析，还可以用于含有电子元件的非线性电路的分析。运用基尔霍夫定律进行电路分析时，仅与电路的连接方式有关，而与构成该电路的元器件具有什么样的性质无关。

6.1.2 电磁场理论与定律

1. 电磁场理论的建立

人类对电磁场理论的建立还要从古人对电磁现象的观察说起。从古代中国和古代欧洲对雷电的神化，再到希腊和中国的古代文献对天然磁石和摩擦琥珀吸引细微物体的记载，以及利用磁性发明的司南。这些人类早期对电磁的观察和思考，为电磁学的研究奠定了坚实的基础。

近代电磁现象研究始于 16 世纪的欧洲。16 世纪末，英国电磁学的先驱吉尔伯特（William Gilbert）发现天然磁石摩擦铁棒，能使铁棒磁化，他是第一位用科学实验证明电磁现象的科学家，证明了大地磁场的存在，并创造了英文的"电"（electricam）。1646 年，由布朗根据英语语法将"electricam"改为"electricity"，并沿用至今。这一时期涌现出来的科学家及他们的发现、成果见表 6-1-2。

表 6-1-2　早期电磁学研究成果

年份	科学家	成果和理论
16 世纪末	吉尔伯特（William Gilbert）	第一位用科学实验证明电磁现象的科学家，证明了大地磁场的存在
1663 年	盖利克（Oho Von Guericke）	研制出摩擦起电的简单机器
1729 年	格雷（Stephen Gray）	将物体划分为导电体和非导电体两类
1733 年	杜菲（Du Fay）	实验发现电荷有两种，称为"正电"和"负电"
1745 年	马森布洛克（Pieter Von Musschenbrock）	独立研制出储电瓶——莱顿瓶
1747 年	富兰克林（Benjamin Franklin）	通过实验提出了电荷守恒原理，并发明了避雷针
1785 年	库伦（Charles Augustin Coulomb）	设计扭称实验得出库仑定律 $\vec{F}=k\dfrac{q_1q_2}{r^2}\vec{e}_r$，后世将电荷的单位用"库仑"命名
1799 年	伏特（Count Alwssaedro Volta）	发明了"伏打电池"还有起电盘、验电器和储电器等。后世将电动势、电位差、电压的单位"伏特"用他的姓氏命名

19 世纪上半叶，电磁场理论的研究与认识得到了快速发展，见表 6-1-3。库仑定律、安培定律，以及极为重要的法拉第电磁感应定律为电磁场理论的建立打下了牢牢的地基。后来伟大的麦克斯韦对法拉第的场、力线进行研究，用数学的手段翻译了法拉第的电磁感应定律，并完整地描述了法拉第的思想，后来经过赫兹等人的整理简化，成为描述电磁场的麦克斯韦方程组。1886 年，赫兹发现了电磁波，彻底证明了麦克斯韦的预言，为电磁场理论的建立封顶。进入 20 世纪，电能的广泛应用以及各种交流、直流电机和变压器等设备的发展，让电磁场的分析日趋复杂，能用解析方法做出分析问题是

很有限的，因此在电工技术中经常采用物理模型试验以及 20 世纪 40 年代提出的模拟方法来分析解决实际问题。在 20 世纪中期后，计算机的出现与发展，有效地解决了实际问题，电路仿真技术、电磁场仿真技术也逐步推广使用。

表 6-1-3　19 世纪科学家对电磁学研究的成果

年份	科学家	成果理论（模型）
1820 年	奥斯特（Hans Christian Oersted）	发现电流的磁效应；磁单位中的磁场强度单位"奥斯特"用他的姓氏命名
1820 年	安培（Andre Marie Ampe）	提出了安培定律（也叫右手螺旋定则）且实验发现了两个载流导体相互作用力的规律：电流方向相同的两条平行载流导线互相吸引，相反则互相排斥；提出了分子电流假说。电流强度的单位"安培"用他的姓氏命名
1826 年	欧姆（Geory Simon ohn）	发现了欧姆定律，标准式为 $I=\dfrac{U}{R}$，电阻的单位"欧姆"用他的姓氏命名
1830 年	高斯（Carl Friedrich Gauss）	改进推广了库仑定律的公式，建立了电磁学中的高斯单位制，提出了电静力学和电动力学的公式（包括"高斯定律"）；电磁单位中的磁感应强度"高斯"用他的姓氏命名
1831 年	法拉第（Michale Faraday）	发现电磁感应定律，提出了"电场"与"磁场"的概念；后世以他的姓氏"法拉"命名电容量单位
1832 年	亨利（Joseph Henry）	发现自感现象，后世以他的姓氏"亨利"命名电感单位
1833 年	楞次（Heinrich Friedrich Emil Lenz）	提出了判断感应电流方向的判据：楞次定律
1831—1873 年	麦克斯韦（James Clerk Maxwell）	用数学理论完整地描述了电器感应定律，后经赫兹等人简化，建立了电磁学理论
1886 年	赫兹（Hermann Ludwig Ferdinand Von Helmholtz）	发现了电磁波，证明了麦氏理论的正确性，证明了光是电磁波，揭开了现代文明的无线电通信的序幕

2. 麦克斯韦方程组

19 世纪上半叶麦克斯韦在开尔文的启发下，对法拉第的场、力线进行研究，用数学的手段描述电场、磁场与电荷密度、电流密度之间关系的偏微分方程。

麦克斯韦方程组乃是由四个方程共同组成的。

（1）高斯定律：该定律描述电场与空间中电荷分布的关系。电场线开始于正电荷，终止于负电荷。计算穿过某给定闭曲面的电场线数量，即电通量，可以得知包含在这闭曲面内的总电荷。更详细地说，这定律描述穿过任意闭曲面的电通量与这闭曲面内的电荷之间的关系。

（2）高斯磁定律：该定律表明磁单极子实际上并不存在，所以没有孤立磁荷，磁场线没有初始点，也没有终止点。磁场线会形成循环或延伸至无穷远。换句话说，进入任何区域的磁场线，必须从那区域离开，即通过任意闭曲面的磁通量等于零，或者，磁场是一个无源场。

（3）法拉第感应定律：该定律描述时变磁场怎样感应出电场。电磁感应是制造电机的理论基础。

（4）麦克斯韦 – 安培定律：该定律阐明磁场可以用两种方法生成：一种是靠传导电流，另一种是靠时变电场，或称位移电流（麦克斯韦修正项）。

麦克斯韦方程组的微分表达式（Maxwell's equations）：

$$① \quad \nabla \times H = J + \frac{\partial D}{\partial t}$$
$$② \quad \nabla \times E = -\frac{\partial B}{\partial t}$$
$$③ \quad \nabla \cdot D = \rho$$
$$④ \quad \nabla \cdot B = 0$$

方程①是全电流定律的微分形式，说明磁场强度 H 的旋度等于该点的全电流密度。

方程②是法拉第电磁感应定律的微分形式，说明电场强度 E 的旋度等于该点的磁通密度 B 的时间变化率的负值。

方程③是静电场高斯定律的推广，是指在时变条件下，电位移 D 的散度仍等于该点的自由电荷密度。

方程④是磁通连续性原理的微分形式，指磁通密度 B 的散度恒等于 0。

麦克斯韦方程组在电磁学中的地位，如同牛顿运动定律在力学中的地位一样。以麦克斯韦方程组为核心的电磁理论，是经典物理学最引以为自豪的成就之一。它所揭示出的电磁相互作用的完美统一，为物理学家树立了这样一种信念：物质的各种相互作用在更高层次上应该是统一的。这个理论被广泛地应用到电气工程领域。

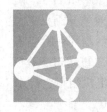

6.2　电机与电器

电机（electrical machine）是以电磁感应现象为基础，实现机械能与电能之间的转换以及变换电能的机械。按其能量转换方式来划分，电机主要包括发电机和电动机。发电机将机械能转换为电能，而电动机则将电能转换为机械能。

6.2.1　发电机

发电机是将机械能转换为电能的电气设备，主要包括汽轮发电机、水轮发电机和风力发电机。

1. 汽轮发电机

汽轮发电机（steam turbine generator）是用汽轮机驱动的发电机，一般用于火力发电和核能发电。由锅炉燃烧煤炭、柴油、天然气或核反应堆中核裂变/聚变产生的热量，使水变为高温蒸汽，推动汽轮机，带动同轴连接的发电机进行发电。目前，我国火电站汽轮发电机最大单机容量达到 1 000 MW，额定电压 27 kV，额定电流 23 778 A，额定转速 3 000 r/min，总重 230 t，效率大于 99%。截至 2015 年 9 月，我国已建成投产单机容量汽轮发电机 1 000 MW 的火力发电机组有 82 台。汽轮发电机结构如图 6-2-1所示。

2. 水轮发电机

水轮发电机（hydraulic generator）是以水轮机为原动机，将水能（位能/势能）转化为电能的发电机。水流经过水轮机时，将水能转换成机械能，水轮机的转轴又带动发电机的转子，将机械能转换成电能并输出。水轮机是水电站生产电能的主要动力设备。水轮发电机结构如图 6-2-2 所示。

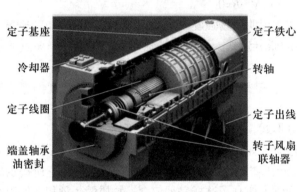

图 6-2-1　汽轮发电机结构

图 6-2-2　水轮发电机结构

目前，我国水轮发电机的单机容量已达到 800 MW（向家坝水电站安装 8 台），额定电压 20 kV，额定电流 25 660 A，额定转速 75 r/min，总重 230 t，效率大于 99%。2017 年 10 月 17 日，世界单机容量最大的白鹤滩 1 000 MW 水电机组首台座环在哈电集团电机公司水电分厂通过验收，长约 17.2 m、宽约 14.5 m、高约 4 m、总重超过 500 t。2018 年 10 月 27 日，世界单机容量最大的白鹤滩电站 1 000 MW 水轮发电机组首台导水机构，在哈尔滨通过验收，高近 8 m，最大外圆直径 13 m，总重量达 830 t。

3. 风力发电机

风力发电机（wind turbines）是利用风力带动叶轮旋转，将风能转换为机械能，再通过增速机将旋转速度提升，带动发电机转子旋转，输出交流电的电力设备。风力发电机分为水平轴风力发电机（叶轮的旋转轴与风向平行）和垂直轴风力发电机（叶轮的旋转轴垂直于地面或者气流方向），风力发电机结构如图 6-2-3 所示。

目前，1.5 MW 双馈变速恒频风力发电机已成为我国风电机组的主流机型。1.5 MW、3 MW、5 MW 的直驱式永磁风力发电机组也获得了推广应用。5 MW 的风力发电机能够在不消耗任何其他燃料的前提之下，利用风力获取价值 4 亿元的电能，风轮比 40 层的楼还要高，而且机舱上面还可以升降直升机，具有海上"巨无霸"的威名。10 MW 永磁风力电机组已在研制中。

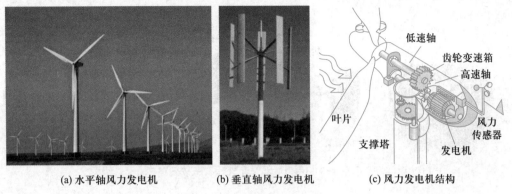

(a) 水平轴风力发电机 (b) 垂直轴风力发电机 (c) 风力发电机结构

图 6-2-3 风力发电机结构

6.2.2 电动机

电动机是将电能转换为机械能的电气设备，各种生产机械都广泛采用电动机来驱动。按应用的电流种类，电动机分为直流电动机和交流电动机。

1. 直流电动机

直流电动机（direct current motor）将直流电能转换成机械能，直流电机由定子和转子两大主要部分组成，运行时静止不动的部分称为定子，定子的主要作用是产生磁场。运行时转动的部分称为转子，其主要作用是产生电磁转矩和感应电动势，是直流电机进行能量转换的枢纽，所以通常又称为电枢，直流电动机结构如图 6-2-4 所示。

图 6-2-4 直流电动机结构

2. 交流电动机

交流电动机（alternating current motor）是将交流电能转换成机械能的机械装置。在工农业生产中大多采用三相感应电动机作为动力，驱动执行机构。

感应电动机的定子由定子铁心、定子绕组和机座三部分组成。转子由转子铁心、转子绕组和转轴组成。转子绕组分为笼型和绕线型两类。三相鼠笼型异步交流电动机和三相绕线型异步交流电动机结构如图 6-2-5 和图 6-2-6 所示。

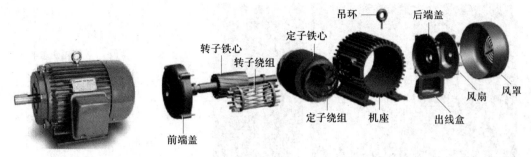

图 6-2-5　三相鼠笼型异步交流电动机结构

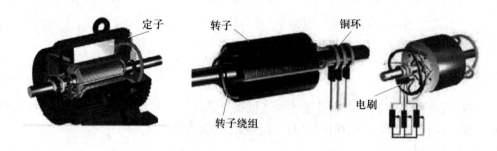

图 6-2-6　三相绕线型异步交流电动机结构

6.2.3　电力变压器

变压器（transformer）是利用电磁感应的原理将某一数值的交流电压转换成频率相同的、另一种或几种数值不同电压的装置，主要构件是一次侧线圈、二次侧线圈和铁心（磁心）。由于变压器各部件之间无相对运动，也称为静止电机。变压器只能传输交流电能，而不能产生电能。只能改变交流电压或电流的大小，而不改变频率，主要组成部分是铁心和绕组。变压器由铁心（或磁心）和线圈组成，线圈有两个或两个以上的绕组，其中接电源的绕组叫一次侧线圈，其余的绕组叫二次侧线圈。它可以变换交流电压、电流和阻抗。最简单的铁心变压器由一个软磁材料做成的铁心及套在铁心上的两个匝数不等的线圈构成，铁心变压器结构示意图如图 6-2-7 所示。

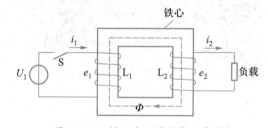

图 6-2-7　铁心变压器结构示意图

变压器一次侧、二次侧线圈电压有效值之比，等于其匝数比。

$$\frac{U_1}{U_2} = \frac{N_1}{N_2}$$

在空载电流可以忽略的情况下，一次侧、二次侧线圈电流有效值大小与其匝数成反比。

$$\frac{I_1}{I_2} = \frac{N_2}{N_1}$$

理想变压器一次侧、二次侧线圈的功率相等 $P_1=P_2$，说明理想变压器本身无功率损耗。实际变压器总存在损耗，其效率为 $\eta=P_2/P_1$。电力变压器的效率很高，可达 90% 以上。

电力变压器是一种静止的电气设备，主要作用是传输电能，因此，额定容量是它的主要参数。额定容量是一个表现功率的惯用值，它是表征传输电能的大小，以 kVA 或 MVA 表示，电力变压器如图 6-2-8 所示。

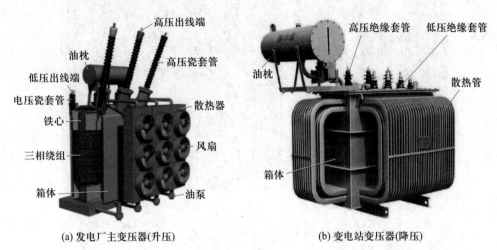

(a) 发电厂主变压器(升压)　　　　　　(b) 变电站变压器(降压)

图 6-2-8　电力变压器

6.2.4　电器

电器（electrical appliance）泛指所有用电的器具。从电气工程专业角度上来讲，电器主要指用于对电路进行接通、分断，对电路参数进行变换，以实现对电路或用电设备的控制、调节、切换、检测和保护等作用的电工装置、设备和组件。

按照工作电压等级，电器分为高压电器和低压电器两大类。我国高低压电器的分界线是交流 1 200 V，直流 1 500 V。工作电压在交流 1 200 V、直流 1 500 V 以上为高压电器，工作电压在交流 1 200 V、直流 1 500 V 以下为低压电器。

1. 高压电器

高压电器的主要作用：在电力系统中关合及开断正常电力线路，以及输送切换电力负荷；从电力系统中退出故障设备及故障线路，保证电力系统安全、正常运行；将两段电力线路的两部分隔开；将已退出运行的设备或线路进行可靠接地，以保证电力线路和运行维修人员的安全。

高压电器按照功能可分为：

① 开关电器：高压断路器、高压隔离开关、高压熔断器和高压负荷开关。

② 限制电器：电抗器、避雷器。

③ 变换电器：电压互感器、电流互感器。

（1）高压断路器

高压断路器（high voltage circuit breaker）用于接通或分断空载、正常负载或短路故障状态下的电路。高压断路器不仅可以切断或闭合高压电路中的空载电流和负荷电流，而且当系统发生故障时通过继电器保护装置的作用，切断过负荷电流和短路电流，具有相当完善的灭弧结构和足够的断流能力。高压断路器如图6-2-9所示。

(a) 户外高压直流断路器

(b) 户外高压真空断路器

(c) SF6户外高压断路器

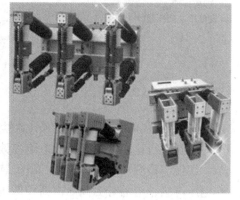
(d) 户内高压真空断路器

图 6-2-9　高压断路器

（2）高压隔离开关

高压隔离开关（high voltage isolating switch）用于将带电的高压设备与电源隔离，一般只具有分合空载电路的能力，需要与高压断路器配套使用。主要功能是保证高压电器及装置在检修工作时的安全，起隔离电压的作用，不能用于切断、投入负荷电流和开断短路电流。因为高压隔离开关没有灭弧装置，所以仅用于不产生强大电弧的某些切换操作。按安装地点不同分为户内和户外式，高压隔离开关如图6-2-10所示。

(a) 户外高压隔离开关

(b) 户内高压隔离开关

图 6-2-10　高压隔离开关

（3）高压负荷开关

高压负荷开关（high voltage load switch）用于接通或分断空载、正常负载和过载状态下的电路。高压负荷开关是一种功能介于高压断路器和高压隔离开关之间的电器。高压负荷开关具有简单的灭弧装置，因此能通断一定的负荷电流和过负荷电流。但是它不能断开短路电流，所以一般与高压熔断器串联使用，借助熔断器来进行短路保护。高压负荷开关如图 6-2-11 所示。

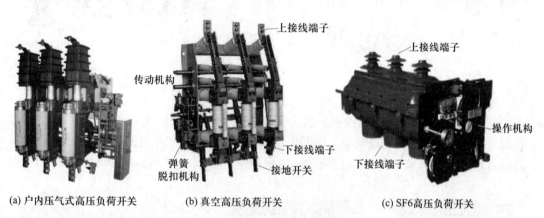
(a) 户内压气式高压负荷开关　　　　(b) 真空高压负荷开关　　　　(c) SF6高压负荷开关

图 6-2-11　高压负荷开关

（4）高压熔断器

高压熔断器（high voltage fuse）用于分断过载或短路状态下的电路。熔断器是最简单的保护电器，它用来保护电气设备免受过载和短路电流的损害。高压熔断器分为户外式和户内式两大类。高压熔断器如图 6-2-12 所示。

（5）避雷器

避雷器（surge arrester）是用于保护电气设备免受雷击时瞬态过电压危害，并限制续流时间和续流幅值的一种电器。其作用是用来保护电力系统中各种电器设备免受雷电过电压、操作过电压、工频暂态过电压的冲击而损坏。避雷器连接在线缆和大地之间，通常与被保护设备并联。适用于变压器、输电线路、配电屏、开关柜、电力计量箱、真空开关、并联补偿电容器、旋转电机及半导体器件等电气设备的过电压保护。避雷器如图 6-2-13 所示。

(a) 户外跌落式高压熔断器　　　(b) 户外限流型高压熔断器　　　(c) 户内限流型高压熔断器

图 6-2-12　高压熔断器

(a) 0.22~10 kV避雷器　　　(b) 35~66 kV复合外套避雷器　　　(c) 110 kV避雷器

图 6-2-13　避雷器

（6）电抗器

电抗器（reactor）是依靠线圈的感抗阻碍电流变化的电器。电力系统中所采取的电抗器有串联电抗器和并联电抗器。串联电抗器主要用来限制短路电流。并联电抗器有提高电力系统无功功率、改善运行参数等多种功能。电抗器如图 6-2-14 所示。

(a) 高压铁心串联电抗器　　　(b) 高压并联电抗器铁心　　　(c) 高压并联电抗器

图 6-2-14　电抗器

（7）互感器

互感器（voltage or current transformer）又称为仪用变压器，是电流互感器和电压互感器的统称。其作用是将高电压变换成低电压、大电流变换成小电流，用于测量或保护系统。其功能主要是将高电压或大电流按比例变换成标准低电压（100 V）或标准小电流（5 A 或 1 A），以便实现测量仪表、保护设备及自动控制设备的标准化、小型化。同时互感器还可用来隔开高电压系统，以保证人身和设备的安全。互感器如图 6-2-15 所示。

(a) 高压电流互感器　　　(b) 高压电压互感器　　　(c) 高压组合互感器

图 6-2-15　互感器

2. 低压电器

低压电器是一种能根据外界的信号和要求，手动或自动地接通、断开电路，以实现对电路的切换、控制、保护、检测、变换和调节的元件或设备。在配电系统和控制系统中，低压电器对电能的产生、输送、分配起着开关、控制、保护、调节、检测及显示等作用。

低压电器按照功能可分为：

① 低压控制电器：主要在低压配电系统及动力设备中起控制作用，如转换开关、刀开关、低压断路器等。

② 低压保护电器：主要在低压配电系统及动力设备中起保护作用，如熔断器、热继电器等。

③ 自动电器：根据指令或物理量变化而自动动作的电器，如接触器、继电器等。

（1）转换开关

转换开关（change-over switch）是一种可供两路或多路电源及负载转换用的开关电器。转换开关由多个触头组合而成，可作为电路控制开关、测试设备开关、电动机控制开关和主令控制开关。工业用各种低压转换开关如图 6-2-16 所示。

图 6-2-16　低压转换开关

（2）低压断路器

低压断路器（lowvoltage circuit breaker）是一种不仅可以接通或分断正常负荷电流及过负荷电流，还可以接通或分断短路电流的开关电器。低压断路器在电路中除起控制作用外，还具有一定的保护功能，如过负荷、短路、欠压和漏电保护等。低压断路器如图 6-2-17 所示。

(a) 单极、双极、三级低压断路器   (b) 智能型电压断路器

图 6-2-17　低压断路器

（3）继电器

继电器（relay）是一种根据电量（电压、电流）或者非电量（温度、时间、转速、压力）等信号的变化带动触点动作，接通或断开电路或者电器，以实现自动控制和保护电路或电器设备的电器，广泛应用于遥控、遥测、通信、自动控制、机电一体化及电力电子设备中，是最重要的控制元件之一。其适用于远距离接通和分断交、直流小容量控制电路，并在电力驱动系统中起控制、保护及信号转换等作用。继电器如图 6-2-18 所示。

(a) 温度继电器　　　　(b) 速度继电器　　　　(c) 压力继电器　　　　(d) 时间继电器

图 6-2-18　继电器

（4）接触器

接触器（contactor）是用于远距离、频繁接通和分断交、直流主电路和大容量控制电路的电器，其主要控制对象是电动机，也可以控制其他电力负载，如电热设备、电力照明、电焊机、电容器组等。接触器如图 6-2-19 所示。

(a) 交流接触器

(b) 直流接触器

图 6-2-19　接触器

6.2.5　电机与电器新技术及其应用

1. 电机的应用领域

进入 21 世纪，电机的应用领域越来越广泛，涉及电力工业、工农业生产、交通运输、国防科技和人们生活的方方面面。

（1）工农业生产

在工农业生产中，绝大部分机械设备都以各类电动机作为动力。

① 机械加工

在机械制造加工领域，从传统的车床、铣床、刨床、磨床、冲压机，到数控机床和自动控制生产线，都采用电动机作为动力，驱动执行机构，完成对工件的加工。例如重型龙门刨铣磨床装配有工作台电动机（22 kW）、铣头电动机（5.5 kW）、立式铣磨头两用电动机（3 kW）、横梁升降电动机（3 kW）、横梁走刀箱电动机（1.5 kW）、侧刀架走刀箱电动机（1.5 kW×2）、自动锁紧电动机（0.75 kW）、润滑系统电动机（0.155 kW）。重型龙门刨铣磨床如图 6-2-20 所示。

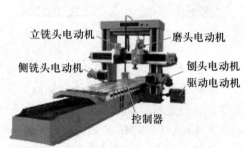

图 6-2-20　重型龙门刨铣磨床

② 冶金工业

在钢铁厂，万能轧机主要用来轧制各类型钢，如 H 型钢、钢轨、工字钢、槽钢、钢板桩、U 型钢、L 型钢、不等边角钢等各种类型的型钢，主电机包括粗轧电动机（4 000 kW，转速 65/190 r/min，额定转矩 1 616 kN·m）、轧边电动机（1 500 kW，转速 100/275 r/min，额定转矩 394 kN·m）和精轧电动机（4 000 kW，转速 65/1 902 r/min，额定转矩 1 616 kN·m）。另外，传送钢锭的辊道需要大量的轧辊电动机，特大型 CMA 万能轧机如图 6-2-21 所示。

③ 工业机器人

工业机器人指工业领域多关节机械手或多自由度的机器装置，靠自身动力和控制能力来实现各种动作和功能。工业机器人接受人类指令，或者按照预先编制的软件程序运行，现代工业机器人还可以根据人工智能技术制定控制策略行动。例如，六轴工业机器人一般有 6 个自由度，即六轴（旋转 S 轴、下臂 L 轴、上臂 U 轴、手腕旋转 R 轴、手腕摆动 B 轴、手腕回转 T 轴），分别由六个伺服电动机驱动，完成机械臂旋转、上下摆动、手腕旋转、摆动和抓举功能，应用于装载、表面加工、测试、焊接、包装、装配、机械加工等领域。六轴工业机器人通常采用伺服电动机进行驱动和控制。六轴工业机器人如图 6-2-22 所示。

图 6-2-21 特大型 CMA 万能轧机

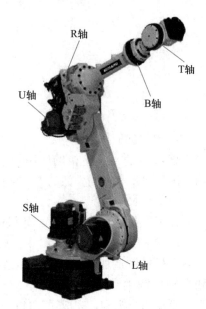

图 6-2-22 六轴工业机器人（机械臂）

④ 采矿机械

现代采矿业中采煤、掘进、运输、提升、排水、通风这"六大"生产系统所涉及的采煤机、掘进机、刮板运输机 / 胶带运输机、提升机、排水泵、通风机等大型设备均由电动机拖动。例如 MG900/2210-GWD 电牵引采煤机装配有两台 900 kW 截割电机、两台 110 kW 牵引电机、一台 150 kW 破碎电机和一台 40 kW 泵电机，完成落煤、破碎和装载工作。由于煤矿井下有瓦斯和煤尘爆炸的危险，通常采用隔爆型电动机。MG900/2210-GWD 交流变频电牵引采煤机如图 6-2-23 所示。

⑤ 化学工业

在化工厂，水泵、风机、盘车、大型管道阀门等设备都需要电动机驱动。其中阀门是流体输送系统中的控制部件，具有截断、调节、导流、防止逆流、稳压、分流或溢流泄压的功能。电动阀门开关动作的速度可以调整，结构简单，易维护，可用于控制空气、水、蒸气、各种腐蚀性介质、泥浆、油品、液态金属和放射性介质等各种类型流体的流动。电动球阀、电动蝶阀的执行机构一般采用鼠笼型异步电机，电动固定式球阀及电动执行机构如图 6-2-24 所示。

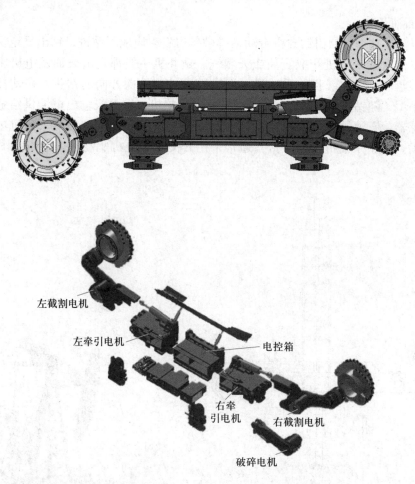

左截割电机

左牵引电机

电控箱

右牵引电机

右截割电机

破碎电机

图 6-2-23　MG900/2210-GWD 交流变频电牵引采煤机

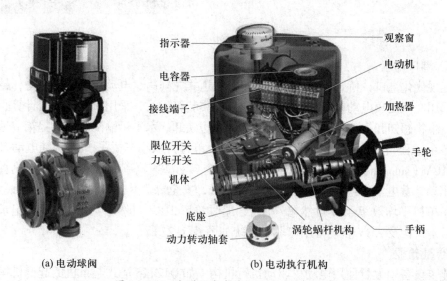

指示器

电容器

接线端子

限位开关
力矩开关

机体

底座

动力转动轴套

观察窗

电动机

加热器

手轮

手柄

涡轮蜗杆机构

(a) 电动球阀

(b) 电动执行机构

图 6-2-24　电动固定式球阀及电动执行机构

⑥ 石油开采

在石油钻井中，油田钻井机带动钻具破碎岩石，向地下钻进，钻出规定深度的井眼，供采油机或采气机获取石油或天然气。钻井机一般都是由柴油发电机驱动电动绞车、转盘和钻井泵。目前采油机一般带有可控制钻探方向的钻头，在钻杆的前端安装有小型"随钻发电机"。钻头泥浆泵驱动涡轮机，发电机输出电能供给随钻电动机和传感器。石油钻井机如图6-2-25所示。另外，井田大量使用的采油机也是由电动机驱动。由于采油机换向频繁，通常采用开关磁阻电机驱动，采油机如图6-2-26所示。

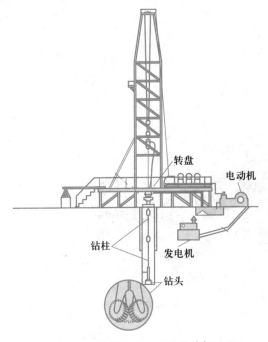

图 6-2-25 石油钻井机

图 6-2-26 采油机

⑦ 港口物流

在现代化港口，桥式起重机、卸船机、轨道式龙门吊、电动车等机械设备，越来越多地采用交流变频电动机驱动。青岛港全自动集装箱码头，采用大数据、云计算、模糊控制、生物感知和人工智能等先进技术，从岸边装卸、水平运输到堆码、提箱、远程监控，整个过程实现全自动智能控制。共有7台单起升双小车桥吊、38台纯电动自动导引车AGV（automated guided vehicle）和38台全自动高速轨道吊。AGV采用无刷直流电动机驱动，蓄电池供电，按照智能规划的路线，安全躲避其他车辆，实现效率最大化。创造了单机平均效率42.9自然箱/小时，船时效率218.1自然箱/小时的世界纪录。轨道吊行走机构及AGV自动导引车驱动系统如图6-2-27所示。

⑧ 建筑业

建筑设备中大量使用电动机驱动执行机构。如QTZ125塔式起重机的起升机构，采用双速绕线电动机，通过串电阻逐级切电阻调速，满足不同工况需要。回转机构采用绕

(a) 轨道吊行走机构

(b) AGV自动导引车

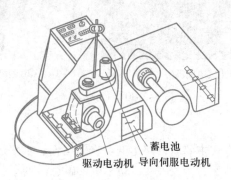

(c) AGV自动导引车驱动系统

图 6-2-27　轨道吊行走机构及 AGV 自动导引车驱动系统

线电动机，使起动、停止平衡。变幅机构采用三速带制动器的电动机，使用寿命长。塔式起重机如图 6-2-28 所示。另外，在高层建筑中，电梯、扶梯也是由电动机曳引，如图 6-2-29 所示。

图 6-2-28　塔式起重机

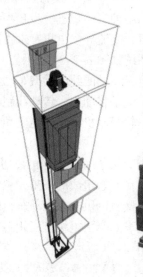

图 6-2-29　电梯用永磁曳引电动机

⑨ 农牧渔业

随着现代化水平的提高，在农牧渔业生产中，电动机的用途越来越广泛，如大型农业机械、设施农业的电动卷膜器、冷风机、暖风机、电动升降车等，牧业生产中的电动挤奶机、电动剪羊毛机，渔业生产中的电动增氧机等，其提高了生产效率，降低了人力成本。电动卷膜机如图 6-2-30 所示。

(a) 电动卷膜机　　　　　　　　　(b) 卷膜电动机

图 6-2-30　电动卷膜机

（2）交通运输

现代化的交通运输方式主要有公路运输、铁路运输、水路运输、航空运输和管道运输。电动汽车（轿车、货车、公交车）、动车组、磁悬浮列车、全电游轮、多电飞机等交通运输工具，都由电动机驱动。

① 电动汽车

电动汽车包括燃料电池汽车 FCV（fuel cell vehicles）、混合动力汽车 HEV（hybrid electric vehicle）和纯电动汽车 EV（electric vehicle）三大类，其中纯电动汽车以电池为动力，以电动机代替汽油/燃油发动机，由电机驱动轮轴，而无需变速箱，与传统汽车相比，结构简单、技术成熟、运行可靠。随着电池容量不断增大、能量管理技术的提高，续航能力不断增加、体积进一步减小，纯电动汽车越来越普及。纯电动汽车的驱动电机包括直流电机、交流异步电机、永磁同步电机和开关磁阻电机四大类。纯电动汽车基本结构及驱动系统如图 6-2-31 所示。

目前，轮毂电机驱动的纯电动汽车已经面世。轮毂电机技术又称为车轮内装电机技术，它的最大特点就是将动力、传动和制动装置都整合到轮毂内，因此将电动车辆的机械部分大大简化。轮毂电机驱动的纯电动轿车及驱动系统如图 6-2-32 所示。

② 动车组

动车组 EMU（electric multiple unit，也称电动车组）是由动车和拖车组成或全部由若干动车固定连挂在一起组成的车组，主要用于高速铁路旅客运输。目前动车组都采用电力驱动，由外部接触网供电。在动车组中具有动力（有牵引电机）的车称为动车，没有动力的车称为拖车。牵引电机有三相感应电动机和永磁同步电动机。动车组牵引形式及牵引电机如图 6-2-33 所示。世界著名的动车组有日本新干线列车、德国 ICE、法国 TGV、欧洲之星、瑞典 X2000、美国 ACELA 和中国 CRH。

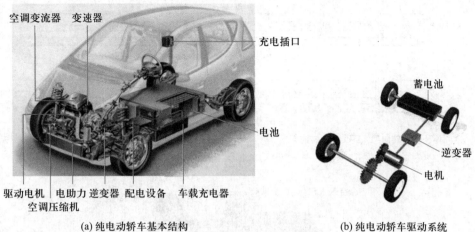

空调变流器　变速器　　　　　　　　　　　充电插口

蓄电池

电池

逆变器

电机

驱动电机　电助力　逆变器　配电设备　车载充电器
空调压缩机

(a) 纯电动轿车基本结构　　　　　　　　　(b) 纯电动轿车驱动系统

图 6-2-31　纯电动汽车及驱动系统

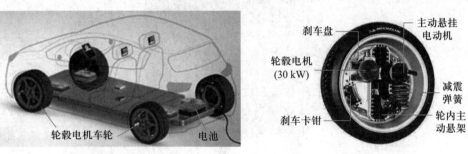

主动悬挂
电动机

刹车盘

轮毂电机
(30 kW)

减震
弹簧

刹车卡钳

轮内主
动悬架

轮毂电机车轮　　　　　电池

(a) 轮毂电机驱动的纯电动轿车　　　　　　(b) 轮毂电机车轮

制动碟

钟型密封圈

集成电力电子元件

轮毂轴承系统

制动卡钳

电容环

单齿铸造定子

外置转子

传统车轮

(c) 轮毂电机结构

图 6-2-32　轮毂电机驱动的纯电动轿车及驱动系统

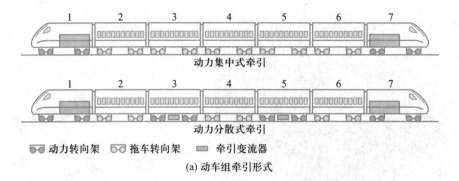

(a) 动车组牵引形式

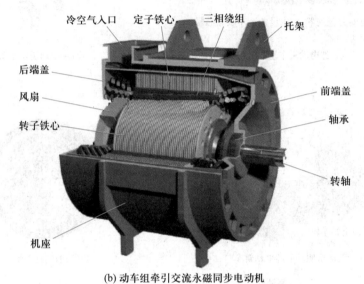

(b) 动车组牵引交流永磁同步电动机

图 6-2-33　动车组牵引形式及牵引电机

③ 磁悬浮列车

磁悬浮列车是一种现代高科技轨道交通工具，它通过电磁力实现列车与轨道之间的无接触的悬浮和导向，再利用直线电机产生的电磁力牵引列车运行。磁悬浮列车主要由悬浮系统、推进系统和导向系统三大部分组成。磁悬浮列车如图 6-2-34 所示。

④ 全电推进舰船

全电推进舰船采用发电机将高速原动机的旋转机械能量转换为电能，通过电力传输线将电能传递到舰船后部的推进电动机，推进电动机与螺旋桨同轴连接，从而将电能转换为螺旋桨旋转的机械能来推进舰船运动。采用电力推进系统的舰船在总体布局上具有很大的灵活性，发电机组的布置更为方便，节省了空间，简化了动力系统的结构，具有良好的调速特性。发电机组安置在弹性基座上，通过电缆与推进电机连接，大大降低舰船的自身噪声。推进电机布置在舰船尾部，大大缩短舰船的轴系。国家海洋局"向阳红 10 号"海洋综合考察船就是一艘全电推进舰船，采用了 TYP1-280L1-12 型永磁同步变频电动机船舶电力推进系统。全电推进舰船电力驱动系统如图 6-2-35 所示。

(a) 磁悬浮列车

(b) 导轨

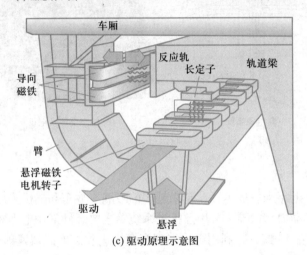

(c) 驱动原理示意图

图 6-2-34　磁悬浮列车

⑤ 多电飞机

多电飞机 MEA（more electric aircraft）是将飞机的发电、配电和用电集成在一个系统内，实行发电、配电和用电系统的统一规划、统一管理和集中控制的飞机。多电飞机的二次能源只有电能，使得整个动力系统设计大为简化，飞机结构更为简单，重量减轻，可靠性提高，飞机上接口简单。在民用飞机上，多电飞机技术得到了广泛的应用，最具代表的为空客 A380 飞机和波音 787 型飞机。在军用飞机上，最具代表的为 F-35 战斗机。

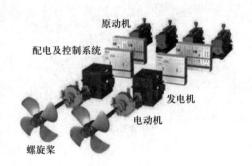

图 6-2-35　全电推进舰船电力驱动系统

空客 A380 飞机是一个典型的多电商用飞机，总发电功率为 915 kW。其中，由发动机驱动 4 台 150 kW 变频交流发电机 VFSG（variable frequency starter generator），发电容量共 600 kW，频率在 360~800 Hz 之间；由辅助动力装置 APU（auxiliary power unit）驱动两台 120 kW 恒速发电机，发电容量共 240 kW。一个空气充压涡轮系统驱动一个 75 kW 发电系统。波音 787 共拥有七台发电机，总发电功率为 1 400 kW。其中 2

台发动机驱动 4 台 225 kW 的变频交流发电机，由辅助动力装置 APU 驱动 2 台 225 kW 的变频交流发电机，1 个空气冲压涡轮系统驱动一台 50 kW 发电机。多电飞机电源系统及航空交流发电机如图 6-2-36 所示。

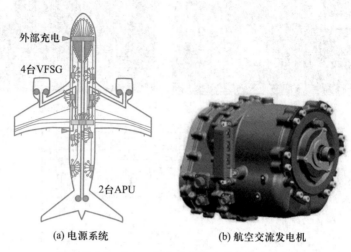

(a) 电源系统　　　　　　　　(b) 航空交流发电机

图 6-2-36　多电飞机电源系统及航空交流发电机

（3）国防科技

我国国防科技近年来发展迅猛，越来越多的战舰、战车和战机采用电力驱动。其中全电战车以电能作动力，武器、装甲及推进系统等主要部件采用电力驱动，涉及电能的产生、传输、变换、分配，并利用电力实现车辆推进和高能武器发射，提高作战效能。全电战车如图 6-2-37 所示。

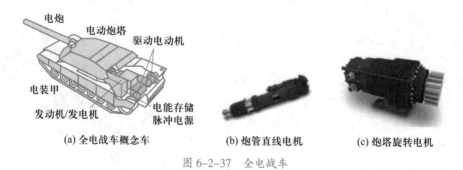

(a) 全电战车概念车　　　　(b) 炮管直线电机　　　　(c) 炮塔旋转电机

图 6-2-37　全电战车

（4）医疗、办公设备与家用电器

在医疗、办公设备和家用电器中，电机也是无处不在。医疗设备中的 X 光机、CT 机、牙科手术工具、呼吸机、电动轮椅、电动护理床等，都离不开电动机作为动力。永磁无刷电动机驱动的左心室轴流式血泵如图 6-2-38 所示。

在办公设备中，计算机的 CD-ROM、磁盘驱动器主轴都采用永磁无刷电动机驱动，打印机、复印件、传真机、碎纸机等办公用品都用到了各种各样的电动机。CD-ROM 驱动器中包括主轴电机、进给电机和托盘电机，CD-ROM 驱动器及永磁无刷电机如图 6-2-39 所示。

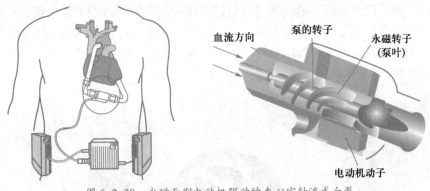

图 6-2-38 永磁无刷电动机驱动的左心室轴流式血泵

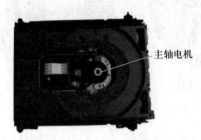

图 6-2-39 CD-ROM 主轴电机

家用电器从彩电、冰箱、洗衣机、空调到豆浆机、破壁料理机等，只要有运动部件，大都以电动机作为动力源。如现代家庭常用的破壁料理机，采用超高速串激电动机（30 000~40 000 r/min），带动不锈钢刀片，在杯体内对食材进行超高速切割和粉碎，从而打破食材中细胞的细胞壁，将细胞中的维生素、矿物质、蛋白质和水分等充分释放出来。破壁料理机及驱动电机和刀具如图 6-2-40 所示。

(a) 破壁料理机　　　　　(b) 驱动电机　　　　　(c) 刀具

图 6-2-40 破壁料理机

（5）其他应用

在人们文化、体育等业余生活中，电机的应用不胜枚举，如大型演出的旋转舞台、电动跑步机、电动平衡车、电动自行车、电动摩托车、过山车、电动玩具等。

两轮电动平衡车采用两个轮子支撑，蓄电池供电，无刷电机驱动，单片机控制，利用车体内部的陀螺仪和加速度传感器，采集角速度和角度信号，检测车体姿态的变化，并利用伺服控制系统，精确驱动电机进行相应的调整，调控车体平衡，仅仅依靠人体重心的改变，便可以实现车辆的启动、加速、减速、停止等动作。电动平衡车是现代人用来作为代步工具、休闲娱乐的一种新型的绿色环保的产品。电动平衡车及驱动电机如图 6-2-41 所示。

(a) 两轮电动平衡车　　　　　(b) 轮毂电动机　　　　　(c) 无刷直流电机

图 6-2-41　电动平衡车及驱动电机

电动跑步机是健身馆及家庭生活中较高档的运动器材，它通过电机带动跑带，使人以不同的速度被动地跑步或走动。电动跑步机包括驱动电动机和升降电动机。电动跑步机及驱动电动机如图 6-2-42 所示。

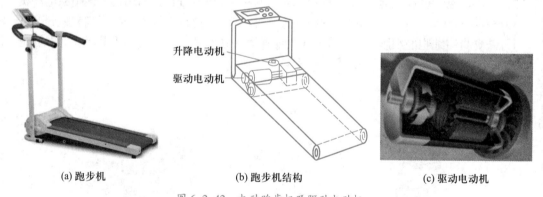

升降电动机
驱动电动机

(a) 跑步机　　　　　(b) 跑步机结构　　　　　(c) 驱动电动机

图 6-2-42　电动跑步机及驱动电动机

2. 新技术及其应用

（1）大型发电机

① 核能发电机

核能发电与火力发电相似，只是以核反应堆及蒸汽发生装置来替代火力发电的锅炉，采用的也是汽轮发电机。目前，我国已制造出世界单机容量最大的 1 750 MW 核能发电机（台山核电站 1 号），其是世界上技术难度最高、结构最复杂、体积最大、重量最重的核能发电机，在计算方法、结构布置、结构材料、绝缘技术等方面进行了多项设计创新，采用自主开发的电磁计算程序、新型通风冷却技术、DeaMica 绝缘系统以及静态励磁系统、可靠性高的整体式定子结构、低焊接敏感性高强度合金钢等，并全面采用三维设计平台进行结构设计，有效提高产品设计精度，发电机性能参数达到世界先进水平，其效率达到 99%。

② 脉冲发电机

脉冲发电机是产生短时高电压、大电流或大功率脉冲的发电机，包括冲击电压发生器、冲击电流发生器和高功率脉冲发生器。采用高电压、大电流、高功率的短脉冲技术。2019 年 1 月 17 日，我国首台 30 万 kV·A 立式六相大电流脉冲发电机组系统通过验收，总体参数达到国际先进水平，完全满足我国先进聚变研究装置——中国环流器二号 M（HL–2M）大功率、高储能供电需求。作为六相大电流脉冲发电机组，10 s 内的放电功率，相当于装机容量 300 MW 的秦山一期核电站。总重约 800 t、总高约 15.5 m，工作时，该机组发电机由电动机拖动 15 分钟后，转速可由 0 至每分钟 498 转，随后通过转子加励磁在 15 s 内将转速下降至每分钟 335 转，同时释放 1 350 MJ 能量。发电机释放能量后，转速会再次提速到每分钟 498 转，并在保持 5 分钟后再次下降转速放电，完成一个工作循环。该机组的额定转速每分钟 500 转，总储能达到 2 600 MJ，额定电压 3 kV、额定电流 29 kA，是目前我国容量最大的立式六相大电流脉冲发电机组。释能能力和电功率输出均相当于 3 台中国环流器二号（HL–2A）脉冲发电机组的总和。

（2）永磁同步电机

永磁同步电动机 PMSM（permanent magnet synchronous motor）具有高效、高控制精度、高转矩密度、良好的转矩平稳性及低振动噪声的特点，近年来出现多种新型磁极拓扑结构的永磁电机。如永磁同步电机、轴向磁通盘式永磁电机、横向磁通永磁电机、爪极永磁电机、可变磁通永磁电机等新型结构永磁电机。其中径向与切向磁极结构永磁电机已在各领域获得了广泛应用，在直驱式风力发电系统及大功率极低直接驱动系统中的应用尤为显著。额定功率 5 MW、额定转速 18 r/min 的风力发电机就采用了永磁同步发电机。

（3）多自由度电机

多自由度电机包括平面电机、球形电机、直线旋转电机、无轴承永磁电机等。平面电机可以实现直接驱动，是现代精密、超精密加工装备迫切需要的一种电机。球形电机结构可在空间任意点处进行定位和工作，在仿人机器人的运动控制、智能仪表中的三维空间测量和工业控制系统中多维空间等高精度场合有着重要的作用。直线旋转电机是一种具有直线和旋转两个自由度运动的新型机构，可用于航天、电动汽车、数控机床、柔性制造等领域。无轴承电机将电机与轴承功能融为一体，利用定、转子之间的电磁耦合作用同时产生电磁转矩和支撑转子的磁悬浮力，具有无摩擦、无磨损、无需润滑和密封等优点，特别适合于高转速、免维护、无污染及有害气体或液体的应用场合。无轴承电机需要 5 个自由度的实时控制，技术比较复杂。

（4）高速电机

高速电机一般是指转速超过 10 000 r/min 的电机，目前实现高速化的主要有感应电机、内转子永磁电机、开关磁阻电机以及少数外转子永磁电机和爪极电机等。高速电机的特点是体积小、功率密度大，可与高速负载直接相连，省去了传统的机械增速装置，降低了系统噪音，提高了系统的传动效率。高速电机可应用于高速磨床、燃料电池、储能飞轮等设备和装置中。

① 超高速永磁同步电动机

超高速永磁同步电动机采用磁悬浮轴承，无磨损、无需润滑，可实现高速运转，可监控转子状态，控制轴承状态，转速 60 000 r/min 的超高速永磁同步电动机正在研制中。

② 高速感应电机

高速感应电机结构简单，运行可靠，在直接驱动高速风机、泵类负载机械中得到广泛应用。目前，国内外高速感应电机中，功率最大的为 15 MW，其转速为 20 000 r/min，采用实心转子结构。高速感应电机最大转速可达 300 000 r/min，功率 200 W，用于 PCB 钻床主轴。还有功率为 10 kW、180 000 r/min 转速的高速感应电机用作测试电机。

③ 高速开关磁阻电机

开关磁阻电机以结构简单、坚固耐用、成本低廉以及耐高温等优点而备受瞩目。高速开关磁阻电机目前可达的最大功率为 250 kW、转速 22 000 r/min，最高转速为 200 000 r/min、功率 1 kW。

（5）特种电机

特种电机是相对于传统电机，在结构、性能、原理及用途与常规电机不同，且体积和输出功率较小的电机。包括永磁无刷直流电机（permanent brushless motor）、步进电机（step motor）、直线电机（linear motor）、平面电机（planar Motor）、超导电机（superconducting electric machine）、超声波电机（ultrasonic Motor）等。特种电机如图 6-2-43 所示。

(a) 永磁无刷直流电动机

(b) 步进电机

(c) 直线电机

(d) 平面电机

(e) 高温超导电机

(f) 微型超声波电机

图 6-2-43　特种电机

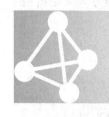

6.3 电力系统及电力网

6.3.1 电力系统及电气参数

电能是一种被广泛应用的、清洁的二次能源，其特点是便于转换、控制和长距离传输。电能的生产和消费过程是同时进行的，既不能中断，又不能大量储存，需要统一调度和分配。

1. 电力系统

电力系统是由发电、变电/变流、输电、配电、用电等设备和相应的辅助系统，按规定的技术和经济要求组成的一个统一系统。电力系统的功能是将自然界的一次能源通过发电动力装置转化成电能，再经输电、变电和配电将电能供应到各个用户。电力系统的基本任务就是安全、可靠、优质、经济地生产、输送与分配电能，满足国民经济和人民生活的需要。电力系统示意图如图 6-3-1 所示。

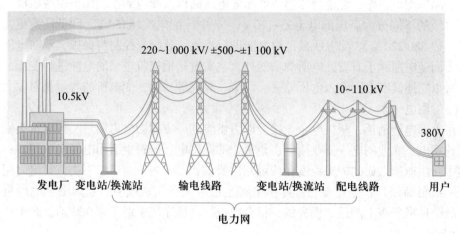

图 6-3-1 电力系统示意图

（1）发电

发电就是将煤炭、石油、天然气、核燃料、水能、海洋能、风能、太阳能、生物质能等一次能源经发电设施转换成电能。

（2）输电

发电厂与电力负荷中心通常都位于不同地区，通过输电线路将电能从发电厂输送到负荷中心（用户），或者在不同电力网之间传输电能，包括交流输电和直流输电。

交流电 AC（alternating current）的大小和方向随时间作周期性变化，在一个周期内的运行平均值为零。直流电 DC（direct current）的大小（电压高低）和方向（正负极）都不随时间而变化。交流电和直流电波形如图 6-3-2 所示。

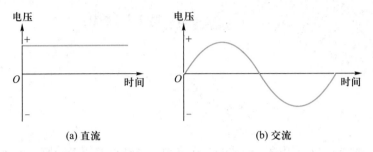

(a) 直流   (b) 交流

图 6-3-2　交流电和直流电波形

（3）变电 / 换流

变电是指在交流系统中，通过变压器进行电能传递，包括将电压由低等级转变为高等级（升压）或由高等级转变为低等级（降压）的过程。

换流是指在直流系统中，通过换流器进行电能的传递，包括整流器和逆变器。整流器将交流电转换为直流电，逆变器是将直流电转换为交流电。

（4）配电

配电是在电力系统中直接与用户相连并向用户分配电能的环节。配电系统由配电变电所、高压配电线路、配电变压器、低压配电线路以及相应的控制保护设备组成。根据电压等级的不同分为高压配电（35~110 kV）、中压配电（1~35 kV）和低压配电（1 kV以下，如 380/220 V）。配电所只是对电能进行接收、分配、控制与保护，不对电能进行变压。而变电所除了有着配电所的功能外，它关键是把接收进来的电能进行变压分配出去，所以它还具有电网输入电压监视、调节、分配等功能，变电所的容量相对较大。

（5）用电

用电即电能消耗，从供电企业接受电力供应的一方即为电力用户。按电价类别可分为工业用电、农业用电、商业用电、企事业部队用电、居民生活用电等电力用户；根据突然中断供电所造成的损失程度和按可靠性要求，可分为一、二、三类负荷电力用户。

一级负荷用户：是指突然中断供电将会造成人身伤亡或会引起周围环境严重污染的，将会造成经济上的巨大损失的，将会造成社会秩序严重混乱或在政治上产生严重影响的用户。

二级负荷用户：是指突然中断供电会造成经济上较大损失的，将会造成社会秩序混乱或政治上产生较大影响的用户。

三级负荷用户：是指不属于上述一类和二类负荷的其他用户。

电力用户的这种分类方法，其主要目的是确定供电工程设计和建设标准，保证使建成投入运行的供电工程的供电可靠性能满足生产安全、社会安定的需要。

2. 电力系统电气参数

电力系统主要电气参数包括电压、电流、阻抗、功率、频率，其定义及单位见表 6-3-1。

表 6-3-1 电力系统主要电气参数

参数名		定义	单位
电压	额定电压	电气设备长时间正常工作时的最佳电压	伏（V）、千伏（kV）
	瞬时电压	交流正弦波电路上电压的瞬时值	
电流	额定电流	用电设备在额定电压下，按照额定功率运行时的电流	安培（A）、千安（kA）
	瞬时电流	交流正弦波电路上电流的瞬时值	
阻抗	电阻	电阻是描述导体导电性能的物理量，在物理学中表示导体对电流阻碍作用的大小。电阻由导体两端的电压 U 与通过导体的电流 I 的比值来定义	欧姆（Ω）、千欧（kΩ）
	感抗	交流电路中，电感线圈在交变电磁场中，阻碍电流变化的作用	欧姆（Ω）、千欧（kΩ）
	容抗	电容对交流电的阻碍作用，交流电频率越高，电容的阻碍作用越小	欧姆（Ω）、千欧（kΩ）
功率	额定功率	电器正常工作时的功率，它的值为用电器的额定电压乘以额定电流	瓦特（W）、千瓦（kW）
	瞬时功率	电压瞬时值与电流瞬时值的乘积	
	有功功率	电力系统中用电设备正常运行所需的电功率，也就是将电能转换为机械能、化学能、光能、热能等其他形式量的电功率，称为有功功率	
	无功功率	电能在电源和感性用电负荷之间交替往返的电功率（建立交变磁场和感应装置的磁通），只实现能量交换而不做功的电功率，称为无功功率	乏（var）、千乏（kvar）
	视在功率	电力系统中电压有效值和电流有效值的乘积	伏·安（V·A）、千伏·安（kV·A）
频率	工频	电力系统的发电、输电、变电与配电设备以及工业与民用电气设备采用的额定频率，我国规定的电力系统的额定频率是 50 Hz	赫兹（Hz）、千赫兹（kHz）

一个具体的电力系统可以用以下基本参量进行描述，见表 6-3-2。

表 6-3-2　电力系统基本参量

参数名	定义	单位
总装机容量	电力系统中所有发电机组额定有功功率的总和	千瓦（kW）、兆瓦（MW）
年发电量	电路系统中所有发电机组全年实际发出的电能的总和	千瓦·时（kW·h）、兆瓦·时（MW·h）
电力负荷	电力系统中各类用电设备消费电功率的总和	千瓦（kW）、兆瓦（MW）
年用电量	电力系统中所有用户全年用电能的总和	千瓦（kW）、兆瓦（MW）
最高电压等级	电力系统中最高电压等级的电力线路的额定电压	千伏（kV）

3. 电力网的构成

电力系统中不同等级的电力线路、变压器和相应的配电装置构成的整体，称为电力网，简称电网。电力网的任务是输送和分配电能，并进行电压变换。

电力网一般可划分为输电网和配电网。输电网是将发电厂与变电所连接起来的送电网络，承担输送电能的任务。根据输电电压的不同可分为高压输电网、超高压输电网和特高压输电网。配电网是指从输电网或地区发电厂接受电能，通过配电设施就地分配或按电压逐级分配给各类用户的电力网。根据 Q/GDW 156-2006《城市电力网规划设计导则》的规定，电网电压等级见表 6-3-3。

表 6-3-3　电网电压等级

项目	交流	直流
特高压 UHV（ultra high voltage）	1 000 kV 及以上	± 800 kV、± 1 100 kV、± 1 300 kV
超高压 EHV（extra high voltage）	330 kV、500 kV、750 kV	± 660 kV，± 750 kV
高压 HV（high voltage）	35 kV、66 kV、110 kV、220 kV	± 50 kV、± 100 kV、± 500 kV
中压 MV（medium voltage）	6 kV、10 kV	
低压 LV（lowvoltage）	380 V/220 V	

特高压是指特大、特远、特低和特少。"特大"是指输送能力。在 1 000 kV 特高压情况下，输送容量是交流 500 kV 的 4~5 倍，在输送相同功率的情况下，经济输电距离是 500 kV 的 2~3 倍。"特远"是指输送距离。直流 ± 800 kV 特高压，最远经济送电距离达到 2 500 km 以上。"特低"就是在线路上电阻损耗特低。相同的输送距离，用

1 000 kV 特高压交流输电，线路上的损耗是 500 kV 的 25%~30%，用 ±800 kV 特高压线路输电，损耗约是 ±500 kV 的 50%。"特少"就是占用输电走廊少。在交流输电情况下，单位走廊供电能力是 500 kV 的 3 倍，直流情况下单位走廊供电能力约是 ±500 kV 的 1.8 倍。因此特高压输电为大容量、远距离、跨区输电的实施，为实现资源地区和消纳地区之间的，以及消纳地区与消纳地区之间的电能调配提供了灵活有效的方法。

6.3.2 交 / 直流输电

电能的传输是电力系统整体功能的重要组成环节。发电厂与电力负荷中心通常都位于不同地区。在水力、煤炭等一次能源资源条件适宜的地点建立发电厂，通过输电可以将电能输送到远离发电厂的负荷中心。按照输送电流的性质，输电分为交流输电和直流输电。

1. 交流输电

交流输电（AC power transmission）是指以交流形式输送电能的方式。目前，广泛应用三相交流输电，频率为 50 Hz（或 60 Hz）。三相交流输电系统示意图如图 6-3-3 所示。

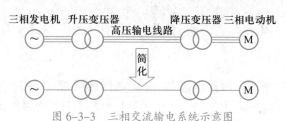

图 6-3-3 三相交流输电系统示意图

2. 直流输电

直流输电是将发电厂发出的交流电，经整流器变换成直流电输送至受电端，再用逆变器将直流电变换成交流电送到受端交流电网的一种输电方式。主要应用于远距离大功率输电和非同步交流系统的联网，具有线路投资少、不存在系统稳定问题、调节快速、运行可靠等优点。直流输电系统示意图如图 6-3-4 所示。

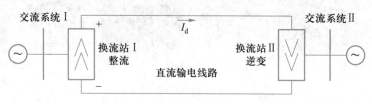

图 6-3-4 直流输电系统示意图

6.3.3 电力线路

电力线路是指在发电厂、变电站和电力用户之间，用来传送电能的线路。电力线路主要有架空线路和电缆线路。

1. 架空线路

架空线路主要指架空明线，架设在地面之上，用绝缘子将输电导线固定在直立于地面的杆塔上以传输电能的输电线路。架设及维修比较方便，成本较低，但容易受到气象和环境（如大风、雷击、污秽、冰雪等）的影响而引起故障，同时整个输电走廊占用土地面积较多，易对周边环境造成电磁干扰。架空线路的主要部件包括导线和避雷线（架空地线）、杆塔、绝缘子、金具、杆塔基础、拉线和接地装置等。架空线路如图6-3-5所示。

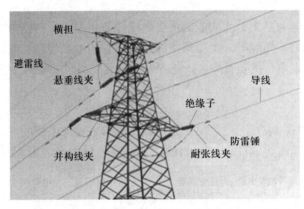

图 6-3-5 架空线路

导线是用来传导电流、输送电能的元件。架空裸导线一般每相一根，220 kV及以上线路由于输送容量大，同时为了减少电晕损失和电晕干扰而采用相分裂导线，即每相采用两根及以上的导线。采用分裂导线能输送较大的电能，而且电能损耗少，有较好的防震性能。避雷线一般采用钢芯铝绞线，直接架设在杆塔顶部，并通过杆塔或接地引线与接地装置连接。分裂导线主要应用于220 kV及以上电压的线路上。一般是220 kV为2分裂，500 kV为4分裂，750 kV为6分裂，1 000 kV为8分裂。分裂导线如图6-3-6所示。

(a) 4分裂　　　　　　　　　(b) 6分裂　　　　　　　　　(c) 8分裂

图 6-3-6 分裂导线

避雷线的作用是减少雷击导线的机会，提高耐雷水平，减少雷击跳闸次数，保证线路安全送电。杆塔是电杆和铁塔的总称。杆塔的用途是支持导线和避雷线，使导线之间、导线与避雷线、导线与地面及交叉跨越物之间保持一定的安全距离。

按其回路数分单回路杆塔、双回路杆塔和多回路杆塔。只有一个回路的线路的杆塔叫单回路杆塔。同一杆塔上安装有两个回路（两个回路的电压、频率不一定相同）的线路的杆塔叫双回路杆塔。同一杆塔上安装有两个以上回路（各回路的电压、频率不一定相同）的线路的杆塔叫多回路杆塔。按输送电流分为交流杆塔和直流杆塔。交流杆塔用于交流输电线路，直流杆塔用于直流输电线路。按其电压等级分为 10 kV、35 kV、66 kV、110 kV、220 kV、330 kV、500 kV、750 kV、1 000 kV、±500 kV、±660 kV、±800 kV、±1 100 kV 等杆塔。

绝缘子是一种隔电产品，一般是用电工陶瓷制成的，又叫瓷瓶。另外还有钢化玻璃制作的玻璃绝缘子和用硅橡胶制作的合成绝缘子。绝缘子的用途是使导线之间以及导线与大地之间绝缘，保证线路具有可靠的电气绝缘强度，并用来固定导线，承受导线的垂直荷重和水平荷重。从绝缘子的个数可以判断线路的电压等级。一般 750 kV，32 个；500 kV，23~25 个；330 kV，17 个；220 kV，13 个；110 kV，7 个；66 kV，5 个；35 kV，3 个。绝缘子如图 6-3-7 所示。

(a) 陶瓷绝缘子　　　　　(b) 有机材料绝缘子　　　　　(c) 玻璃绝缘子

图 6-3-7　绝缘子

2. 电缆线路

电缆线路是用于传输和分配电能的线路，常用于城市地下电网、发电站引出线路、工矿企业内部供电及过江海水下输电线。供电可靠性高、电击可能性小、分布电容较大、维护工作量小。与架空线路相比投资费用大、引出分支线路比较困难、故障测寻比较困难、电缆头制作工艺要求高，电缆线路如图 6-3-8 所示。

(a) 城市地下电缆管廊　　　　　　　(b) 煤矿井下巷道电缆

图 6-3-8　电缆线路

电力电缆由线芯（导体）、绝缘层、屏蔽层和保护层四部分组成。线芯是电力电缆的导电部分，用来输送电能，是电力电缆的主要部分。绝缘层是将线芯与大地以及不同相的线芯间在电气上彼此隔离，保证电能输送，是电力电缆结构中不可缺少的组成部分。15 kV 及以上的电力电缆一般都有导体屏蔽层和绝缘屏蔽层。保护层的作用是保护电力电缆免受外界杂质和水分的侵入，以及防止外力直接损坏电力电缆，电力电缆如图6-3-9所示。

(a) 油浸纸电力电缆　　　　　(b) 塑料绝缘电力电缆　　　　　(c) 橡皮绝缘电力电缆

图 6-3-9　电力电缆

6.3.4　配电系统

电力系统中从降压配电变电站（高压配电变电站）出口到用户端的这一段系统称为配电系统。配电系统由配电变电所、配电变压器、配电线路以及相应的控制保护设备组成。配电系统可划分为高压配电系统、中压配电系统和低压配电系统。配电变电所是电力网中的线路连接点，是进行电压变换、交换功率和汇集、分配电能的设施，主要由配电变压器、配电装置及测量、控制系统等设备构成，是电网的重要组成部分和电能传输的重要环节，对保证电网安全、经济运行具有举足轻重的作用。作为各类工厂和民用建筑电能供应的中心，配电变电所担负着从电力系统受电，经过变压，然后配电的任务。配电变电所有总降压变电所、车间变电所、露天变电所、独立变电所、杆上变电所、楼上变电所和箱式变电所，变电所如图6-3-10所示。

(a) 杆上变电所　　　　　　(b) 箱式变电站　　　　　　(c) 露天变电所

图 6-3-10　变电所

6.3.5　电力新技术及其应用

根据《电力发展"十三五"规划》，预计2020年全社会用电量6.8万亿~7.2万亿kW·h，年均增长3.6%到4.8%，全国发电装机容量20亿kW，年均增长5.5%，人均装机突破1.4 kW，人均用电量5 000 kW·h左右，接近中等发达国家水平，电能占终端能源消费比重达到27%。智能电网及技术已经成为全球电网发展和进步的大趋势，欧美等发达国家已经将其上升为国家战略。我国在智能电网关键技术、装备和示范应用方面具有良好的发展基础和国际竞争力。

1. 新能源发电技术及应用

新能源发电技术包括高炉顶压发电、垃圾发电、污泥发电、高温岩体发电、波浪发电、海洋温差发电、生物质能发电、磁流体发电和燃料电池等。

（1）高炉顶压发电

在炼铁时，焦炭、铁矿石投入高炉，用鼓风机吹进大量热风，热风中的氧气一旦接触焦炭中的碳，就会立即燃烧，产生大量煤气。大部分煤气和铁矿石发生化学反应，分离出铁。同时还会有大量带有一定压力的煤气从减压阀白白放掉。利用这部分余压来发电，称为高炉顶压发电，又叫余压发电。发电原理：高炉炉顶煤气具有的压力能及热能，使煤气通过高炉煤气透平机做功，将其转化为机械能，驱动发电机发电，再将机械能转化为电能。能量转换过程：压力能和热能→机械能→电能。高炉顶压发电如图6-3-11所示。

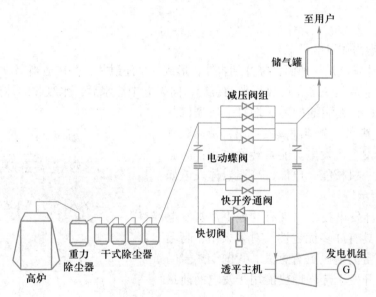

图 6-3-11　高炉顶压发电

（2）垃圾发电

垃圾发电是指通过特殊的焚烧锅炉燃烧城市固体垃圾（干垃圾），再通过蒸汽轮机发电机组发电的一种发电形式。垃圾发电分为垃圾焚烧发电和垃圾填埋气发电两大类。垃圾焚烧发电是对燃烧值较高的固体垃圾进行高温焚烧，在高温焚烧中产生的热能转化为高温蒸汽，推动蒸汽涡轮机转动，驱动发电机产生电能。垃圾填埋气发电是对不能燃烧的有机物进行发酵、厌氧处理，最后干燥脱硫，产生甲烷气体（沼气），再经燃烧，把热能转化为蒸汽，推动蒸汽涡轮机转动，驱动发电机产生电能。能量转换过程：垃圾中的化学能→热能→机械能→电能。垃圾焚烧发电如图6-3-12所示。

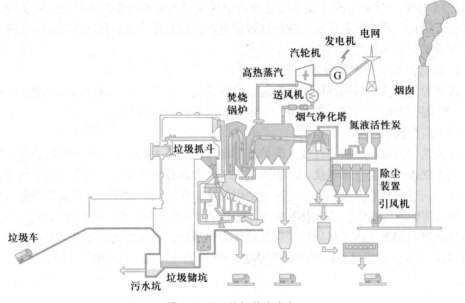

图 6-3-12　垃圾焚烧发电

（3）高温岩体发电

高温岩体发电是从地面钻竖井到岩体，形成一个注射井，并在适当部位加压，使加压点周围产生宽几毫米、长数百米的裂缝，向裂缝中注水后，水吸收岩体热量升温到200℃~300℃，在裂缝的另一端打一口喷汽井（生产井），热水便会伴随蒸汽喷出，带动蒸汽轮机，驱动发电机发电。能量转换过程：高温岩体的热能→机械能→电能，高温岩体发电如图 6-3-13 所示。

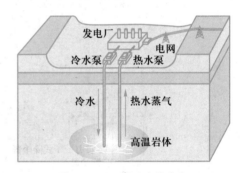

图 6-3-13　高温岩体发电

高温岩体发电技术与现有的地下热水发电技术相比，具有许多优越性，对多火山、高温岩体资源丰富的地区更有意义。我国干热岩的能量巨大，开发干热岩地热能用于发电的前景十分广阔。

（4）波浪发电

波浪发电是以波浪的能量为动力生产电能的发电方式。按能量中间转换环节主要分为机械式、气动式和液压式三大类。机械式波浪发电通过机械传动机构，实现波浪能从往复运动到单向旋转运动的传递来驱动发电机发电。气动式波浪发电方式通过气室、气袋等泵气装置，将波浪能转换成空气能，再由汽轮机驱动发电机发电。液压式波浪发电方式通过泵液装置，将波浪能转换为液体（油或海水）的压能或位能，再由油压马达或水轮机驱动发电机发电。波浪发电能量转换过程：波浪的动能→机械能→电能。

（5）燃料电池

燃料电池是一种把燃料所具有的化学能直接转换成电能的化学装置，它是继水力、火力和原子能发电之后的第四种发电技术。燃料电池的主要构成组件包括电极、电解质隔膜和集电器，能量转换过程：燃料的化学能→电能。燃料电池一般以氢气、碳、甲醇、硼氢化物、煤气或天然气为燃料，燃料气和氧化气分别由燃料电池的阳极和阴极通入，燃料气在阳极上放出电子，电子经外电路传导到阴极并与氧化气结合生成离子，离子在电场作用下，通过电解质迁移到阳极上，与燃料气反应，构成回路，产生电流。同时，由于本身的电化学反应以及电池的内阻，燃料电池还会产生一定的热量。电池的阴、阳两极除传导电子外，也作为氧化还原反应的催化剂。当燃料为碳氢化合物时，阳极要求有更高的催化活性。阴、阳两极通常为多孔结构，以便于反应气体的通入和产物排出。电解质起传递离子和分离燃料气、氧化气的作用。为阻挡两种气体混合导致电池内短路，电解质通常为致密结构。与普通电池的主要区别在于普通电池的活性物质是预先储存在电池内部的，因而电池容量取决于储存的活性物质的量，而燃料电池的活性物质（燃料和氧化剂）是在反应的同时源源不断地输入的，因此，这类电池实际上是一个能量转换装置。燃料电池具有转换效率高、容量大、比能量高、功率范围广、不用充电等优点，但由于成本高，系统比较复杂，仅限于一些特殊用途，如飞船、潜艇、军事、电视中转站、灯塔、浮标、电动汽车等。从节约能源和保护生态环境的角度来看，燃料电池是最有发展前途的发电技术。燃料电池发电如图 6-3-14 所示。

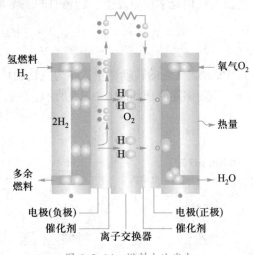

图 6-3-14　燃料电池发电

2. 电能储存新技术及应用

自人类应用电力一百多年来，电力极大地影响和改变了我们的生活。但是，如何方便经济地储存电能，仍然是困扰人们的难题，目前人们还无法实现大规模的电能储存，因此，电力的生产和消费几乎是同时发生的。为此，人们一直对电能的储存进行着不断的探索和研究。

电能储存技术主要分为物理储能（抽水蓄能、压缩空气储能、飞轮储能、电解质储能、超导电磁储能）、化学储能（铅酸电池、钠离子电池、锂离子电池）、储热储冷和储氢四大类。封闭的储氢和燃料电池联用可以看成是一个储电装置，而连续供氢和燃料电池联用就是一个发电装置。

（1）飞轮储能及应用

飞轮储能是指利用电动机带动飞轮高速旋转进行储能，在需要的时候再用飞轮带动发电机发电的储能方式。飞轮储能系统是一种机电能量转换的储能装置，通过电动/发电互逆式双向电机，实现电能与高速运转飞轮的机械动能之间的相互转换和储存，并通过调频、整流、恒压与不同类型的负载接口。飞轮本体是飞轮储能系统中的核心部件，其作用是力求提高转子的极限角速度，减轻转子重量，最大限度地增加飞轮储能系统的储能量，目前多采用碳素纤维材料制作。储能时，电能通过电力转换器变换后驱动电机运行，电机带动飞轮加速转动，飞轮以动能的形式把能量储存起来，完成电能到机械能转换的储存能量过程，能量储存在高速旋转的飞轮体中。之后，电机维持一个恒定的转速，直至接收到一个能量释放的控制信号，释能时，高速旋转的飞轮拖动电机发电，经电力转换器输出适用于负载的电流与电压，完成机械能到电能转换的释放能量的过程。

整个飞轮储能系统实现了电能的输入、储存和输出过程。飞轮储能装置中有一个内置电机，它既是电动机也是发电机。充电时，它作为电动机给飞轮加速。放电时，它又作为发电机给外设供电，此时飞轮的转速不断下降。而当飞轮空闲运转时，整个装置则以最小损耗运行。飞轮是在真空环境下运转的，转速极高（高达 200 000 r/min），使用的轴承为非接触式磁悬浮轴承（几乎没有损耗）。飞轮储能器中没有任何化学活性物质，也没有任何化学反应发生。旋转时的飞轮是纯粹的机械运动，飞轮在转动时的动能为

$$W = \frac{1}{2} J \omega^2$$

式中，J 为飞轮的转动惯量，ω 为飞轮旋转的角速度。

飞轮储能原理如图 6-3-15 所示。

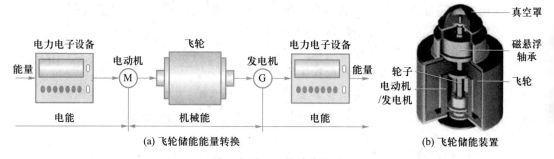

图 6-3-15　飞轮储能原理

飞轮储能系统是一种具有广阔应用前景的机械储能方式，具有储能密度高、适应性强、应用范围广、效率高、长寿命、无污染和维修花费低等优点。目前，飞轮储能系统已被应用于航空航天、磁悬浮飞轮储能 UPS 电源、电动汽车电池、风力发电系统不间断供电（UPS）、核工业、大功率脉冲放电电源等领域。

（2）超导储能

超导储能利用超导磁体的低损耗和快速响应能力，通过超导线圈将电磁能直接储存起来，需要电能时，再通过现代电力电子型变流器与电力系统接口，将电磁能返回电网或其他负载。由于超导磁体环流在零电阻下是无能耗运行，可以持久地储存电磁能，所以称为超导储能。

超导储能系统在电网运行处于低谷时，把多余的电能存储在超导线圈中，而在电网运行处于高峰时，再将存储的电能送回给电网。利用超导磁体的低损耗和快速响应来储存能量的能力，通过现代电力电子型变流器与电力系统接口，组成既能储存电能（整流方式 AC-DC）又能释放电能（逆变方式 DC-AC）的快速响应器件。利用超导体电阻

为零特性，不仅可以在超导体电感线圈内无损耗地储存电能，还可以达到大容量储存电能、改善供电质量、提高系统容量等诸多目的，且可以通过电力电子换流器与外部系统快速交换有功和无功功率，用于提高整个电力系统稳定性、改善供电品质。超导储能原理如图 6-3-16 所示。

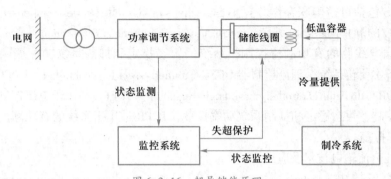

图 6-3-16　超导储能原理

（3）其他储能方式

抽水蓄能：基本原理是先建设两个存在高度差的水库，需要储能时，将水由低位抽到高位的水库，需要进行发电时，再将高位水库的水泄放，进行水力发电。一般会在用电低谷，电价较为便宜的时候抽水蓄能，用电高峰时进行放水发电。抽水蓄能电站的规模可以做得很大，是目前所有储能方式中技术最成熟的一种。缺点在于，不是所有地方的地理水文条件都能建设抽水蓄能电站。同时，当电站规模较大时，将会对当地的岩石地质条件产生影响，会产生一系列环境和环保问题。

压缩空气储能：用电低谷时，收集空气进行压缩储能，需要发电时，将压缩空气通过汽轮机组，推动燃气轮机，点燃化学燃料进行发电。因为需要巨大的压缩空气储气空间，压缩空气电站常常建在具有地下洞穴的地方，地理条件要求较高，普遍存在着效率低、成本高的情况，暂时没有大规模商业应用的案例。压缩空气储能的优点是规模大、寿命长、运行维护费用低。

超级电容储能：将电能储存在超级电容的电磁场中，该过程没有能量形式的转换，所以超级电容储能的动态响应快、寿命长、循环次数多。缺点是能量密度低，不能进行大规模储能，多用在电能质量改善，抑制风光波动等场合。

3. 柔性交流输电技术及应用

柔性交流输电技术（flexible alternating current transmission systems，FACTS）是综合电力电子技术、微处理器和微电子技术、通信与控制技术而形成的、用于灵活快速控制交流输电的新技术，增强交流电网的稳定性，并降低电力传输的成本。通过为电网提供感应或无功功率从而提高输电质量和效率。采用电力电子装置，对输电系统的主要参数（电压、相位差、电抗等）进行灵活快速的实时控制，实现输送功率的合理分配，降低功率损耗和发电成本，大幅度提高系统稳定和可靠性。

主要功能包括：① 较大范围地控制潮流；② 保证输电线输电容量接近热稳定极限；③ 在控制区域内可以传输更大的功率，减少发电机的热备用；④ 依靠限制短路和设备故障的影响，防止线路串级跳闸；⑤ 阻尼电力系统振荡。

柔性交流输电系统的设备可分为串联补偿装置、并联补偿装置和综合控制装置。并联型 FACTS 设备包括静止无功补偿装置 SVC（static var compensator，SVC）和静止无功发生器 STATCOM（static var generator，SVG），主要用于电压控制和无功潮流控制。串联型 FACTS 包括可控串联补偿装置 TCSC（thyristor controlled series compensator，TCSC）和基于 GTO 的静止同步串联补偿器 SSSC（static synchronous series compensator，SSSC），主要用于输电线路的有功潮流控制、系统的暂态稳定和抑制系统功率振荡。综合型 FACTS 设备主要包括统一潮流控制器 UPFC（unified power flow controller，UPFC）和可控移相器 TCPR（thyristor controlled phase angle regulator），UPFC 适用于电压控制、有功和无功潮流控制、暂态稳定和抑制系统功率振荡，TCPR 适用于系统的有功潮流控制和抑制系统功率振荡。

4. 柔性直流输电技术及应用

高压直流输电（voltage source converter based high voltage direct current transmission，VSC–HVDC）技术是一种以电压源换流器、自关断器件和脉宽调制技术为基础的新型输电技术，具有可向无源网络供电、不会出现换相失败、没有无功补偿问题、可独立调节有功和无功功率、换流站间无需通信以及易于构成多端直流系统等优点。柔性直流输电作为新一代直流输电技术，在结构上与高压直流输电类似，仍是由换流站和直流输电线路（通常为直流电缆）构成，但与基于相控换相技术的电流源换流器型高压直流输电不同，柔性直流输电中的换流器为电压源换流器 VSC（voltage source converter，VSC），其最大的特点在于采用了可关断器件 IGBT 和高频调制技术。通过调节换流器出口电压的幅值和与系统电压之间的功角差，可以独立地控制输出的有功功率和无功功率。这样，通过对两端换流站的控制，就可以实现两个交流网络之间有功功率的相互传送，同时两端换流站还可以独立调节各自所吸收或发出的无功功率，从而对所连的交流系统给予无功支撑。柔性直流输电主要应用在海上风电接入电网、分布式电源接入电网、远距离大容量直流输电和异步联网的领域。

近年来，我国高压直流输电技术发展迅速。上海南汇柔性直流输电示范工程是我国自主研发和建设的亚洲首条柔性直流输电工程，额定输送有功功率 20 MW，额定电压 ±30 kV，2011 年 7 月正式投入运行。南澳 ±160 kV 多端柔性直流输电项目 2013 年 12 月投入运行，这是世界上第一个多端柔性直流输电示范工程，分别在南澳岛上的青澳、金牛各建设一座换流站，在澄海区建设一座换流站，三个站容量分别为 50 MW、100 MW 和 200 MW，建设直流电缆混合输电线路 40.7 km。在建成的两年里，已经向内地输送了超过 4 亿 kW·h 的电量。舟山 ±200 kV 五端柔性直流输电工程，2014 年 7 月投入运行，分别建设了定海（400 MW）、岱山（300 MW）、衢山（100 MW）、洋山（100 MW）、泗礁（100 MW）换流站，实现了多个海上风电场同时接入和电力输送。厦门 ±320 kV 柔性直流输电工程 2015 年 12 月投入运行，输送有功功率 1 000 MW。鲁西背靠背异步联网工程输送有功功率 1 000 MW，电压 ±320 kV。渝鄂柔性直流输电 ±420 kV，额定传输功率 50 000 MW，2017 年 5 月开工建设。张北 ±500 kV 柔性直流输电工程，总换流容量 9 000 MW，2018 年 2 月开工建设，将构建输送大规模风、光、

抽水蓄能等多种能源的端环形柔性直流输电网，为 2022 年冬奥会服务。2018 年 12 月
26 日，张北柔性变电站及交直流配电网科技示范工程完成全部试验和试运行考验，标
志着世界首个基于柔性变电站的交直流配电网正式投入商业运行。该工程是交直流高度
融合、多电压等级协调互动、高度智能化的配用电网络，是未来配电网的雏形。示范工
程提出了融多种功能于一体的柔性变电站概念，赋予了变电站全新的功能形态，推动了
变电站关键设备由"多种设备组合"向"单一设备集成"方向发展，有效减少配电网设
备的种类和数量。提出了基于柔性变电站的交直流配电网新理念，构建了成套设计的框
架体系，设计了多种交直流配电网组网模式。柔性变电站的核心设备电力电子变压器具
有 4 个交直流端口，在配电网中相当于"纵横交错江河中的码头"。在低压侧能够提供
直流 750 V（含 240 V）、交流 380 V 3 种灵活的供电方式，可实现多种能源、多元负荷
和储能的即插即用和灵活接入，丰富了用户对电能供应的自主选择权。示范工程的技术
创新推动了"源—网—荷"协调发展，为发电、电网、用户带来了实实在在的效益。

5. 微电网技术及应用

微电网（micro-grid）也称为微网，是由分布式电源、储能装置、能量转换装置、
负荷、监控和保护装置等组成的小型发配电系统。微电网中的电源多为容量较小的分布
式电源，即含有电力电子接口的小型机组，包括微型燃气轮机、燃料电池、光伏电池、
小型风力发电机组以及超级电容、飞轮及蓄电池等储能装置。具有成本低、电压低以及
污染小等特点。微电网是一个可以实现自我控制、保护和管理的自治系统。作为完整的
电力系统，依靠自身的控制及管理，可以实现功率平衡控制、系统运行优化、故障检测
与保护、电能质量治理等功能。

微网分为直流微电网、交流微电网和交直流混合微电网。直流微电网将分布式电
源、储能装置、负荷等均连接至直流母线，直流网络再通过电力电子逆变装置连接至外
部交流电网。直流微电网通过电力电子变换装置可以向不同电压等级的交流、直流负荷
提供电能，分布式电源和负荷的波动可由储能装置在直流侧调节。交流微电网将分布式
电源、储能装置等均通过电力电子装置连接至交流母线，是目前微电网的主要形式。通
过对 PCS 处开关的控制，可实现微电网并网运行与孤岛模式的转换。交直流混合微电
网既含有交流母线又含有直流母线，既可以直接向交流负荷供电又可以直接向直流负荷
供电。微电网示意图如图 6-3-17 所示。

"十二五"期间，我国在太阳能、风能占优势的地区建设成微电网示范区，同时
还将推动建设 100 座新能源示范城市。珠海东澳岛微电网项目，解决了岛上长期以来
的缺电现象，最大限度地利用海岛上丰富的太阳光和风力资源，最低程度地利用柴
油发电，提供绿色电力。珠海东澳岛微电网电压等级为 10 kV，包括 1.04 MW 光伏、
50 kW 风力发电、1 220 kW 柴油机、2 000 kW·h 铅酸蓄电池和智能控制，多级电网的
安全快速切入或切出，实现了微能源与负荷一体化，清洁能源的接入和运行，还拥有
本地和远程的能源控制系统。2015 年 8 月，烟台长岛分布式发电及微电网接入控制工
程，通过国家发改委验收，正式竣工投运。共建设了 16 kV 光伏发电系统、1 MW 柴油
发电系统、1.5 MW·h 混合储能系统等多种类型的分布式电源，进行了 35 kV 砣矶变电
站改造，开发了海岛微电网能量协调优化调度系统，攻克了微电网孤岛系统频率 / 电压

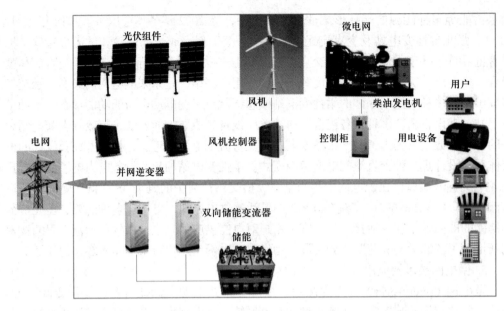

图 6-3-17　微电网示意图

稳定控制、异步风机改造、微电网并网 / 孤岛平稳切换等一系列技术难题。这是我国北方第一个岛屿微电网工程，可以在外部大电网瓦解的情况下，实现孤网运行，保证对重要用户的连续供电，极大地提高长岛电网的供电能力和供电可靠性。微电网是大电网的有力补充，是智能电网领域的重要组成部分，在工商业区域、城市片区及偏远地区有广泛的应用前景。随着微电网关键技术研发进度加快，预计微电网将进入快速发展期。

6.4　电力电子与电力传动

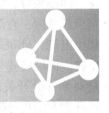

　　电力电子与电力传动主要研究新型电力电子器件、电能的变换与控制、功率源、电力传动及其自动化等理论技术和应用，是综合了电能变换、电磁学、自动控制、微电子及电子信息、计算机等技术的新成就而迅速发展起来的交叉学科，对电气工程学科的发展和社会进步具有广泛的影响和巨大的作用。

6.4.1　电力电子器件及装置

　　电力电子器件又称为功率半导体器件，主要用于电力设备电能变换和控制电路方面的大功率电子器件（通常指电流为数十至数千安，电压为数百伏以上），其不断发展引导着各种电力电子拓扑电路的不断完善，从而推动了电力电子技术的不断发展和进步。电力电子器件发展轨迹如图 6-4-1 所示。

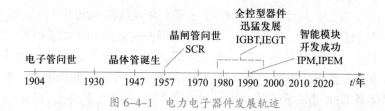

图 6-4-1　电力电子器件发展轨迹

1. 典型的电力电子器件

（1）电力二极管 Power Diode

电力二极管为不可控器件，其导通和关断完全由其在主电路中承受的电压和电流所决定。作为开关器件，加上正电压，二极管导通，去掉正向电压或加上反向电压，二极管截止。电力二极管在 20 世纪 50 年代初期就获得了应用，当时也被称为半导体整流器。电力二极管是由一个面积较大的 PN 结和两端引线以及封装组成的，从外形上看，主要有螺栓型和平板型两种封装形式。电力二极管及符号如图 6-4-2 所示。

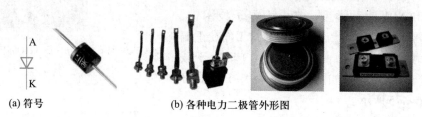

(a) 符号　　　　　　　　(b) 各种电力二极管外形图

图 6-4-2　电力二极管及符号

（2）晶闸管 Thyristor

晶闸管 / 可控硅整流器 SCR（silicon controlled rectifier，SCR）是无开关能力的器件。1957 年美国通用电气公司开发出世界上第一款晶闸管产品，并于 1958 年将其商业化。晶闸管是 PNPN 四层半导体结构，有阳极、阴极和控制极三个电极。晶闸管具有硅整流器件的特性，能在高电压、大电流条件下工作，且其工作过程可以控制。当加正向电压且门极有触发电流时，晶闸管导通，但无关断能力，其被广泛应用于可控整流、交流调压、无触点电子开关、逆变及变频等电子电路中。晶闸管及符号如图 6-4-3 所示。

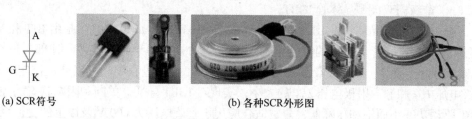

(a) SCR符号　　　　　　　(b) 各种SCR外形图

图 6-4-3　晶闸管及符号

（3）全控型器件 GTO、GTR/BJT

门极可关断晶闸管 GTO（gate turn off thyristor，GTO）和电力晶体管 GTR/BJT（giant transistor，GTO/bipolar junction transistor，BJT）是具有关断能力的全控型器件。

门极可关断晶闸管 GTO 是一种具有自关断能力和晶闸管特性的晶闸管。在阳极加正向电压，门极加上正向触发电流，GTO 导通。在导通的情况下，门极加上足够大的反向触发脉冲电流，GTO 由导通转为阻断。GTO 的一些性能虽然比绝缘栅双极晶体管、电力场效应管差，但其具有耐高压、电流容量大以及承受浪涌能力强的优点。因此，GTO 已逐步取代了普通晶闸管，成为大、中容量变流装置中的主要开关器件。

电力晶体管 GTR 是一种耐高电压、大电流的双极结型晶体管，所以有时也称为 Power BJT，具有自关断能力，其额定值已达 1 800 V/800 A/2 kHz、1 400 V/600 A/5 kHz、600 V/3 A/100 kHz。GTR 既具备晶体管饱和压降低、开关时间短和安全工作区宽等固有特性，又增大了功率容量，因此，由它所组成的电路灵活、开关损耗小、开关时间短，在电源、电机控制、通用逆变器等中等容量、中等频率的电路中应用广泛。GTR 的缺点是驱动电流较大、耐浪涌电流能力差、易受二次击穿而损坏。在开关电源和 UPS 内，GTR 正逐步被功率 MOSFET 和 IGBT 所代替。

GTR 和 BJT 这两个名称是等效的，由三层半导体、两个 PN 结组成，与小功率三极管一样，有 PNP 和 NPN 两种类型。在电力电子技术中，GTR 主要工作在开关状态。GTR 通常工作在正偏（$I_b>0$）时大电流导通，反偏（$I_b \leq 0$）时处于截止状态。GTO 及符号如图 6-4-4 所示，BJT 及符号如图 6-4-5 所示。

(a) GTO符号　　　　(b) GTO外形图

图 6-4-4　GTO 及符号

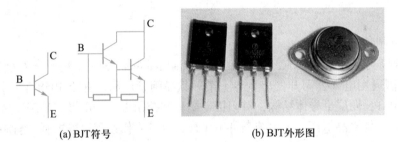

(a) BJT符号　　　　　　(b) BJT外形图

图 6-4-5　BJT 及符号

（4）绝缘栅双极型晶体管 IGBT

绝缘栅双极型晶体管 IGBT（insulated–gate bipolar transistor，IGBT）是由 BJT 和 MOS（绝缘栅型场效应管）组成的复合全控型电压驱动式功率半导体器件，外部有三个电极，分别为栅极 G、集电极 C 和发射极 E。在 IGBT 使用过程中，可以通过控制其集–射极电压 U_{CE} 和栅–射极电压 U_{GE} 的大小，实现对 IGBT 导通、关断和阻断状态的控制。IGBT 驱动功率小而饱和压降低，非常适合应用于直流电压为 600 V 及以上的变流系统，如交流电机、变频器、开关电源、照明电路、牵引传动等领域。IGBT 及符号如图 6-4-6 所示。

（5）智能功率模块 IPM

智能功率模块 IPM（intelligent power module，IPM）不仅将功率开关器件和驱动电路集成在一起，而且还在内部集成有过电压、过电流和过热等故障检测电路，并可将

(a) IGBT符号   (b) IGBT外形图

图 6-4-6　IGBT 及符号

检测信号传送给 CPU。由高速低功耗的管芯和优化的门极驱动电路以及快速保护电路构成，即使发生负载事故或使用不当，也可以保证 IPM 自身不受损坏。IPM 一般使用 IGBT 作为功率开关元件，内部集成电流传感器及驱动电路。IPM 的高可靠性，特别适合于驱动电机的变频器和各种逆变电源，是变频调速、冶金机械、电力牵引、伺服驱动、变频家电的一种非常理想的电力电子器件。IPM 如图 6-4-7 所示。

图 6-4-7　IPM

2. 电力电子变换器

电力电子技术主要用于电力变换，分为电力电子器件制造技术和变流技术两个分支。电力电子技术借助现代仿真分析软件，通过合理选择使用电力电子元器件，设计拓扑变换电路，应用控制理论和设计技术，高效、实用、可靠地把能得到的电源变换为所需要的电源形式，以满足不同负载的要求。电力电子技术工作原理框图如图 6-4-8 所示。

就其内容而言，电力电子技术主要完成各种电能形式的变换，电力电子变换的基本形式如图 6-4-9 所示。以电能输入 – 输出形式的变换来分，主要包括以下四种基本变换。

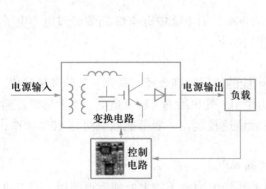
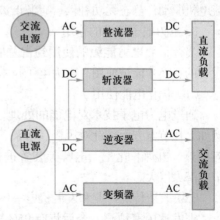

图 6-4-8　电力电子技术工作原理框图　　　　图 6-4-9　电力电子变换的基本形式

（1）整流——AC/DC

交流→直流（AC/DC）变换称为整流，完成交流→直流变换的电力电子装置称为整流器。

AC/DC 整流器就是将交流 AC（工频 50 Hz）转化为直流 DC 的装置。主要功能：

第一，将交流电 AC 转换成直流电 DC，经滤波后供给负载，或者供给逆变器。

第二，给蓄电池提供充电电压，因此，它同时又起到一个充电器的作用。整流器通常用作电力电子系统的前端变换器，采用二极管或晶闸管整流。

（2）斩波——DC/DC

直流→直流（DC/DC）变换称为斩波，完成直流→直流变换的电力电子装置称为斩波器。主要功能是完成直流电压幅值和极性的变换与调节，包括升压和降压变换。

DC/DC 斩波器是将电压值固定的直流电转换为电压值可变直流的电源装置，是一种直流对直流的转换器，已被广泛使用，如直流电机的速度控制、交换式电源供应器等。

（3）逆变——DC/AC

直流→交流（DC/AC）变换称为逆变，这是与整流相反的变换形式，完成直流→交流变换的电力电子装置称为逆变器。

DC/AC 逆变器把直流电能（电池、蓄电瓶）转换成交流电，广泛适用于空调、家庭影院、电动砂轮、电动工具、缝纫机、DVD、VCD、电脑、电视、洗衣机、抽油烟机、冰箱，录像机、按摩器、风扇、照明等。

（4）变频——AC/AC

交流→交流（AC/AC）变换称为变频，将电压和频率固定不变的工频交流电，变换为电压或频率可变的交流电的装置称为变频器。

变频器靠内部 IGBT 的通断来调整输出电源的电压和频率，根据负载的实际需要提供电源电压，进而达到节能、调速的目的，另外，变频器还有过流、过压、过载等保护功能。变频器被广泛应用于加热和灯光控制、交流和直流电源、电化学过程、直流和交流电机驱动、静态无功补偿、有源谐波滤波器中。

3. 电力电子技术的作用

当今世界电力能源的使用约占总能源的 40%，而电能中有 40% 需要经过电力电子设备的变换才能被使用。电力电子技术的作用如下。

（1）优化电能使用

通过电力电子技术对电能的处理，使电能的使用达到合理、高效、节约和最佳化。例如，在节电方面，针对风机、水泵、电力牵引、轧机冶炼、轻工造纸、工业窑炉、感应加热、电焊、化工、电解等装置进行变频调速控制，一般节能效果可达 10%~40%，节能潜力巨大。

（2）改造传统产业和发展机电一体化等新兴产业

据发达国家预测，今后将有 95% 的电能要经电力电子技术处理后再使用，即工业和民用的各种机电设备中，有 95% 与电力电子产业相关。电力电子技术是弱电控制强电的载体，是机电设备与计算机之间的重要接口，它为传统产业和新兴产业采用微电子技术创造了条件，成为发挥计算机作用的保证和基础。

（3）电力电子技术高频化

电力电子技术高频化和变频技术的发展，使机电设备突破工频传统，向高频化方向发展。实现最佳工作效率，使机电设备的体积减小几倍、几十倍，响应速度达到高速化，并能适应任何基准信号，实现无噪音且具有全新的功能和用途。

（4）电力电子智能化

电力电子智能化的进展，在一定程度上将信息处理与功率处理合二为一，使微电子技术与电力电子技术一体化，其发展又将引起电子技术的重大改革。

4. 现代电力电子技术新特点

电力电子技术通过电能变化的方式，为不同特性的负载提供所需要的电源形式和节能手段，因此可以说电力电子技术的应用无所不至。自从电力电子技术产生以来，已经得到了广泛快速的发展。电力电子技术的发展趋势逐步向高频率、高电压、大电流、高集成度方向发展，主要表现在以下几个方面。

（1）高度集成化

电力电子技术的集成化主要体现在专用芯片的集成、有源器件的封装集成、无源器件的集成和系统集成。电力电子技术的集成能满足人们对方便、快捷、便于携带等的要求。电力电子技术的逐渐集成化有利于减小产品体积和重量，提高产品的功率密度和性能。满足人们更多、更新的需求。

（2）模块化

模块化是功能单元模块组件化的简称。体现在开关器件的模块化，开关器件与散热器件集成模块化，功能单元器件模块与驱动、保护和散热器集成模块化。模块化既有利于电力电子系统功能单元的标准化和系列化，又有利于不同功能的电力电子系统的构成和维护。

（3）智能化

所谓智能化是提高产品自动调节的能力。将开关器件中植入传感器、数字芯片等，并通过通信和网络的手段，使其功能不断扩大，在具有开关功能的基础上，还有控制、驱动、检测、通信、故障自诊断以及工作状态判定等功能。

（4）高频化

电力电子器件的高频化可以有效地减小电力电子装置的体积和重量。目前高频化的有效方法一是改进器件的结构和材料，提高开关器件的开关速度和降低其导通电压。二是改进电路的拓扑结构和控制方式，采用更加有效的软开关技术。三是从系统角度改变各单元结构，采用多重化技术，提高电力电子系统输入和输出端的谐波频率，改善电能质量。

（5）高效率化

高效率化体现在器件和变换技术两个方面，由于电力电子器件的导通压降不断减少，降低了导通损耗，器件开关的上升和下降过程加快，也降低了开关损耗，器件处于合理的运行状态，提高了运行效率，变换器中采用的软开关技术，使得运行效率得到进一步提高。

（6）变换器小型化

变换器小型化是指随着器件的高频化，控制电路的高度集成化和微型化，使得滤波电路和控制器的体积大大减小。电力电子器件的多单元集成化，减少了主电路的体积。控制器和功率半导体器件等采用微型化的表面贴技术使得变换器的体积得到了进一步减少，功率大幅度提高。

6.4.2　电力传动系统

电力传动就是利用电力电子变流装置，对电机的转矩和转速两个主要参数进行调节与控制，以满足控制对象负载特性要求的技术。根据拖动负载的电机不同，电力传动方式分为直流电机传动、交流电机传动和特种电机传动。

19世纪90年代先后诞生了直流传动和交流传动。起初，由于直流电机对速度具有良好的控制能力，所以高性能的传动系统都采用直流传动方式，交流传动只能用在不需要调速的传动系统中。20世纪80年代，矢量控制技术和直接转矩控制技术的发展，为交流调速提供了理论依据，加之电力电子可关断器件的实用化，交流传动技术开始走向成熟。

目前，交流传动系统基本取代了直流传动系统。对于不需要调速的传动系统，电力电子技术主要解决电机的起动问题，一般采用软启动方式。对于需要调速的传动系统，电力电子技术不仅要解决电机的起动问题，还要解决电机整个调速过程中的控制问题，有些情况还要解决好电机的停机制动和定点停机制动的控制问题。随着能源的紧缺和人们节能意识的提高，采用电力电子元件进行的变频调速传动已经成为电机节能的主要手段。对于风机、泵类负载，通过变频调速，节能效果显著。

电力传动系统框图如图6-4-10所示。

1. 直流电机传动

用直流电机进行转矩、转速调节与控制的传动方式称为直流传动。直流电动机具有调速范围广、易于平滑调速，起动、制动和过载转矩大，易于控制，可靠性较高等优点。

根据供电电源是交流电还是直流电，直流传动电机两端电压的调节分为AC/DC整流方式和DC/DC直流斩波方式。对于AC/DC整流方式，直流电机两端电压的调节主要有相控方式和脉宽调制PWM（pulse width modulation，PWM）两种方式。AC/DC整流方式的电压波形如图6-4-11所示。DC/DC的直流斩波分为升压斩波和降压斩波，斩波输出波形如图6-4-12所示。

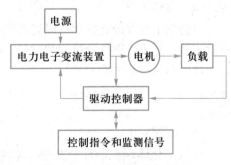

图 6-4-10　电力传动系统框图

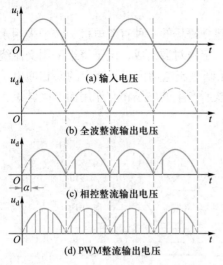

(a) 输入电压

(b) 全波整流输出电压

(c) 相控整流输出电压

(d) PWM整流输出电压

图 6-4-11 AC/DC 整流方式的电压波形

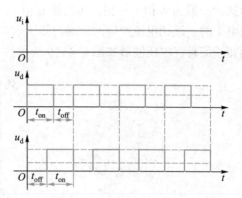

图 6-4-12 DC/DC 斩波输出波形

2. 交流电机传动

交流电机传动一般采用三相交流电源供电方式，通过调节三相交流电源的频率来调节电机的转矩和转速。DC/AC 交流传动如图 6-4-13 所示。三相逆变器主电路和三相输出电压波形如图 6-4-14 所示。

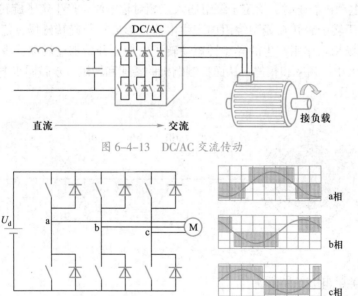

图 6-4-13 DC/AC 交流传动

图 6-4-14 三相逆变器主电路和三相输电电压波形

3. 特种电机传动

目前，常用的特种电机包括永磁无刷直流电机 PMBLDCM（permanent magnet brushless DC motor，PMBRDM）、永磁同步电机 PMSM（permanent magnetic synchronous motor，PMSM）和开关磁阻电机 SRM（switched reluctance motor，SRM）等。

（1）永磁无刷直流电机传动

永磁无刷直流电机是用一块或多块永磁体建立磁场的一种直流电机。转子采用永磁磁铁，多使用稀土永磁材料，转子由永磁铁按一定极对数组成，定子绕组采用交流绕组形式，一般为多相（三相、四相或五相）。当无刷直流电动机定子绕组的某相通电（直流电）时，该相电流产生的磁场与转子永久磁铁所产生的磁场相互作用而产生转矩，驱动转子旋转，电压波形如图6-4-15所示。

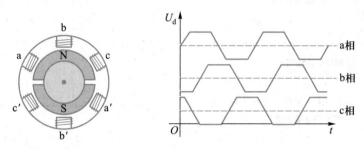

图 6-4-15　永磁无刷直流电机电压波形

（2）永磁同步电机传动

永磁同步电机 PMSM 是由永磁体励磁产生同步旋转磁场的同步电机，永磁体作为转子产生旋转磁场，三相定子绕组在旋转磁场作用下通过电枢反应，感应三相对称电流。PMSM 电动机静止时，给定子绕组通入三相对称电流，产生定子旋转磁场，定子旋转磁场相对于转子旋转在笼型绕组内产生电流，形成转子旋转磁场，定子旋转磁场与转子旋转磁场相互作用产生的异步转矩使转子由静止开始加速转动，由逆变器控制正弦交流电的大小、频率和相位，从而控制电机的转速和转矩。永磁同步电机电压波形如图6-4-16所示。

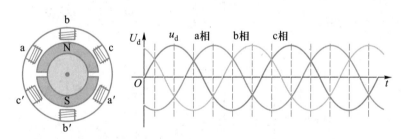

图 6-4-16　永磁同步电机电压波形

（3）开关磁阻电动机传动

开关磁阻电动机 SRM 是双凸极可变磁阻电动机，其定子和转子的凸极均由普通硅钢片叠压而成，转子既无绕组也无永磁体，定子上绕有集中绕组。由开关磁阻电动机构成的调速系统 SRD（switched reluctance drive，SRD）是继变频调速系统、无刷直流电动机调速系统之后发展起来的最新一代无级调速系统，是集现代微电子技术、数字技术、电力电子技术、红外光电技术及现代电磁理论、设计和制作技术为一体的光、机、电一体化高新技术。调速系统兼具直流、交流两类调速系统的优点，结构简单坚固，调速范围宽，调速性能优异，且在整个调速范围内都具有较高效率，系统可靠性高。主要由开关磁阻电机、功率变换器、控制器与位置检测器四部分组成。已成功地应用于电动车驱动、石油开采、家用电器和纺织机械等各个领域，功率范围从 10 W 到 5 MW，最大速度高达 10 万 r/min。开关磁阻电机及控制系统如图 6-4-17 所示。

(a) 开关磁阻电机的定子和转子

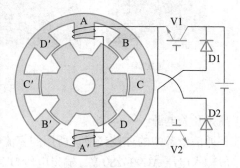
(b) 开关磁阻电机控制系统

图 6-4-17　开关磁阻电机及控制系统

6.4.3　电力电子新技术及其应用

现代电力电子技术广泛应用于人们的日常生活、工农业生产、交通运输、国防科技、电力系统等各个领域。

1. 在电源装置中的应用

各种电子装置一般都需要不同电压等级的直流电源供电。

（1）手机笔记本适配器

我们常用的笔记本电脑和智能手机的工作电压是直流 20 V 和 5 V，而工频电源是交流 220 V，这是不可以直接供笔记本和手机使用的，所以需要一个开关电源适配器（充电器）来完成从交流 220 V 到直流 20 V 或 5 V 的转换。开关电源适配器包含了整流器、变压器和其他电子元件。手机充电器如图 6-4-18 所示，笔记本适配器如图 6-4-19 所示。

(a) 充电器

(b) 内部电路

图 6-4-18　手机充电器

| (a) 适配器 | (b) 内部电路 |

图 6-4-19 笔记本适配器

（2）高频开关电源

目前，通信设备中的程控交换机所用的直流电源，大多采用全控型器件的高频开关电源，一般输入电压 AC90~280 V，输出电压 DC48 V。大型计算机所需的工作电源、微型计算机内部的电源，也都采用高频开关电源。在各种电子装置中，以前大量采用线性稳压电源供电，由于高频开关电源体积小、重量轻、效率高，目前已逐渐取代了线性电源。另外，各种信息技术装置都需要电力电子装置提供电源。通信卫星、国际太空站、航天飞行器中的各种电子仪器需要电源，载人航天器中为了宇航员的生存和工作，也离不开各种电源，这些都必须采用电力电子技术。

开关电源一般都包括输入整流滤波器（采用 IGBT 或 MOSFET 器件）、高频变换器、高频变压器、输出整流滤波器、控制和保护电路等，各种开关电源结构如图 6-4-20 所示。交流电源输入经整流滤波成直流，再将直流电压逆变成高频交流电压，由高频变压器进行降压（或升压），再经过高频整流滤波得到希望输出的直流电压。输出电压通过采样电路反馈给控制电路，并将其与基准电压比较放大，控制高频变换器功率管的脉冲宽度，以达到稳定输出电压的目的。优点是体积小、重量轻、效率高（可达 75%~95%）。

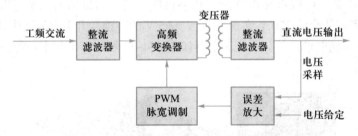

图 6-4-20 开关电源结构

（3）不间断电源 UPS

不间断电源 UPS（uninterruptable power system，UPS）在现代社会中的作用越来越重要，用量也越来越大。UPS 是将蓄电池（多为铅酸免维护蓄电池）与主机相连接，通过主机逆变器等模块电路将直流电转换成市电（交流 220 V，50 Hz）的电源设备。主要用于给单台计算机、计算机网络系统或其他电力电子设备如电磁阀、压力变送器等提供稳定、不间断的电力供应。当市电输入正常时，UPS 将市电稳压后供给负载使用，此时的 UPS 就是一台交流稳压器，同时它还向机内电池充电。当市电中断（事故停电）时，UPS 立即将电池的直流电能，通过逆变器给负载继续供应 220 V 交流电，使负载维持正常工作并保护负载软、硬件不受损坏。UPS 设备通常对电压过高或电压过低都能提供保护。UPS 内部结构如图 6-4-21 所示。

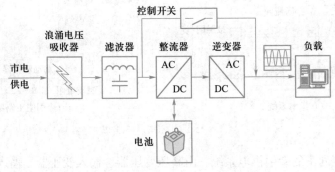

图 6-4-21　UPS 内部结构

2. 在交通运输中的应用

现代交通运输领域中的电力机车（高铁、动车）、磁悬浮列车、电动汽车中的功率变换器、整流器、逆变器均采用 IGBT、GTO、IPM 等电力电子器件。飞机、船舶需要不同输出方式要求的电源，也需要电力电子技术进行变换。如果把电梯也算做交通运输工具，它的交流变频调速器也同样少不了电力电子技术。

（1）电力机车

电气化铁路中广泛采用电力电子技术。电力机车（简称电机车）接受沿线接触网传输的电能，由牵引电动机驱动机车。电力机车中的直流机车采用整流装置，而交流机车如动车、高铁等均采用变频装置进行牵引。直流斩波器也广泛用于铁路机车。在未来的磁悬浮列车中，电力电子技术更是一项关键技术。除牵引电机传动外，车辆中的各种辅助电源也都离不开电力电子技术。

动车组技术，是一种动力分散技术。把动力装置分散安装在车厢上，既有牵引力，又可载客，这样的客车车辆叫做动车。动车组由几节自带动力的动车，加几节不带动力的拖车编成一组。运行的时候，不光是车头带动，车厢也会"自己跑"，这样把动力分散，更能达到高速的效果。中国铁路第六次大提速上线运行的动车组名称为"和谐号"，英文名 CRH 系列（China railway high-speed，CRH）。CRH5 牵引传动系统主要由网侧高压电气设备、牵引变压器、牵引变流器、三相交流异步牵引电动机等组成。全列共计 2 个受电弓，动车组正常时，单弓运行，另一个受电弓备用。全列共有 2 台牵引变压器，1 台牵引变压器带 2 个或 3 个牵引变流器，全列共计 5 个牵引变流器。CRH5 供电系统及牵引主电路结构如图 6-4-22 所示。

（2）磁悬浮列车

磁悬浮铁路是一种新型的交通运输系统，利用电磁系统产生的吸引力或排斥力将车辆托起，使整个列车悬浮在导轨上，并利用电磁力进行导向、利用直线电机将电能直接转换成推进力来推动列车前进。

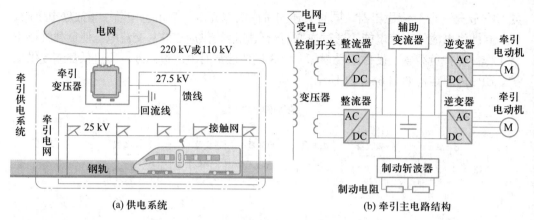

(a) 供电系统　　　　　　　　　　　(b) 牵引主电路结构

图 6-4-22　CRH5 供电系统及牵引主电路结构

高速磁悬浮列车的牵引供电系统，由高压变压器、输入变压器、输入变流器、逆变器及输出变压器等主要部件构成。110 kV 电网电压经高压变压器变为 20 kV，再经输入变压器和输入变流器变为 ±2 500 V 直流电压，由逆变器变换为频率（0~300 Hz）和幅值（0~4.3 kV）可调的交流电。磁悬浮列车牵引变流器有两种工作模式：直接输出模式（低频输出方式）和变压器输出模式（高频输出方式）。当频率处于 0~70 Hz 时，牵引变流器工作在直接输出模式。当频率约为 70~300 Hz 时，主牵引变流器工作在变压器输出模式。高速磁悬浮列车牵引供电及气隙控制系统如图 6-4-23 所示。

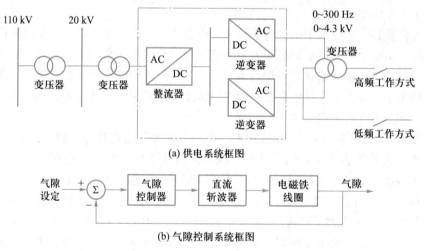

(a) 供电系统框图

(b) 气隙控制系统框图

图 6-4-23　高速磁悬浮列车牵引供电及气隙控制系统

（3）电动汽车

电动汽车是指以车载电源为动力，用电机驱动车轮行驶的车辆。使用存储在电池中的电能发动，在驱动汽车时使用 12 或 24 块电池，有时则需要更多。电动汽车的电机靠电力电子装置进行电力变换，蓄电池充电也离不开电力电子装置。一台高级汽车中需要50~70 台控制电机，它们也要靠变频器和斩波器驱动并控制。电动汽车驱动系统，主要由电力驱动子系统、电源子系统和辅助子系统组成，电动汽车驱动系统及功率变换器结构如图 6-4-24 所示。

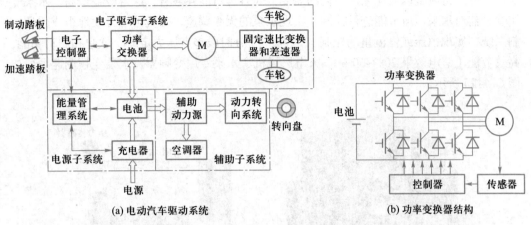

图 6-4-24　电动汽车驱动系统及功率变换器结构

驱动系统是电动汽车的核心，也是与内燃机汽车的最大不同点。驱动系统由电子控制器、功率变换器、驱动电动机、机械传动装置及车轮等部分构成。驱动系统的功用是将存储在蓄电池中的电能高效地转化为车轮的动能进而推进汽车行驶，并能够在汽车减速制动或者下坡时，实现再生制动。其中的电子控制器（包括电子打火器）、功率变换器均采用电力电子元件及电路。

常用的驱动电机包括直流电动机、交流感应电动机、无刷直流电动机和开关磁阻电动机。采用直流电动机驱动时，为了调速，在蓄电池组与电机之间加入 DC/DC 变换器，常用器件有晶闸管、功率晶体管和 IGBT，采用脉宽调制 PWM 调速驱动方式。采用交流电动机驱动时，直流电源必须经逆变器 DC/AC 变换为三相交流电源，但逆变器的控制较复杂。无刷直流电动机是目前应用最广泛的驱动电动机，许多世界知名公司的电动汽车都采用了无刷直流电动机驱动系统。永磁无刷直流电动机是一种典型的机电一体化电机。它不仅包括电机本体部分，而且还涉及位置传感器、电力电子变流器以及控制器等。开关磁阻电动机是一种新型的机电一体化调速电机，兼有直流和交流调速的优点，其电机结构比感应电动机更简单可靠。开关磁阻电机主要包括磁阻电机本体、电力电子变流器、转子位置传感器以及控制器四大部分。其中电力电子变流器常采用 IGBT 或 IPM 等电力电子元件。可以说如果没有电力电子技术，汽车带来的环境污染就不可能缓解，随着石油燃料的消耗殆尽，汽车就没有未来。

3. 在电力系统中的应用

电力电子技术在发电环节应用的目的是为了提高电力系统发电环节设备运行的效率。电力系统发电环节的设备主要包括发电机、发电用水泵及风机、太阳能控制系统等。

（1）发电厂风机、水泵的变频调速

火电厂的风机包括送风机、一次风机和引风机（吸风机）。水泵包括给水泵、凝结水泵和循环水泵。风机、水泵类具有额定扭矩和电流较小的特性，一般选用 PID 控制的专用型变频器，对风机和水泵进行变频控制。风机专用变频器通过改变风机的转速，从而改变风机风量以适应生产工艺的需要，而且运行能耗最省，综合效益最高。水泵专用变频器对水泵恒压节能进行控制，实现水泵的无级调速，并且可以方便地组成闭环控制系统，实现恒压或恒流量的控制、"一拖一"分时段多点压力定时、软起和制动功能，高效节能（节电效果 20%~60%）。火电厂风机、水泵专用变频器及水泵变频调速系统如图 6-4-25 所示。

(a) 风机、水泵专用变频器　　　　　　(b) 水泵变频调速系统

图 6-4-25　火电厂风机、水泵专用变频器及水泵变频调速系统

（2）光伏电站

大型光伏电站由光伏阵列组件、汇流器、逆变器组、滤波器和升压变压器构成。对于大功率光伏发电系统而言，无论其构成方式是并网还是独立，都需要进行交直流电转换器，因此往往在光伏控制系统中加入逆变器，利用其强大追踪功能实现对光伏控制系统的控制。大型光伏电站系统结构如图 6-4-26 所示。

组串式光伏逆变器是将光伏组件产生的直流电直接转变为交流电汇总后升压、并网，因此，逆变器的功率都相对较小。50 kW 以下的光伏电站一般采用组串式光伏逆变器。集中式光伏逆变器是将光伏组件产生的直流电汇总转变为交流电后进行升压、并网，因此，逆变器的功率都相对较大。500 kW 以上的光伏电站一般采用集中式逆变器。

分布式光伏发电一般在用户场地附近建设，运行方式为用户侧自发自用、多余电量上网，以配电系统平衡调节为特征的光伏发电设施。分布式光伏发电特指采用光伏组件，将太阳能直接转换为电能的分布式发电系统。它是一种新型的、具有广阔发展前景的发电和能源综合利用方式，倡导就近发电、就近并网、就近转换、就近使用的原则，不仅能够有效提高同等规模光伏电站的发电量，同时还有效解决了电力在升压及长途运输中的损耗问题。

双向电表主要针对分布式光伏发电站需要双向计量的用户，由于光伏电站发出的电有富余时，输送给电网的电能需要准确计量。同时在光伏发电不能满足用户需求时，使用电网的电能也需要准确计量。而普通的单块单向电表不能满足这一要求，所以需要使用具有双向电表计量功能的智能电表，实现电能的双向计量。双向计量电能表就是能够同时计量用电量和发电量的电能表，从用电的角度出发，耗电为正功率或正电能（正

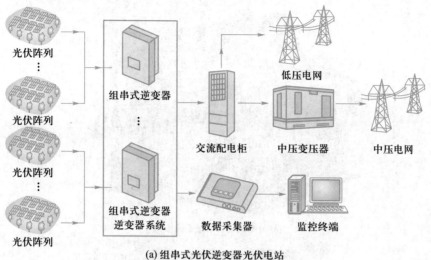

(a) 组串式光伏逆变器光伏电站

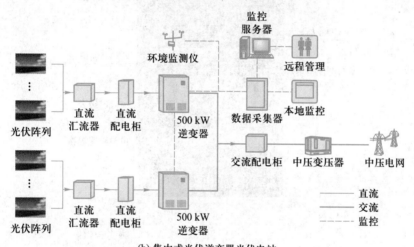

(b) 集中式光伏逆变器光伏电站

图 6-4-26　大型光伏电站系统结构

向），发电则为负功率或负电能（反向）。双向电表可实现电能的正、反向分开计量、分开存储、分开显示，同时可以通过电表配备的标准 RS485 通信接口，实现数据远传。分布式光伏电站系统结构及双向电表如图 6-4-27 所示。

（3）发电机组励磁

目前，大型火力发电机组采用静止励磁技术，其具有价格经济、结构简单、稳定性强等优点，主要采用晶闸管整流自并励方式进行控制，已广泛运用于各大电力系统中，可节省传统电力系统的励磁机，实现快速调节。水力发电机组应用交流励磁技术，通过对励磁电流频率的动态调整，实现发电系统对水头压力和水流量动态变化的快速调节，改善发电品质，提升发电效率。发电机静止自并励磁系统，主要由机端励磁变压器、可控硅整流装置、自动电压调节器、灭磁与过电压保护装置、启励装置组成。自并励静止励磁系统结构如图 6-4-28 所示。

(a) 分布式光伏电站系统结构

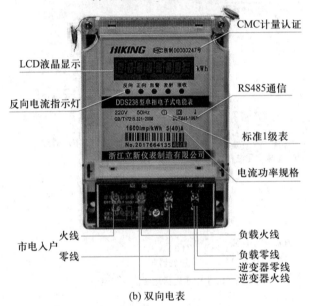

(b) 双向电表

图 6-4-27　分布式光伏电站系统结构及双向电表

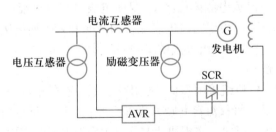

图 6-4-28　自并励静止励磁系统结构

（4）柔性直流输电

直流输电包括常规直流输电和柔性直流输电。常规直流输电采用基于晶闸管的换流器，柔性直流输电采用基于全控器件 IGBT 的换流器。模块化多电平变流器 MCC （modular multilevel converter，MMC）近年来受到了广泛关注，它由多个结构相同的子模块级联构成。子模块的结构可以分为半 H 桥型、全 H 桥型和双钳位型子模块型三种。MCC 已成为柔性直流输电系统的首选换流器拓扑结构。我国已建成的上海南汇柔性直流工程、南澳三端柔性直流工程、舟山五端柔性直流输电工程以及正在建设中的厦门柔性直流工程都采用 MMC 结构，三相 MMC 结构如图 6-4-29 所示。

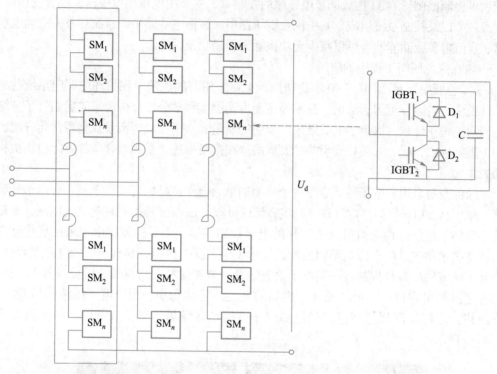

图 6-4-29 三相 MMC 结构

（5）柔性配电系统

在配电环节，对频率、谐波、电压等因素进行有效地控制是提高电能质量的关键。基于电力电子技术的配电系统柔性 DFACTS 是 FACTS 技术在配电系统中的扩展。DFACTS 装置具有更快的响应特性，是解决电能质量问题的有效工具。DFACTS 装置包括有源滤波器 APF、动态电压恢复器 DVR、配电静止同步补偿器 DSTATCOM 和固态切换开关 SSTS 等设备。随着电力电子器件的不断发展，DFACTS 设备市场前景广阔，将进入高速发展状态。

（6）节能环节

电气设备运行过程中既消耗有功功率，又消耗无功功率，由此可见，无功功率在功能性方面与有功功率类似，因此无功电源和有功电源相似，提升无功功率工作效率能够从根本上提升电能质量。电力系统中减少无功损耗具有重要意义，倘若电力系统中无功电源未达到平衡将会导致系统电压下降，并由此直接导致功率因数下降，设备因此遭受损坏，并可能出现更大范围的停电事故，影响人们正常生活、生产，因此需增加无功补偿设备设施，当电力系统无功功率容量存在不足时便自动补偿，以此提升设备功率。随着电力电子技术的发展，出现了更多应用于增强电网稳定性和电能质量问题治理的功率变换装置，比如用于输电等级的静止同步补偿器 STATCOM（static synchronous compensator，STATCOM）和静止型串联同步补偿装置 SSSC（static synchronous series compensator，SSS C）。SSSC 是 FACTS 控制器的一种，它与输电系统以串联方式联结，是应用可关断晶闸管 GTO 构成同步电压源的控制器，主要由电压型变换器、耦合变压器、直流环节以及控制系统组成，其中耦合变压器串联在输电线路中，直流环节一般为电容器、直流电源或储能器。可以减少无功损耗，提高功率因素。

4. 在绿色照明工程中的应用

"绿色照明"是 20 世纪 90 年代初国际上对采用节约电能、保护环境照明系统的形象性说法。美国、英国、法国、日本等主要发达国家和部分发展中国家先后制订了"绿色照明工程"计划，取得了明显效果。照明的质量和水平已成为衡量社会现代化程度的一个重要标志，成为人类社会可持续发展的一项重要措施，受到联合国等国际组织机构的关注。

绿色照明采用的电子镇流器是一个典型的电力电子产品，其实际上是一个电子变频器（频率从 50 Hz 提高到 30 kHz），将直流或低频交流电压转换成高频交流电压，驱动低压气体放电灯、卤钨灯等光源工作的电子控制装置。电子镇流器由于采用现代软开关逆变技术和先进的有源功率因数矫正技术及电子滤波措施，具有很好的电磁兼容性，降低了镇流器的自身损耗。采用电子镇流器后，节省材料大约 80%、延长寿命 3~5 倍、具有更好的可靠性、更低的损耗、更高的亮度，且体积小。由于电子镇流器体积小、反应快，还可以用到照相机闪光灯和汽车灯等诸多领域。节能灯及电子镇流器如图6-4-30 所示。

  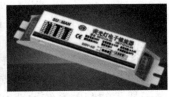

(a) 节能灯　　　　　　　　　(b) 电子镇流器

图 6-4-30　节能灯及电子镇流器

LED（light-emitting diode，LED）光源是一种半导体固体发光器件，为第四代照明光源。LED 利用固体半导体芯片作为发光材料，在半导体中通过载流子发生复合放出过剩的能量而引起光子发射，直接发出红、黄、蓝、绿、青、橙、紫、白色的光。

美国从 2000 年起实施"国家半导体照明计划"，欧盟也在 2000 年 7 月宣布启动类似的"彩虹计划"。我国科技部在"863"计划的支持下，2003 年 6 月首次提出发展半导体照明计划。LED 灯特点是节能、环保、寿命长、体积小等，可用于各种指示、显示、装饰、背光源、普通照明和城市夜景等。LED 是实现节能减排的有效途径，已逐渐成为照明史上继白炽灯、荧光灯之后的又一场照明光源的革命。LED 节能灯如图 6-4-31 所示。

(a) LED照明灯

(b) LED灯带

(c) LED广告牌

图 6-4-31　LED 节能灯

　　根据能量来源的不同，LED 驱动电路总体上可分为两类：一是 AC/ DC 转换，能量来自交流电；二是 DC/ DC 转换，能量来自干电池、可充电电池、蓄电池等。LED 驱动电路、驱动器及调光器如图 6-4-32 所示。

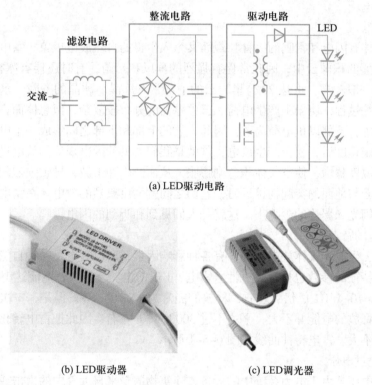
(a) LED驱动电路

(b) LED驱动器

(c) LED调光器

图 6-4-32　LED 驱动电路、驱动器及调光器

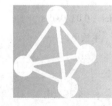

6.5　高电压与绝缘

　　高电压与绝缘是以试验研究为基础的应用技术，主要研究高电压的产生、在高电压下绝缘介质及其系统特性、电气设备及绝缘、电气系统过电压及其限制措施、高电压试

验技术、电磁环境及电磁污染防护以及高电压技术的应用。

在高电压技术中，作用电压（包括各种电压和过电压）和绝缘是对立统一的。高电压靠绝缘支撑，电压过高又会使绝缘破坏，绝缘的破坏性放电使高电压消失，因此，对作用电压的研究和绝缘特性的研究必须同时进行。

6.5.1 高电压及发生装置

1. 高电压的产生

高电压可由一些物理现象自然形成，如雷电、静电等，也可以是为达到某种目的而人为产生，如高压静电起电机。电力系统一般通过高电压变压器、高压电路瞬态过程变化等产生高电压。

（1）雷电

雷电是伴有闪电和雷鸣的一种壮观而又令人生畏的自然放电现象。雷电一般产生于对流发展旺盛的积雨云中，因此常伴有强烈的阵风和暴雨，有时还伴有冰雹和龙卷风。积雨云顶部一般较高，可达20公里，云的上部常有冰晶。冰晶的淞附、水滴的破碎以及空气对流等过程，使云中产生电荷。云中电荷的分布较复杂，但总体而言，云的上部以正电荷为主，下部以负电荷为主。因此，云的上部和下部之间形成一个电位差。当电位差达到一定程度后，就会产生放电，这就是我们常见的闪电现象。放电过程中，由于闪电通道中温度骤增，使空气体积急剧膨胀，从而产生冲击波，导致强烈的雷鸣。带有电荷的雷雨云与地面的突起物接近时，它们之间就发生激烈的放电。在雷电放电地点会出现强烈的闪光和爆炸的轰鸣声。这就是人们见到和听到的闪电雷鸣。

① 雷电的特点

对雷雨云生成和气体放电来说，有各种影响因素，所以雷电是一种自然界的随机现象，表征其特征的参数也具有随机性。雷电/雷击的电功率极大，电流达100 kA，雷雨云电压达 1×10^{8} V（1亿伏）左右，释放的能量为 1×10^{10} kW。但是，一次雷电持续的时间极短，释放的电能并不大，平均不过 300 kW·h 左右，因此把雷电转化为可利用能源的价值并不大。雷电特性曲线如图6-5-1所示。

② 雷电过电压

雷电过电压是由于电力系统中的设备或建筑物遭受来自大气中的雷击或雷电感应而引起的过电压。雷电冲击波的电压幅值可高达1亿伏，其电流幅值可高达几十万安培，因此对电力系统危害极大，必须加以防护。雷电过电压又分为直击雷过电压、感应雷过电压、侵入雷过电压。

当雷电直接击中电气设备、线路或建筑物时，强大的雷电流通过其流入大地，在被击物上产生较高的电压降，称为直击雷过电压。如果直击雷落在铁塔上，即雷云通过铁塔放电，一旦铁塔底脚接地电阻过大，则雷电流泄入大地时就会在铁塔上产生很高的压

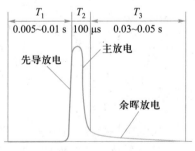

图6-5-1 雷电特性曲线

降。例如，雷电流幅值为 30 kA，铁塔接地电阻为 40 Ω，则雷电流所产生的对地电压为 1 200 kV，这样高的电压有可能击穿设备或线路的绝缘，这种现象通常称为"反击"。

当线路或设备附近发生雷云放电时，虽然雷电流没有直接击中线路或设备，但在导线上会感应出大量的和雷云极性相反的束缚电荷，当雷云对大地上其他目标放电后，雷云中所带电荷迅速消失，导线上的感应电荷就会失去雷云电荷的束缚而成为自由电荷，并以光速向导线两端急速涌去，从而出现过电压，称为静电感应过电压。感应过电压的幅值通常都为 100~150 kV，有时可达 250~300 kV，在极少情况下能达到 500~600 kV。

③ 雷电的危害

当雷电放电时，强大的雷电流将通过地面的被击物，它的热破坏作用和机械力破坏作用都非常大，同时还能在邻近的线路上感应出数值很高的过电压，这些过高电压会流窜到供电系统中造成更大的危害。雷电过电压会损坏电气系统，影响系统的正常运行。雷电还会危害高层建筑物、通信线路、天线、飞机、船舶、油库等的安全。其主要表现如下：

a. 热效应：雷电产生强大电流，瞬间通过物体时产生高温，引起燃烧、熔化、汽化，烧毁设备，引起火灾。在任何给定时刻，世界上大约有 1 800 场雷雨正在发生，每秒大约有 100 次雷击。全世界每年有 4 000 多人惨遭雷击。在雷电发生频率呈现平均水平的平坦地形上，每座 100 米高的建筑物平均每年会被击中一次。每座 350 米以上的建筑物，比如广播电视塔，每年会被击中 20 次，每次雷击通常会产生 6 亿伏的高压。

b. 电磁效应：放电时在导体上产生静电感应和电磁感应，产生火花而引起火灾或爆炸。另外，当雷击中地面物体时，强大的电流使地面不同位置的电位有明显的差别，人行走时两腿间将会有电压作用，这就是跨步电压，跨步电压示意图如图 6-5-2 所示。跨步电压过高时将会危及人身安全。电流沿着人的下身，从脚经腿、胯部又到脚与大地形成通路。正确的处理方法是当一个人发觉跨步电压威胁时，应立刻并拢双脚或抬起一只脚，跳离危险区，避免伤亡。

c. 机械效应：雷电通过导体时产生冲击性电动力，导体常发生炸裂、劈开。

图 6-5-2　跨步电压示意图

（2）静电

① 静电的产生

静电是一种处于静止状态的电荷或者说是不流动的电荷（流动的电荷就形成了电流），当电荷聚集在某个物体或表面上时，就形成了静电。而电荷分为正电荷和负电荷两种，也就是说静电现象也分为两种，即正静电和负静电。当带静电物体接触零电位物体（接地物体）或与其有电位差的物体时，都会发生电荷转移，并引起放电。静电并不是静止的电，是宏观上暂时停留在某处的电。在干燥的季节，人体静电可达几千伏甚至几万伏，而橡胶和塑料薄膜行业的静电更是可高达 10 多万伏。静电放电脉冲电流上升时间约为 1~5 ns，脉宽约 150 ns，电流峰值约 1~50 A。

② 静电的危害

在人们日常生活和工业生产过程中，静电的产生是不可避免的，其造成的危害主要包括静电放电造成的危害和静电引力造成的危害。

静电放电会引起电子设备的故障或误动作，造成电磁干扰，击穿集成电路和精密的电子元件，或者促使元件老化，降低生产成品率。高压静电放电造成电击，危及人身安全。在易燃易爆品或粉尘、油雾的生产场所，极易引起爆炸和火灾。

在电子工业生产中，静电引力会吸附灰尘，造成集成电路和半导体元件的污染，大大降低成品率。在胶片和塑料工业生产中，使胶片或薄膜收卷不齐，胶片、CD塑盘沾染灰尘，影响品质。在造纸印刷工业，使纸张收卷不齐，套印不准，吸污严重，甚至纸张黏结，影响生产。在纺织工业造成根丝飘动、缠花断头、纱线纠结等危害。

2. 高电压发生装置

电力系统中的高压电气设备（避雷器、磁吹避雷器、电力电缆、发电机、变压器、开关等）在投入运行之前，需要进行电气绝缘强度和泄漏电流等项目的测试，因此需要专门的高电压发生装置。高压发生装置包括交流高电压发生装置、直流高电压发生装置和冲击电压电流发生装置。

交直流高压发生器主要用于研究直流输电及换流站设备和绝缘材料在直流高电压下的绝缘强度、直流输电线路电晕和离子流及其效应，以及进行交直流电力设备的泄漏电流试验，也用于电力部门、厂矿企业动力部门、科研单位、铁路、化工、发电厂等对氧化锌避雷器、磁吹避雷器、电力电缆、发电机、变压器、开关等设备进行直流高压试验。交直流高压发生器还可作为其他高压试验设备（冲击电压发生器、冲击电流发生器、振荡回路等）的电源。

冲击电压发生装置是一种产生雷电冲击电压波及操作过电压波等脉冲波的高电压发生装置，是高压试验室的基本试验设备。冲击电压发生器主要用于电力设备等试品进行雷电冲击电压全波、雷电冲击电压载波和操作冲击电压波的冲击电压试验，检验其绝缘性能。高压发生装置如图6-5-3所示。

(a) 便携式直流　　　(b) 6000 kV冲击　　　(c) 3000 kV冲击　　　(d) 户外式高电压
高压发生器　　　　　电压发生器　　　　　电压发生器　　　　　脉冲发生装置

图6-5-3　高压发生装置

6.5.2　绝缘材料与电气设备绝缘

绝缘材料又称电介质，是指在允许电压作用下、不导电或导电极微的物质，其电阻率一般大于10^{10} $\Omega \cdot m$。绝缘材料的主要作用是在电气设备中将不同电位的带电导体隔离开来，使电流能按一定的路径流通，还可起机械支撑和固定，以及灭弧、散热、储能、防潮、防霉或改善电场的电位分布和保护导体的作用。因此，要求绝缘材料有尽可能高的绝缘电阻、耐热性、耐潮性，还需要一定的机械强度。绝缘是电气设备结构中的重要组成部分，同时也是电气设备的薄弱环节，是运行中设备事故的发源地，当作用电压超过临界值时，绝缘将被破坏而失去绝缘作用。对于电气设备如发电机、变压器、断路器、电容型设备、架空线、电缆、气体绝缘金属封闭组合电气的绝缘结构，要考虑材料的选用、结构设计和工艺。

1. 绝缘材料及分类

绝缘材料是在允许电压下不导电的材料，但不是绝对不导电的材料，在一定外加电场强度作用下，也会发生导电、极化、损耗、击穿等过程，而长期使用还会发生老化。绝缘材料可分气体、液体和固体三大类。

常用的气体绝缘材料有空气、氮气和六氟化硫 SF_6 等。

液体绝缘材料主要有矿物绝缘油、合成绝缘油（硅油、十二烷基苯、聚异丁烯、异丙基联苯、二芳基乙烷等）两类。

固体绝缘材料可分有机、无机两类。有机固体绝缘材料包括绝缘漆、绝缘胶、绝缘纸、绝缘纤维制品、塑料、橡胶、漆布漆管及绝缘浸渍纤维制品、电工用薄膜、复合制品和黏带、电工用层压制品等。无机固体绝缘材料主要有云母、玻璃、陶瓷及其制品。绝缘材料及绝缘子如图 6-5-4 所示。

2. 绝缘材料的老化

绝缘材料在电场作用下将发生极化、电导、介质发热、击穿等物理现象，在承受电场作用的同时，还要经受机械、化学等诸多因素的影响，长期工作将会出现老化现象。因此，电气产品的许多故障往往发生在绝缘部分。

电介质的老化是指电介质在长期运行中电气性能、力学性能等随时间的增长而逐渐劣化的现象。其主要老化形式有电老化、热老化和环境老化。

电老化多见于高压电器，产生的主要原因是绝缘材料在高压作用下发生局部放电。

热老化多见于低压电器，其机理是在热温度的作用下，绝缘材料内部成分氧化、裂解、变质，与水发生水解反应而逐渐失去绝缘性能。

环境老化又称大气老化，是由于紫外线、臭氧、盐雾、酸碱等因素引起的污染性化学老化。其中，紫外线是主要因素，臭氧则由电气设备的电晕或局部放电产生。

绝缘材料一旦发生了老化，其绝缘性能通常都不可恢复，工程上常用下列方法防止绝缘材料的老化。

（1）在绝缘材料制作过程中加入防老化剂。

（2）户外用绝缘材料可添加紫外线吸收剂，或用隔层隔离阳光。

（3）湿热地带使用的绝缘材料，可加入防霉剂。

（4）加强电气设备局部防电晕、防局部放电的措施。

3. 绝缘材料的发展

20 世纪 70 年代，聚合物工业在向大规模工业化发展的同时，绝缘材料工业出现了新的 F 级、H 级绝缘材料体系，相继开发了聚酰亚胺、聚酰胺酰亚胺、聚酰亚胺、聚

(a) 绝缘胶带

(b) 硅树脂玻璃纤维套管

(c) 聚酯纤维电机绝缘纸

(d) 陶瓷低压线路绝缘子

(e) 陶瓷高压支柱绝缘子

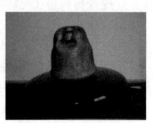
(f) 陶瓷高压盘形绝缘子

(g) 陶瓷高压针式绝缘子

图 6-5-4　绝缘材料及绝缘子

马来酰亚胺、聚二苯醚等耐热性绝缘漆、粘合剂和薄膜，以及改性环氧、不饱和聚酯、聚芳酰胺纤维纸及其复合材料等系列新产品。电工产品耐热等级上升为 B 级，在冶金、吊车、机车电机等特殊电机中开始采用新的 F 级、H 级绝缘材料。

　　20 世纪 80 年代后，中国进行大规模的自主开发 F 级、H 级绝缘材料，使其性能得到提高，出现了改性二苯醚、改性双马来酰亚胺、改性聚酯亚胺漆包线漆、聚酰胺酰亚胺漆包线漆、聚酰亚胺漆包线漆、F 级、H 级玻璃纤维制品、高性能聚酰亚胺薄膜、F 级环氧粉云母带等。无溶剂浸渍树脂和快干浸渍漆得到迅速发展。少胶粉云母带、VPI（真空压力浸渍）浸渍树脂开始应用。

　　目前，应用纳米技术发展纳米绝缘材料，将纳米级（范围在 1~100 nm 之间）粉料均匀地分散在聚合物树脂中，也可以采取在聚合物内部形成或外加纳米级晶粒或非晶粒物质，还可形成纳米级微孔或气泡。由于纳米级粒子的结构特征使复合型材料表现出一系列独特而又奇异的性能，从而使纳米材料发展成极有前景的新材料领域。纳米材料的应用必将为许多传统的绝缘材料无法达到的新异性能，开辟新的发展前景。

4. 电气设备的绝缘

金属导体在高电压、长时间通电使用时，性能几乎不劣化。但是，绝缘体多为高分子材料，随着加压时间延长，绝缘性能有下降倾向。因此，高电压系统对提高绝缘材料的长期特性、绝缘设计合理化和运行中电机电器的绝缘诊断等理论和技术都有很高的要求。常用电气设备绝缘材料及形式见表 6-5-1。

表 6-5-1　常用电气设备绝缘材料及形式

设备名称	绝缘形式
电机	电机绕组通常采用环氧粉云母带、绝缘浸渍环氧树脂漆作绝缘。 绝缘等级分为 E、B、F 和 H 级
变压器	（1）变压器广泛采用油浸纸和绝缘油，干式变压器采用环氧树脂和六氟化硫作绝缘 （2）绕组采用浸渍和涂覆盖漆作绝缘
断路器	（1）油断路器：利用变压器油作为灭弧介质 （2）六氟化硫断路器：采用惰性气体六氟化硫进行灭弧 （3）真空断路器：触头密封在高真空的灭弧室内，利用真空的高绝缘性能来灭弧 （4）空气断路器：利用高速流动的压缩空气进行灭弧 （5）固体产气断路器：利用固体产气物质在电弧高温作用下分解出的气体来灭弧 （6）磁吹断路器：断路时，利用本身流过的大电流产生的电磁力，将电弧迅速拉长而吸入磁性灭弧室内冷却熄灭
架空输电线路	（1）利用绝缘子和空气间隙绝缘 （2）采用 SF6 气体、SF6 与 N2 混合气体绝缘
地下输电线路	利用 SF6 气体绝缘和环氧树脂间隔棒支撑导线的管道充气电缆、充油电缆
金属封闭组合电器	采用 SF6 气体作为绝缘和灭弧介质

6.5.3　电力系统过电压及其防护

电力系统在运行过程中，各种电气设备的绝缘除了长期受到工作电压的作用外，由于各种原因还受到比工作电压高得多的电压作用，它会直接危害其正常工作、造成事故，这种对绝缘有危害的电压升高和电位差升高称为"过电压"。过电压可能造成绝缘薄弱部位的绝缘破坏，引起短路或接地故障，损坏设备，造成局部系统停电。

1. 过电压分类

过电压都是由于系统中的电磁场能量发生变化而引起的，其原因：

一是由于系统外部突然加入一定的能量，如雷击导线、设备或导线附近的大地而引起。

二是由于电力系统内部参数发生变化时，电磁场能量发生重新分配而引起。

电力系统外部过电压又称雷电过电压或大气过电压。雷电过电压的持续时间约为几十微秒，具有脉冲的特性，故常称为雷电冲击波。

电力系统内部过电压是由运行方式发生改变而引起的过电压，有暂态过电压、操作过电压和谐振过电压。暂态过电压是由于断路器操作或发生短路故障，使电力系统经历过渡过程以后重新达到某种暂时稳定的情况下所出现的过电压，又称工频电压升高。过电压分类如下。

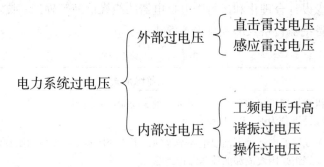

2. 过电压防护

电力系统中的大气过电压主要是由雷电放电所造成的，一般采用安装避雷针和避雷器进行防护，保证电力设施及设备正常工作。

（1）避雷针

避雷针是用来保护电力系统设施、建筑物、高大树木等避免雷击的装置。通常采用装设高于被保护物的避雷针（或避雷线），将雷电吸引到避雷针上并安全地将雷电流引入大地，从而遮蔽了被保护建筑物和设备。避雷针的保护范围是个锥体，其半径与避雷针高度有关。各种形式的避雷针如图 6-5-5 所示。

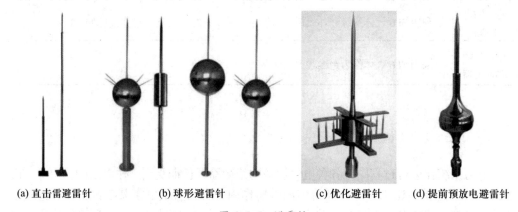

(a) 直击雷避雷针　　　(b) 球形避雷针　　　(c) 优化避雷针　　(d) 提前预放电避雷针

图 6-5-5　避雷针

（2）避雷器

避雷器是用于保护电气设备免受高瞬态过电压危害，并限制续流时间和续流幅值的一种电器保护装置。避雷器的作用是当过电压出现时，将电压限制在不超过规定值，使电器设备免受过电压损害，当过电压作用后，又能使系统迅速恢复正常状态，以保证系统正常供电。适用于变压器、输电线路、配电屏、开关柜、电力计量箱、真空开关、并联补偿电容器、旋转电机及半导体器件等的过电压保护。避雷器的主要类型有管型避雷器、阀型避雷器和氧化锌避雷器等。避雷器如图 6-5-6 所示。

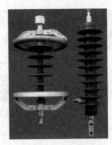

(a) 管型避雷器　　　　(b) 阀型避雷器　　　　(c) 氧化锌避雷器

图 6-5-6　避雷器

避雷器连接在线缆和大地之间，通常与被保护设备并联。避雷器可以有效地保护电气设备，一旦出现不正常电压，避雷器将发生动作，起到保护作用。当通信线缆或设备在正常工作电压下运行时，避雷器不会产生作用，对地面来说视为断路。一旦出现高电压，且危及被保护设备绝缘时，避雷器立即动作，将高电压冲击电流导向大地，从而限制电压幅值，保护通信线缆和设备绝缘。当过电压消失后，避雷器迅速恢复原状，使通信线路和设备正常工作。

6.5.4　高电压新技术及其应用

1. 高压气体放电及其应用

高压气体放电多用于照明光源。高压气体放电照明灯通过灯管中的弧光放电，再结合灯管中填充的惰性气体或金属蒸气产生很强的光线。高压气体放电照明灯的泡壳与电极间采用真空密封，泡壳内充有放电气体。灯内气体的总压强在 1~10 个大气压。光源有高压汞灯、高压钠灯、金属卤化物灯和微波硫灯、长弧氙灯等。高压气体放电照明灯工作电流很大，因而功率也很大。它不需预热启动，可配用适宜的触发器直接启动。超高压放电光源灯内的气体总压强大于 10 个大气压。光源有超高压氙灯、超高压汞灯等。发光体较小，近似高亮度点光源，便于控光。

高压钠灯使用时发出金白色光，具有发光效率高、耗电少、寿命长、透雾能力强和不诱虫等优点，广泛应用于道路、高速公路、机场、码头、船坞、车站、广场、街道交汇处、工矿企业、公园、庭院照明及植物栽培。高显色高压钠灯主要应用于体育馆、展览厅、娱乐场、百货商店和宾馆等场所照明。高压汞灯是玻壳内表面涂有荧光粉的高压汞蒸气放电灯，白色灯光柔和，结构简单，成本低，维修费用低，可直接取代普通白炽灯，具有光效长、寿命长、省电经济的特点，适用于工业照明、仓库照明、街道照明、泛光照明和安全照明等。高压氙灯是利用氙气放电而发光的电光源。超高压短弧氙灯具有几乎瞬态的光学启动特性，一启动即辐射出灯的总光通量的 80%，1 分钟后达 90%，2.5 分钟后达到 100%，亮度高、发光区域小、显色性好，光色接近日光且光色稳定，广泛用于电影放映、太阳模拟器、电弧成像炉、D65 模拟光源聚光器、印刷制版、复印机、光学仪器、人工气候模拟等。各种高压气体放电照明灯如图 6-5-7 所示。

(a) 高压钠灯(照明)　　　(b) 高压钠灯(温室补光)　　　(c) 高压汞灯　　　(d) 超高压汞灯(投影机)

图 6-5-7　各种高压气体放电照明灯

2. 特高压技术及其应用

通常将交流 1 000 kV 及以上、直流 ±800 kV 及以上的电压等级称为特高压。特高压输电技术是实现远距离、大规模输电和全国范围能源资源优化配置，解决能源资源和能源需求逆向分布矛盾的治本之策。中国特高压输电自建成 ±800 kV 第一个示范工程以来，共完成 180 多项关键技术研究课题，形成 429 项专利，建立了包含 7 大类79 项标准的特高压交流输电标准体系，涵盖系统研究、设备制造、调试试验和运行维护等环节。中国的特高压交流输电标准，已经被确定为国际标准。过去十余年，中国特高压经过启动、质疑、规模化发展、停滞、重启四个阶段。2004 年是特高压研究的起点，2006 年启动建设，2011 年特高压建设纳入"十二五"规划，2014 年是特高压核准高峰期，2016 年特高压集中建设，2017 年特高压核准建设进程放缓。截至 2018 年9 月，我国已建成"八交十三直"共 21 条特高压工程，总投资规模约 4 073 亿元。2018 年 9 月 3 日，国家能源局印发的"关于加快推进一批输变电重点工程规划建设工作的通知"指出，要在今明两年核准开工九项重点特高压输变电工程，合计输电能力57 000 MW。规划包括 12 条特高压线路，其中 7 条为交流，5 条为直流。我国在运、在建特高压工程线路见表 6-5-2。

表 6-5-2　我国在运、在建特高压工程线路

		工程名称	电压等级 （千伏）	线路长度 （公里）	变电/换流容量 （万千伏安/万千瓦）	投运时间
交流	在运	晋东南—南阳—荆门	1 000	640	1 800	示范工程 2009 年 扩建工程 2011 年
		淮南—浙北—上海	1 000	2×649	2 100	2013
		浙北—福州	1 000	2×603	1 800	2014
		锡盟—山东	1 000	2×730	1 500	2016
		蒙西—天津南	1 000	2×608	2 400	2016
		淮南—南京—上海	1 000	2×738	1 200	2016
		西蒙—胜利	1 000	2×240	600	2017
		榆横—潍坊	1 000	2×1049	1 500	2017

		工程名称	电压等级（千伏）	线路长度（公里）	变电/换流容量（万千伏安/万千瓦）	投运时间
交流	在建	苏通 GIL 综合管廊	1 000	2×608		2019
		北京西—石家庄	1 000	2×228		2019
		潍坊—石家庄	1 000	2×820	1 500	2019
		蒙西—晋中	1 000	2×304		2019
		张北—雄安	1 000	2 回	600	2018 年四季度开建
		南阳—荆门—长沙	1 000	2 回	600	2019 年开建
直流	在运	向家坝—上海	±800	1 907	1 280	2010
		锦屏—苏南	±800	2 059	1 440	2012
		哈密南—郑州	±800	2 192	1 600	2014
		溪洛渡—浙西金华	±800	1 653	1 600	2014
		宁东—浙江	±800	1 720	1 600	2016
		酒泉—湖南	±800	2 383	1 600	2017
		晋北—江苏	±800	1 119	1 600	2017
		西蒙—泰州	±800	1 620	2 000	2017
		上海—山东	±800	1 238	2 000	2017
		扎鲁特—青州	±800	1 234	2 000	2017
		准东—皖南	±1 100	3 324	2 400	2018
	在建	青海—河南驻马店	±800		800	2018 年四季度开建
		陕北—湖北武汉	±800		800	2018 年四季度开建
		雅中—江西南	±800		800	2018 年四季度开建
		白鹤滩—江苏苏锡地区	±800		800	2019
		白鹤滩—浙江	±800		800	2019

（1）特高压交流设备

特高压交流输电设备包括特高压交流变压器、特高压并联电抗器、特高压 GIS、串补装置和避雷器等核心装备。晋东南—南阳—荆门的世界首个 1 000 kV 高压交流试验示范工程采用 1 000 MV·A/1 000 kV 变压器（双百万变压器）、1 000 kV 电抗器和 1 000 kV 特高压 GIS 设备（集断路器、隔离开关、接地开关、电流互感器、电压互感器、母线和套管、避雷器等设备于一体），采用断路器双列式布置方案，既减少占地，又节约投资。交流 1 000 kV 特高压设备如图 6-5-8 所示，额定参数见表 6-5-3。

(a) 1 000 MV·A/1 000 kV 升压变压器　　(b) 1 000 kV 电抗器组　　(c) 1 000 kV GSI 成套设备

图 6-5-8　交流 1 000 kV 特高压设备

表 6-5-3　交流 1 000 kV 特高压 GIS 设备额定参数

额定电压	额定电流				额定频率	额定短时耐受电流	额定短路持续时间	额定峰值耐受电流	额定雷电冲击耐受电压	额定操作冲击耐受电压
	断路器	隔离开关	母线套管	其他元件						
1 100 kV	6 300 A	6 300 A	9 000 A	8 000 A	50 Hz	63 kA	2 s	171 kA	2 400 kV（相对地）2 400+900（断口间）	1 800 kV（相对地）1 675+900（断口间）

断路器灭弧室由四个灭弧单元串联组成，带有并联电容器和并联电阻。灭弧室与合闸电阻并联分列式布置，分别处于各自独立的气室中。合闸电阻开关是一个处于独立壳体内的合分开关，具有"合后即分"的动作特点。液压弹簧操动机构直接驱动灭弧室，并通过传动装置驱动合闸电阻开关。交流 1 000 kV 断路器如图 6-5-9 所示。

隔离开关分为带投切电阻和不带投切电阻两种。不带投切电阻隔离开关有直角型或直线型隔离开关，采用电动操动机构，单相操作，三相间无机械传动装置，可与接地开关组合，设计简单，零部件数量少。带投切电阻隔离开关为立式布置，采用电动弹簧操动机构，单相操作，设 500 Ω VFT 电阻，可与接地开关组合。交流 1 000 kV 隔离开关如图 6-5-10 所示。

快速接地开关配有电动弹簧机构，可提高分合闸速度，具备短路关合及开合电磁感应电流（感应电流 360/500 A，感应电压 30 kV）、静电感应电流（感应电流 50/150 A，感应电压 180 kV）的能力，开关机械寿命 3 000 次，快速接地开关如图 6-5-11 所示。

(a) 外形图

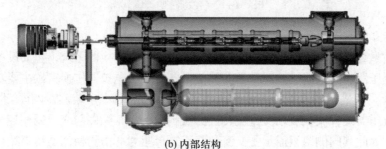

(b) 内部结构

图 6-5-9　交流 1 000 kV 断路器

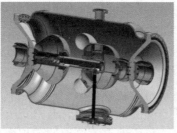

(a) 不带投切电阻的隔离开关外形及内部结构　　　　(b) 带投切电阻隔离开关外形及内部结构

图 6-5-10　交流 1 000 kV 隔离开关

(a) 外形图　　　　(b) 内部结构

图 6-5-11　快速接地开关

　　母线和母线接头设计通流能力为 8 000 A，有焊接结构的母线壳体和形式多样的母线接头，T 型连接、L 型连接、I 型连接可以适应于不同的盆子朝向，采用不同的布置形式，可以带或不带（快速）接地开关。母线和母线接头如图 6-5-12 所示。

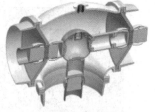

(a) 母线内部结构　　　　　　　　　(b) 母线接头内部结构

图 6-5-12　母线和母线接头

（2）特高压直流设备

换流站是直流输电工程中直流和交流进行能量相互转换的系统，主要设备包括换流器、换流变压器、交直流滤波器和无功补偿设备、平波电抗器。换流器主要功能是进行交直流转换，从最初的汞弧阀发展到电控和光控晶闸管阀，换流器单位容量在不断增大。换流变压器是直流换流站交直流转换的关键设备，其网侧与交流场相连，阀侧和换流器相连，因此其阀侧绕组需承受交流和直流复合应力。由于换流变压器运行与换流器的换向所造成的非线性密切相关，在漏抗、绝缘、谐波、直流偏磁、有载调压和试验方面与普通电力变压器有着不同的特点。交直流滤波器为换流器运行时产生的特征谐波提供入地通道。换流器运行中产生大量的谐波，消耗换流容量 40%~60% 的无功功率。交流滤波器在滤波的同时还提供无功功率。当交流滤波器提供的无功不够时，还需要采用专门的无功补偿设备。平波电抗器能防止直流侧雷电和陡波进入阀厅，从而使换流阀免于遭受这些过电压的应力，能平滑直流电流中的纹波。另外，在直流短路时，平波电抗器还可通过限制电流快速变化来降低换向失败概率。

换流变压器是连接在换流桥与交流系统之间的电力变压器，用于实现换流桥与交流母线的连接，并为换流桥提供一个中性点不接地的三相换相电压，是交、直流输电系统中的换流、逆变两端接口的核心设备。"昌吉—古泉" ±1 100 kV 特高压直流输电工程的首台 ±1 100 kV/ 587.1 MV·A 换流变压器，长 33 m、宽 12 m、高 18.5 m，单台容量高达 607 500 kV·A。直流 ±1 100 kV/587.1 MV·A 换流变压器如图 6-5-13 所示。

(a) 换流变压器　　　　　　　　　(b) 换流变压器安装现场图

图 6-5-13　直流 ±1 100 kV/587.1 MV·A 换流变压器

±1 100 kV 特高压换流阀采用 12 脉冲串结构，直流耐压试验电压为 1 795 kV，操作冲击试验电压达到 2 105 kV，相比 ±800 kV 直流换流阀，±1 100 kV 换流阀的多重阀试验参数提高了 30%。直流 ±1 100 kV 换流阀如图 6-5-14 所示。

图 6-5-14　直流 ±1 100 kV 换向阀

±1 100 kV 高压直流输电线路采用复合外套金属氧化物避雷器，在宁夏海原县新疆昌吉—安徽古泉的 ±1 100 kV 高压直流输电工程输电线路上安装完成，产品技术参数和性能达到世界领先水平。直流 ±1 100 kV 避雷器如图 6-5-15 所示。

图 6-5-15　直流 ±1 100 kV 避雷器

直流电子式电压互感器具有绝缘结构简单可靠、体积小、重量轻、线性度动态范围大等优点。±1 100 kV 电压互感器采用阻容分压原理实现对一次电压的测量。额定一次电压 ±1 100 kV，直流耐受电压 ±1 683 kV，雷电冲击耐受电压 ±2 800 kV，操作冲击耐受电压 ±2 150 kV。直流 ±1 100 kV 电压互感器如图 6-5-16 所示。

±1 100 kV 直流穿墙套管是连接换流站阀厅内部和外部高电压大容量电气装备的唯一电气贯通设备，单体承载着全系统的电压和电流，输送容量达 6 000 MW，堪称直流输电系统的"咽喉"，具有复杂度高、可靠性要求高等特点。±1 100 kV 直流穿墙套管曾经是制约我国发展 ±1 100 kV 直流输电工程的技术瓶颈。

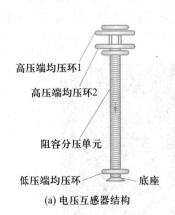

(a) 电压互感器结构   (b) 电压互感器外形

图 6-5-16 直流 ±1 100 kV 电压互感器

2017 年 7 月,我国攻克了超大型环氧芯体无气泡浸渍技术和固化过程热应力抑制技术难题,建立了 ±1 100 kV 高压直流穿墙套管电、热、机械性能综合试验平台和试验技术体系,在国际上率先完成了"环氧芯体 SF6 气体复合绝缘"和"纯 SF6 气体绝缘"两种结构的直流 ±1 100 kV/5 523 A 穿墙套管全套试验。额定电压直流 ±1 100 kV,最高连续直流电压 ±1 122 kV,雷电冲击试验电压 ±2 300 kV,操作冲击试验电压 ±2 100 kV,连续直流电流 6 kA,短时耐受电流 16 kA,短时耐受电流峰值 40 kA。±1 100 kV 直流穿墙套管已在世界首个 ±1 100 kV 直流输电工程昌吉—古泉特高压直流输电工程中挂网运行。±1 100 kV 直流穿墙套管如图 6-5-17 所示。

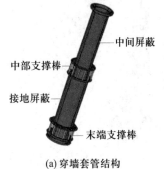

(a) 穿墙套管结构   (b) 穿墙套管外形

图 6-5-17 ±1 100 kV 直流穿墙套管

±1 100 kV 干式平波电抗器是特高压直流输电工程中关键主设备之一,主要作用是去除换流后的直流电中的高次谐波,使直流电波形更加平稳。±1 100 kV 干式平波电抗器自下而上共安装有 12 层均匀屏蔽环(编号 1—12)。1 号屏蔽环外径 1 400 mm,管径 200 mm,12 号屏蔽环外径 7 210 mm,管径 200 mm。额定电压直流 ±1 100 kV,雷电冲击试验电压 ±2 300 kV,操作冲击试验电压 ±2 100 kV。古泉换流站平波电抗器本体重约 106 t,线圈直径 5.66 m、高度 4.55 m,±1 100 kV 直流干式平波电抗器如图 6-5-18 所示。

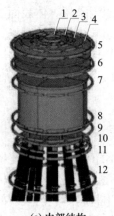

| (a) 内部结构 | (b) 外形图 |

图 6-5-18 ±1 100 kV 直流干式平波电抗器

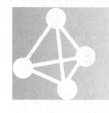

6.6 电工新技术

在电力生产、电工制造与其他工业发展,以及国防建设与科学实验的实际需求的有力推动下,在新原理、新技术和新材料发展的基础上,发展起来了多种电气工程新技术(简称电工新技术),成为现代电工科学技术发展中最为活跃和最有生命力的重要分支。

电工新理论包括放电物理、等离子体物理、电磁流体力学和直线电机新原理。新材料涉及超导材料、永磁材料和新型半导体材料。电工新技术包括超导电工技术、核聚变电工技术、磁流体技术、脉冲功率技术、等离子体技术、静电技术、强磁场和磁悬浮技术、电磁兼容技术、无损检测与探伤技术、新型电源技术、大系统的近代网络理论与智能算法应用技术等。

6.6.1 超导电工技术

1. 超导体特性及分类

（1）超导体及特性

超导体(superconductor)又称为超导材料,指在某一温度下,电阻为零的导体。在实验中,若导体电阻的测量值低于 $10~25~\Omega$,可以认为电阻为零。超导体具有三个基本特性:完全导电性、完全抗磁性、通量量子化。

完全导电性又称零电阻效应,指温度降低至某一温度以下,电阻突然消失的现象。

完全抗磁性又称迈斯纳效应,"抗磁性"指在磁场强度低于临界值的情况下,磁力线无法穿过超导体,超导体内部磁场为零的现象,"完全"指降低温度达到超导态、施加磁场两项操作的顺序可以颠倒。完全抗磁性的原因是超导体表面能够产生一个无损耗的抗磁超导电流，这一电流产生的磁场，抵消了超导体内部的磁场。

通量量子化又称约瑟夫森效应，指当两层超导体之间的绝缘层薄至原子尺寸时，电子对可以穿过绝缘层产生隧道电流的现象，即在"超导体 – 绝缘体 – 超导体"结构可以产生超导电流。

（2）超导体分类

超导体的分类方法有以下几种：

① 根据超导材料对磁场的响应分类：第一类超导体和第二类超导体。从宏观物理性能上看，第一类超导体只存在单一的临界磁场强度；第二类超导体有两个临界磁场强度值，在两个临界值之间，材料允许部分磁场穿透材料。在已发现的元素超导体中，第一类超导体占大多数，只有钒、铌、锝属于第二类超导体；但很多合金超导体和化合物超导体都属于第二类超导体。

② 根据解释理论分类：传统超导体（可以用 BCS 理论或其推论解释）和非传统超导体（不能用 BCS 理论解释）。

③ 根据临界温度分类：高温超导体和低温超导体。高温超导体通常指临界温度高于液氮温度（大于 77 K）的超导体，低温超导体通常指临界温度低于液氮温度（小于 77 K）的超导体。

④ 根据材料类型分类：元素超导体（如铅和水银）、合金超导体（如铌钛合金）、氧化物超导体（如钇钡铜氧化物）、有机超导体（如碳纳米管）。

2. 超导技术应用

超导技术的应用可分为三类：强电应用、弱电应用和抗磁性应用。

强电应用即大电流应用，包括超导发电、输电和储能；弱电应用即电子学应用，包括超导计算机、超导天线、超导微波器件等；抗磁性应用主要包括磁悬浮列车和热核聚变反应堆等。

（1）超导发电机

超导技术可以使发电机和电动机小型化，而功率更强大，工作性能更稳定，以取代目前庞大笨重的发电设施。

超导发电机有两种含义：一种含义是将普通发电机的铜绕组换成超导体绕组，以提高电流密度和磁场强度；另一种含义是指超导磁流体发电机，磁流体发电机具有效率高、发电容量大等优点，但传统磁体在发电过程中会产生很大的损耗，而超导磁体自身损耗小，可以弥补这一不足。超导发电机是电机领域的一种新型电机，具有功率密度大、同步电抗小、效率高、维护方便等优点，将成为本世纪最有潜力、最理想的能源转换装置。

超导发电机可从以下方面改善电力系统：

① 能够极大地降低制造成本及其运行成本；

② 可以增加电网的稳定性；

③ 超导发电机本身在高电压下运行，所以可以省去升压变压器；

④ 与目前常用的交流短距离输变电进行对比研究后发现，将超导发电机的输出转变成直流进行输变电也是有益的。

随着对超导发电机研究的不断深入以及超导技术的不断发展，超导发电机将成为轧钢、风机、微机械系统、化工、航天航空、采矿、石油与天然气精炼以及其他重工业等领域的理想动力。未来，全电舰船上的电源、飞机上的电驱动电源、主动的空运驱逐系统与自保护系统等都将出现超导发电机的身影。舰船及航空器上的激光束武器也将是超导发电机大显身手的地方。

（2）超导输电

超导输电是一种采用超导电缆输送电力的方法。超导体能承载比普通的导体高很多数量级的电流密度，使用超导电缆输送电力可以达到单路几百万千瓦的输送功率，大幅度地提高了输电效率。由于目前超导输电线需低温和媒质冷却，因此还无法取代高压架空输电线路，只适用于作为配电电缆网络及发电机出口大电流低压电缆出线使用。

由超导材料制作的超导电缆可以把电力几乎无损耗地输送给用户。据统计，用铜或铝导线输电，约有 15% 的电能损耗在输电线路上，光是在中国，每年的电力损失即达1 000 多亿度。若改为超导输电，节省的电能相当于新建数十个大型发电厂。

全球范围内高温超导电缆的实用化、商用化进程正在加速，已有多组长距离高温超导电缆并入实际电网运行。目前已投运的最长高温超导电缆位于德国埃森市，全长约为1 公里，采用第一代超导材料。2013 年以来上海电缆研究所牵头建成的国内首套 30 m、35 kV、低温绝缘高温超导电缆在宝山钢铁股份有限公司挂网运行，标志着我国在实用低温绝缘高温超导电缆技术中获得重大突破，成为国际上少数成功建设低温绝缘高温超导电缆示范工程的国家。

中国首条公里级高温超导电缆示范工程，项目拟建设 1 回电压等级 35 kV、额定电流 2 200 A 的三相同芯超导电缆，计划于 2019 年底在上海市徐汇区华石路、钦州路沿线 1.2 公里区域内挂网运行。

（3）高温超导变压器

传统的油浸变压器是将铜导线绕制的一、二次绕组套装在铁心柱上，然后将器身装入钢制的油箱里，再将油箱注满变压器油。而高温超导变压器是将铋氧化物超导线材卷制的绕组，放入经玻璃纤维强化的玻璃钢制成的隔热圆筒内（G-FRP），并注入 77 K（-196 ℃）的液氮，以取代变压器油。与常规变压器相比，高温超导变压器采用高温超导材料取代铜线，液氮取代油作为冷却，由此而带来了许多优点。

① 体积小重量轻

高温超导带能够传输比常规铜线大 10 至 100 倍的电流，与同样容量的常规变压器相比，高温超导变压器的体积可以减小 40% 到 60%。

② 节能

传统电力变压器负载损耗占总损耗的 80%，主要为焦耳热损耗。超导由于其直流情况下电阻为零，不再存在焦耳热损耗，因此在减小变压器的总损耗方面具有巨大的潜力。超导体在交流状态下存在交流损耗，会带来额外的制冷成本。但是即使加上制冷消耗，40 MW 以上量级的高温超导变压器在效率和经济性方面都高于常规变压器。

③ 环保性能

高温超导变压器采用液氮冷却，因此由冷却系统带来的噪声不再存在。其次，液氮具有安全、不可燃、对环境不会造成污染等优点，用它取代油作为冷却和绝缘介质，避免了爆炸和由于油泄漏造成的环境污染，无火灾隐患使得它可以安装于任何地方。

④ 过载能力

常规变压器由纸和油提供的绝缘担心的是发热问题。高温超导变压器的绕组和绝缘运行于液氮或更低的温度下，绝缘不会退化。在两倍于额定功率下运行也不会影响运行寿命。

⑤ 内阻减小与故障限流能力

超导体在正常工作情况下呈现为零电阻，从而可以减小变压器的内阻，增大电压可调节范围。一旦发生异常的大电流时，超导体失超进入有阻状态，起到限制电流尖峰的作用。变压器在系统运行中难免要承受各种短路故障，包括三相短路、两相短路、两相接地和相对地故障。短路将引起变压器绕组中巨大的"过电流"及数百倍的机械力。限流功能同时带来额外的经济效益，相应的电力系统元件也可以按限制后的电流来设计。这一点满足了用户对电力变压器提出的抗突发短路能力强的要求。

超导变压器是超导电力系统中的一个重要组成设备，是超导技术应用的一个重要方面。由中国科学院电工研究所和新疆特变电工股份有限公司联合研究开发的我国首台高温超导变压器，于2006年1月投入配电网试验运行并获得成功。这是世界上第2台挂网运行的高温超导电力变压器，也是全球首台非晶合金铁心高温超导电力变压器。高温超导电力变压器的研制成功，标志着我国在高温超导变压器的研制、开发方面已经进入世界先进行列。

（4）超导计算机

高速计算机要求集成电路芯片上的元件和连接线密集排列，但密集排列的电路在工作时会发生大量的热，而散热是超大规模集成电路面临的难题。超导计算机中的超大规模集成电路，其元件间的互连线用接近零电阻和超微发热的超导器件来制作，不存在散热问题，同时计算机的运算速度大大提高。此外，科学家正研究用半导体和超导体来制造晶体管，甚至完全用超导体来制作晶体管。

（5）超导磁悬浮列车

利用超导材料的抗磁性，将超导材料放在一块永久磁体的上方，由于磁体的磁力线不能穿过超导体，磁体和超导体之间会产生排斥力，使超导体悬浮在磁体上方。利用这种磁悬浮效应可以制作高速超导磁悬浮列车。

6.6.2 核聚变电工技术

核聚变（nuclear fusion），又称核融合、融合反应、聚变反应或热核反应。原子核中蕴藏巨大的能量，原子核的变化（从一种原子核变化为另外一种原子核）往往伴随着能量的释放。核聚变是核裂变相反的核反应形式。科学家正在努力研究可控核聚变，核聚变可能成为未来的能量来源。核聚变燃料可来源于海水和一些轻核，所以核聚变燃料是无穷无尽的。人类已经可以实现不受控制的核聚变，如氢弹的爆炸。

热核反应，或原子核的聚变反应，是参与核反应的轻原子核，如氢（氕）、氘、氘、锂等从热运动获得必要的动能而引起的聚变反应（参见核聚变）。热核反应是氢弹爆炸的基础，可在瞬间产生大量热能，但尚无法加以利用。如能使热核反应在一定约束区域内，根据人们的意图有控制地产生与进行，即可实现受控热核反应。这是在进行试验研究的重大课题。受控热核反应是聚变反应堆的基础，聚变反应堆一旦成功，则可能向人类提供最清洁而又取之不尽的能源。

冷核聚变是指在相对低温（甚至常温）下进行的核聚变反应，这种情况是针对自然界已知存在的热核聚变（恒星内部热核反应）而提出的一种概念性"假设"，这种设想将极大地降低反应要求，只要能够在较低温度下让核外电子摆脱原子核的束缚，或者在较高温度下用高强度、高密度磁场阻挡中子或者让中子定向输出，就可以使用更普通更简单的设备产生可控冷核聚变反应，同时也使聚核反应更安全。

产生可控核聚变需要的条件非常苛刻。太阳就是靠核聚变反应来给太阳系带来光和热，其中心温度达到 1 500 万摄氏度，另外还有巨大的压力能使核聚变正常反应，而地球上没办法获得巨大的压力，只能通过提高温度来弥补，不过这样一来温度要到上亿度才行。核聚变如此高的温度没有一种固体物质能够承受，只能靠强大的磁场来约束。由此产生了磁约束核聚变。

对于惯性核聚变，核反应点火也是棘手的问题。在 2010 年 2 月 6 日，美国利用高能激光实现核聚变点火所需条件。中国也有"神光 2"将为我国的核聚变进行点火。

中国于 2003 年加入国际热核聚变实验堆 ITER（international thermonuclear experimental reactor）计划。位于安徽合肥的中科院等离子体所是这个国际科技合作计划的国内主要承担单位，其研究建设的 EAST 装置稳定放电能力为创记录的 1 000 s，超过世界上所有正在建设的同类装置。中国新一代热核聚变装置 EAST，于 2010 年 9 月 28 日首次成功完成了放电实验，获得电流 200 kA、时间接近 3 s 的高温等离子体放电，此次实验实现了装置内部 1 亿度高温。目前，等离子脉冲持续了超过 30 s，是此前记录的 10 到 20 倍。30 s 听起来不多，但你要知道等离子体温度超过一亿度，是太阳核心温度的五倍多。

EAST 与 ITER 相比，EAST 在规模上小很多，但两者都是全超导非圆截面托卡马克，即两者的等离子体位形及主要的工程技术基础是相似的，而 EAST 至少比 ITER 早投入实验运行 10 至 15 年。

从长远来看，核能将是继石油、煤和天然气之后的主要能源，人类将从"石油文明"走向"核能文明"。在可以预见的地球上人类生存的时间内，水和氘，足以满足人类未来几十亿年对能源的需要。从这个意义上说，地球上的聚变燃料是无限丰富的，聚变能源的开发，将"一劳永逸"地解决人类的能源需要。

6.6.3　磁流体技术

1832 年法拉第首次提出有关磁流体力学（magneto hydro dynamics）问题。他根据海水切割地球磁场产生电动势的想法，测量泰晤士河两岸间的电位差，希望测出流速，但因河水电阻大、地球磁场弱和测量技术差，未达到目的。1937 年哈特曼根据法拉第的想法，对水银在磁场中的流动进行了定量实验，并成功地提出粘性不可压缩磁流体力学流动（即哈特曼流动）的理论计算方法。

1940—1948 年阿尔文提出带电单粒子在磁场中运动轨道的"引导中心"理论、磁冻结定理、磁流体动力学波（即阿尔文波）和太阳黑子理论，1949 年他在《宇宙动力学》一书中集中讨论了他的主要工作，推动了磁流体力学的发展。1950 年伦德奎斯特首次探讨了利用磁场来保存等离子体的所谓磁约束问题，即磁流体静力学问题。受控热核反应中的磁约束，就是利用这个原理来约束温度高达一亿度量级的等离子体。然而，磁约束不易稳定，所以研究磁流体力学稳定性成为极重要的问题。1951年，伦德奎斯特给出一个稳定性判据，这个课题的研究至今仍很活跃。

1. 磁流体发电

磁流体发电就是通过流动的导电流体与磁场相互作用而产生电能。磁流体发电技术将燃料（石油、天然气、燃煤、核能等）直接加热成易于电离的气体，使之在 2 000℃的高温下电离成导电的离子流，并在磁场中高速流动，切割磁力线，产生感应电动势，即由热能直接转换成电流，由于无需经过机械转换环节，所以称之为"直接发电"，其燃料利用率得到显著提高，这种技术也称为"等离子体发电技术"。能量转换过程：燃料的热能→电能，磁流体发电如图 6-6-1 所示。

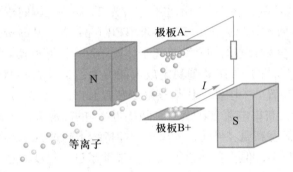

图 6-6-1　磁流体发电

磁流体发电机没有运动部件，结构紧凑，起动迅速，环境污染小，有很多优点。特别是它的排气温度高达 2 000℃，可通入锅炉产生蒸汽，推动汽轮发电机组发电，组成高效的联合循环发电，总的热效率可达 50%~60%。同样，它可有效地脱硫，有效地控制 NO_1 和 NO_2 的产生，也是一种低污染的煤气化联合循环发电技术。

磁流体发电是一种新型的发电方法。它把燃料的热能直接转化为电能，省略了由热能转化为机械能的过程，因此，这种发电方法效率较高，可达到 60% 以上。同样烧一吨煤，它能发电 4 500 kW·h，而汽轮发电机只能发出 3 000 kW·h 电，对环境的污染也小。

从发电的机理上看，磁流体发电与普通发电一样，都是根据法拉第电磁感应定律获得电能。所不同的是，磁流体发电是以高温的导电流体（在工程技术上常用等离子体）高速通过磁场，以导电的流体切割磁感线产生电动势。这时，导电的流体起到了金属导线的作用。

20 世纪初就有人取得磁流体发电的专利，但直到 50 年代，在火箭技术发展的推动下，磁流体发电获得了具有实际意义的进展，1959 年首次出现磁流体发电和汽轮发电组合，其效率约为 50% 左右，如果进一步改善，预计可达 60%。磁流体发电装置优点是没有机械运动部件，同汽轮发电机组合联合运行，效率可大为提高。美国是世界上研究磁流体发电最早的国家，1959 年，美国就研制成功了 11.5 kW 磁流体发电的试验装置。20 世纪 60 年代中期以后，美国将它应用在军事上，建成了作为激光武器脉冲电源和风洞试验电源用的磁流体发电装置。

日本和苏联都把磁流体发电列入国家重点能源攻关项目，并取得了引人注目的成果。苏联已将磁流体发电用在地震预报和地质勘探等方面。苏联在 1971 年建造了一座磁流体 – 蒸汽联合循环试验电站，装机容量为 75 MW，其中磁流体电机容量为 25 MW。1986 年，苏联开始兴建世界上第一座 500 MW 的磁流体和蒸汽联合电站，这座电站使用的燃料是天然气，它既可供电，又能供热，与一般的火力发电站相比，它可节省燃料 20%。

目前，世界上有 17 个国家在研究磁流体发电，而其中有 13 个国家研究的是燃煤磁流体发电，包括中国、印度、美国、波兰、法国、澳大利亚、俄罗斯等。当前的研究工作主要集中于燃烧矿物燃料的开式循环磁流体发电。俄罗斯、美国、日本和中国等国都建立了一系列磁流体发电装置。技术最先进的是俄罗斯的 Y–25 型装置。这种装置由以天然气作燃料的开式循环磁流体发电装置和汽轮发电机联合组成，头部的磁流体发电装置的设计功率是 25 MW。美国在以煤作燃料的磁流体发电装置方面也取得了成就，MarkV 曾作为电弧风洞的电源投入使用。日本一座场强为 5 万高斯（即 5 特斯拉）超导磁场的磁流体发电装置已投入运转。我国于 20 世纪 60 年代初期开始研究磁流体发电，先后在北京、上海、南京等地建成了试验基地。根据我国煤炭资源丰富的特点，我国将重点研究燃煤磁流体发电，并将它作为能源领域的两个研究主题之一。

2. 超导磁流体推进

超导磁流体推进技术就是利用超导线圈通电后形成的强磁场，使海水向后喷射产生推进力的技术。技术原理是当海水流过导管形推进器时，被正负电极电离，强磁场对电离的海水产生电磁力，使海水加速从导管中喷出产生推力，若运动方向指向船艉，则反作用力便会推动船舶前进。军事上主要用于水面舰艇和潜艇的推进系统，主要特点是噪声低、体积小、重量轻、效率高。

世界上第一种采用磁流体推进器正式投入使用的船舶是 1992 年开始设计，1999 年投入使用的日本三菱重工和船舶与海洋基金会联合研制的"大和 1 号"（Yamato 1），第一次实验就达到了 15 公里每小时的速度。

与传统机械传动类推进器（譬如螺旋桨、水泵喷水推进器等）相比较，磁流体推进器的不同点在于：前者使用机械动力作为推力而后者使用电磁力。正因为如此，磁流体推进器无需配备螺旋桨桨叶、齿轮传动机构和轴泵等，是一种完全没有机械噪音的安静推进器。一旦现代潜艇使用了这种推进器，便从根本上消除了因机械转动而产生的振动、噪音以及功率限制，从而能在几乎绝对安静的状态下以极高的航速航行。据理论计算其航速可达 150 节，而这是任何机械转动类推进器不可能实现的 。

　　超导电磁流体推进是将电能直接转换成流体动能，以喷射推进取代传统螺旋桨推进的新技术，它具有低噪音和安全性等特点，在特殊船舶推进应用中具有重大价值。中国科学院从 1996 年开始超导磁流体推进技术的研究，研制成功世界上第一艘超导螺旋式电磁流体推进实验船，2000 年获中科院科技进步二等奖。建成了用于磁流体推进器水动力学研究的海水循环试验装置和用于试验船综合性能研究的航试水池。

6.6.4　脉冲功率技术

　　脉冲功率技术是研究高电压、大电流、高功率短脉冲的产生和应用的技术。脉冲功率技术的基础是冲击电压发生器，也叫马克思发生器，是德国人马克思（E.Marx）在 1924 年发明的。1962 年英国核武器研究中心的 J.C. 马丁成功地将已有的 Marx 发生器与传输技术结合起来，产生了持续时间短（纳秒级）的高功率脉冲，从而开辟了这一崭新的领域。随之，高技术领域（如受控热核聚变研究、高功率粒子束、大功率激光、高功率相干辐射源技术）的发展以及定向束能武器、电磁轨道炮的研制都对大功率脉冲技术的发展提出了新的要求，所以，高频率、长寿命的大功率脉冲技术已成为当代极为活跃的研究领域之一。

　　脉冲功率的实质是将脉冲能量在时间尺度上进行压缩，以获得在极短时间内（20~100 ns）的高峰值功率输出。脉冲功率系统一般由储能装置（电容器储能、电感器储能、超导储能、机械储能、化学储能、核能等）以较慢的速度将能量储藏起来，然后将储存的电场能或磁场能迅速地释放出来，并利用脉冲成形和开关技术，在时间尺度上通过对能量脉冲进行压缩、整形，实现输出脉冲峰值功率的放大，产生幅值极高、持续时间极短的脉冲电压及脉冲电流，形成极高功率的脉冲，并输出到负载，为高科技装置和新概念武器提供强电脉冲功率源。功率脉冲波形如图 6-6-2 所示，马克思（E.Marx）发生器及简化电路如图 6-6-3 所示。

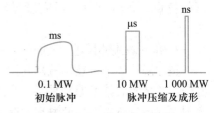

图 6-6-2　功率脉冲波形

(a) E.Marx发生器

(b) 简化电路

图 6-6-3　马克思 (E.Marx) 发生器及简化电路

2019 年 1 月 17 日，我国首台 30 万千伏安立式六相大电流脉冲发电机组系统通过验收，是为满足我国先进聚变研究装置"中国环流器二号 M（HL-2M）"大功率、高储能供电需求而研制的大型脉冲"能量驱动器"。目前，脉冲功率技术的发展方向是提高功率水平，提高储能密度，研制大功率和高重复率的转换开关，向着高电压、大电流、窄脉冲、高重复率的方向发展，主要应用领域包括强激光、强脉冲 X 射线、核电磁脉冲、高功率微波武器、电磁炮。

1. 电磁炮

电磁发射技术是利用脉冲电磁能发射弹丸或其他物体的技术，用以替代化学推进剂火炮或火箭，其用于军事目的，称为电磁炮。电磁炮是以电能为动力，将弹丸加速到极高速度的电磁发射装置。在拦截导弹、防空及穿甲等方面的优势远高于目前以化学能驱动的兵器。走向实战的难点是脉冲电源及其控制开关。电磁发射电源属大功率脉冲电源，工作电流峰值在几万甚至几十万安培，工作时间几微秒，对开关的要求极苛刻。电磁炮原理示意图如图 6-6-4 所示。

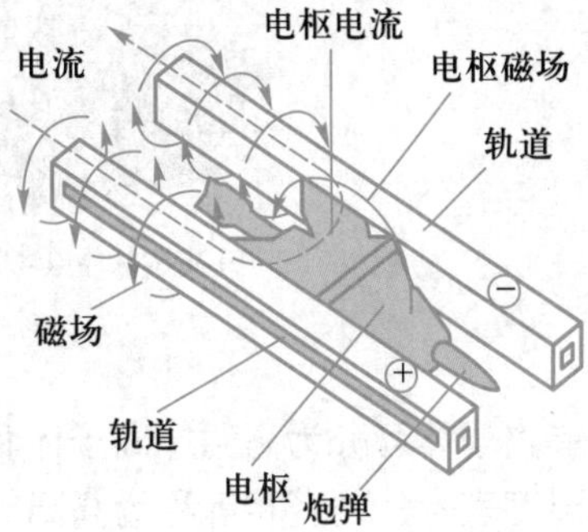

图 6-6-4　电磁炮原理示意图

2. 脉冲杀菌

高压脉冲电场杀菌技术 PEF（pulsed electric field，PEF）是一种新型的非热食品杀菌技术，也称作冷杀菌技术，以较高的电场强度（10~100 kV/cm）、较短的脉冲宽度（0~100 μs）和较高频率（0~2 kHz）的脉冲对液体、半固体食品进行杀菌处理，构成连续和无菌灌装生产线的技术。基本原理是基于细胞结构和液态食品体系间的电学特性差异。当把液态食品作为电介质置于电场中时，食品中微生物的细胞膜在强电场作用下被电击穿，产生不可修复的穿孔或破裂，使细胞组织受损，导致微生物失活。科学实验已经证实，在脉冲电场强度为 10~100 kV/cm、脉冲宽度为微秒级的条件下，可有效地对食品进行灭菌，且以瞬间反向充电波形最为有效。

高压脉冲灭菌技术具有能耗低、灭菌速度快、可有效保存食品的营养成分和天然特征等优点。例如，利用脉冲电场处理橘子汁，能在微秒级别时间内，有效的杀灭其中的细菌和微生物，而不破坏其中的维生素、蛋白质等营养成分。PEF 杀菌技术是一种常温下非加热杀菌的新技术，给液态食品加工工艺带来了一场变革。高压脉冲杀菌示意图及装置如图 6-6-5 所示。

6.6.5　等离子体技术

等离子体是物质的一种部分电离的状态，是气体在加热或强电磁场作用下电离而产生的由离子、电子、原子、分子以及未电离的中性粒子组成的集合体，也称作电浆。宏观上一般成电中性，广泛存在于宇宙中，常被视为物质存在的第四态（除固态、液态、气态之外）。等离子体是一种良好的导电体，利用磁场可以捕捉、移动和加速等离子体。

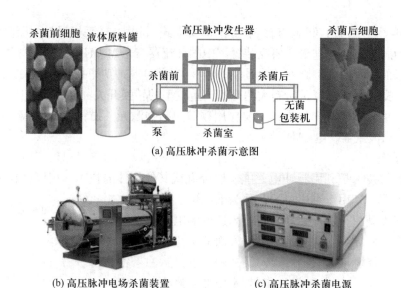

(a) 高压脉冲杀菌示意图

(b) 高压脉冲电场杀菌装置　　　　　　(c) 高压脉冲杀菌电源

图 6-6-5　高压脉冲杀菌示意图及装置

等离子体可分为高温等离子体和低温等离子体。等离子体的温度分别用电子温度和离子温度表示，两者相等称为高温等离子体，不相等则称低温等离子体。高温等离子体只在温度足够高时才会发生。恒星不断地发出这种等离子体，在宇宙中，等离子体是物质存在的主要形式，占宇宙中物质总量的 99% 以上，如恒星（包括太阳）、星际物质以及地球周围的电离层等，都是等离子体。低温等离子体是在常温下发生的等离子体。低温等离子体可以被用于氧化、变性等表面处理或者在有机物和无机物上进行沉淀涂层处理。

1. 高温等离子体

高温等离子体的研究以实现核聚变为目的。托卡马克类型核聚变研究是当今世界上主要聚变研究途径之一。我国先后建成了 HT-6B、HT-6M、HT-7（experimental advanced superconducting tokamak，EAST）等多套托卡马克核聚变实验装置及其研究系统。2018 年 11 月 12 日，中科院等离子体所发布消息称，我国大科学装置"人造太阳"（全超导托卡马克大科学装置 EAST，高 11 m，半径 4 m，重 400 t）日前取得了重大突破，加热功率已达到 10 MW 以上，等离子体储能已经上升至 300 kJ，等离子体中心电子温度首次达到了 1 亿度，多项实验参数已经接近未来聚变堆稳态运行模式所需要的相关物理条件，朝着未来聚变堆实验的运行迈出了极为关键的一步，同时也为人类开发利用核聚变清洁能源奠定了重要的技术理论基础。

2. 低温等离子体

通常把温度在几十万摄氏度以下的等离子体称为低温等离子体，这是学术上的定义。在日常生活中几十万摄氏度已经是非常高的温度了。近年来，低温等离子体在汽车、国防、航空、化工、纺织、造纸、生物医药、计算机及通信、废物处理等工业生产领域得到广泛应用。

低温等离子体废气净化是在外加电场的作用下，介质放电产生的大量电子、各种离子、原子和自由基在内的混合体，轰击污染物分子，使其电离、解离和激发，然后引起一系列复杂的物理、化学反应，使复杂大分子污染物转变为简单小分子安全物质，或使有毒有害物质转变为无毒无害或低毒低害物质，从而使污染物得以降解去除。低温等离子体废气净化示意图及装置如图 6-6-6 所示。

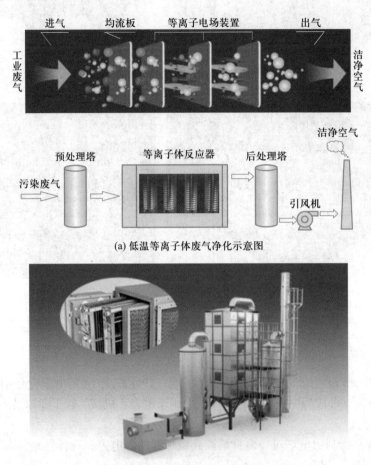

(a) 低温等离子体废气净化示意图

(b) 低温等离子体废气净化装置

图 6-6-6　低温等离子体废气净化示意图及装置

等离子清洗机通过等离子体对物体表面的轰击，轻柔地、完全彻底地对物体表面进行擦洗，除去不可见的油膜、微小的锈迹和其他由于用户接触室外等在表面形成的污物，同时，等离子清洗不会在表面留下残余物。等离子清洗器能够处理多种类型材料，包括塑料、金属、陶瓷以及几何形状各异的表面，其优点在于它不但能清洗掉表面的污物，而且还能增强材料表面的粘附性能，等离子清洗机如图 6-6-7 所示，等离子空气净化机如图 6-6-8 所示。

等离子切割是利用高温等离子电弧的热量使工件切口处的金属部分或局部熔化和蒸发，并借助高速等离子的动量排除熔融金属，以形成切口的一种加工方法，等离子切割机如图 6-6-9 所示。

图 6-6-7　等离子清洗机　　　　　　　　　　图 6-6-8　等离子空气净化机

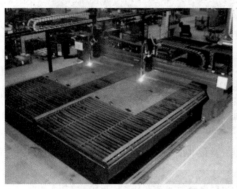

图 6-6-9　等离子切割机

6.6.6　静电技术

在日常生活和工业生产中，静电感应虽然会有一些危害，但是静电感应也可以用于生产、生活等多个方面，形成静电应用技术，广泛应用于电力、机械、轻工业以及高技术领域。

1. 静电分选

静电分选是指利用电场对导电材料或介质材料的静电力，选择性地分离不同材料的技术。当物料进入电晕电极作用的高压电场中时，物料受到静电力、离心力和重力的作用，由于各种物料的电磁性质的不同、受力状态的不同使物料落下时的轨迹不同，从而将金属与非金属混合物分离。静电分选原理及装置如图 6-6-10 所示。

2. 静电喷涂

静电喷涂是利用静电吸附作用，将雾化涂料或漆液涂覆到目标物上的技术。静电喷涂根据静电吸引的原理，以接地的被涂物作为正极，油料雾化器（即喷杯或喷盘）接高压电作为负极。静电喷涂的应用范围从大型的铁路客车、汽车、拖拉机，到小型的工件、玩具以及家用电器等行业，都可采用静电喷涂技术。静电喷涂原理及装置如图 6-6-11 所示。

3. 静电植绒

静电植绒是利用电荷同性相斥、异性相吸的物理特性，使绒毛带上负电荷，将需要植绒的物体置于零电位或接地条件下，绒毛被植物体的吸引，呈垂直状加速飞升到需要

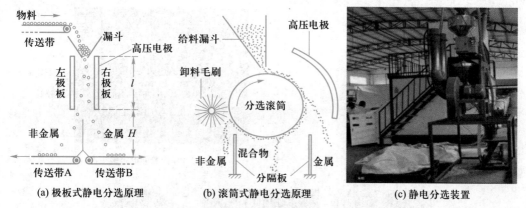

(a) 极板式静电分选原理　　(b) 滚筒式静电分选原理　　(c) 静电分选装置

图 6-6-10　静电分选原理及装置

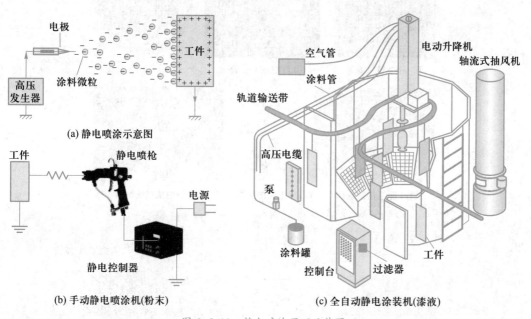

(a) 静电喷涂示意图

(b) 手动静电喷涂机(粉末)　　(c) 全自动静电涂装机(漆液)

图 6-6-11　静电喷涂原理及装置

植绒的物体表面上，由于被植物体涂有胶粘剂，绒毛就被垂直粘在被植物体上。因此，静电植绒是利用电荷的自然特性产生的一种新工艺，静电植绒因其绒面、刺绣感的独特装饰效果以及工艺简单、成本低、适应性强的特点，在工业品、包装、汽车等行业都得到广泛应用。静电植绒原理、生产线及产品如图 6-6-12 所示。

4. 静电除尘

静电除尘是利用静电场的作用，使含尘烟气中的尘粒被电分离、去除的技术。尘粒与负离子结合带上负电后，趋向阳极表面放电而沉积。常用于以煤为燃料的工厂、电厂，收集烟气中的煤灰和粉尘，冶金工业中用于收集锡、锌、铅、铝等的氧化物，化学等工业中用以净化气体，也可以用于家居的除尘灭菌。静电除尘原理及装置如图 6-6-13 所示。

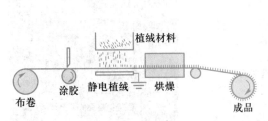

植绒材料

布卷　涂胶　静电植绒　烘燥　　　　成品

(a) 植绒工艺示意图

烘箱
喷涂系统
静电植绒
电晕处理器
涂胶机

(b) 橡胶静电植绒生产线

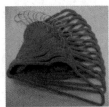

(c) 静电植绒衣架

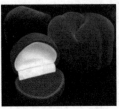

(d) 静电植绒首饰盒

(e) 静电植绒窗花

(f) 静电植绒玩偶

(g) 静电制图装饰画

(h) 静电植绒纺织品

图 6-6-12　静电植绒原理、生产线及产品

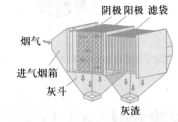

阴极 阳极 滤袋
烟气
进气烟箱
灰斗
灰渣

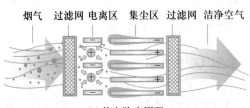

烟气　过滤网　电离区　集尘区　过滤网　洁净空气

(a) 静电除尘原理

(b) 静电除尘装置

图 6-6-13　静电除尘原理及装置

5. 静电火箭发动机

静电火箭发动机属于电火箭发动机的一种，与化学火箭发动机不同，所用的能源与工质分开。静电火箭发动机的工质（汞、铯、氢等）从储箱输入电离室被电离成离子，分解为正、负离子，带正电的离子在聚焦电极和加速电极静电场的作用下被加速成离子射束。在出口处离子射束与中和器发射的电子耦合成中性的高速射流，喷射而产生推力。静电火箭发动机在理论上没有受热问题，比冲可高达 85 000~200 000 m/s，效率也比较高，但产生的推力较小，适用于航天器的姿态控制、位置保持和星际航行等。静电火箭发动机结构如图 6-6-14 所示。

6. 静电陀螺仪

静电陀螺仪全名为静电支承陀螺仪。在超高真空的金属球形空心中的转子周围安装有均匀分布的高压电极，对转子形成静电场，利用静电力支承高速旋转的转子。当陀螺转子加速到需要的转速之后，加转电源被切断，转子在惯性作用下将长时间自转。静电陀螺仪采用非接触支承，不存在摩擦，所以精度很高，其漂移率极低（10^{-3}~10^{-5} h），是高精度惯性导航系统的重要元件。静电陀螺仪结构示意图如图 6-6-15 所示。

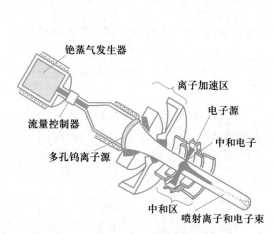

图 6-6-14　静电火箭发动机结构示意图

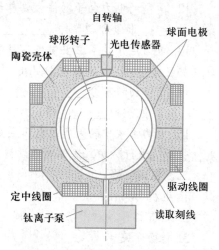

图 6-6-15　静电陀螺仪结构示意图

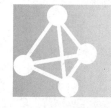

思 考 题

一、填空题

1. 高压电器按照功能可分为_____、_____和_____。

2. 高压开关电器包括_____、_____、_____和_____。

3. 电力系统由_____、_____、_____、_____和相应的辅助系统构成。

4. 电力系统包括_____、_____、_____、_____和频率等电气参数。

5. 电力网一般可划分为_____网和_____网。

6. 电力线路是指在发电厂、_____和电力用户之间，用来传送_____的线路。电力线路主要有_____和电缆线路。

7. 变电站是指电力系统中对_____和电流进行变换，接收电能及_____电能的场所。

8. 变压器是用来将某一数值的交流_____转换成频率_____的、另一种或几种数值_____电压的电力设备。

9. 交流电 AC 的大小和_____随时间作_____变化，在一个周期内的运行平均值为零。

10. 电能储存技术主要分为_____储能、_____储能、储热储冷和_____四大类。

11. 微电网是由_____、_____、能量转换装置、负荷、_____和保护装置等组成的小型发配电系统。

12. 典型的电力电子器件主要包括_____电力二极管、_____晶闸管、全控型器件_____和复合型器件_____。

13. 电力电子技术主要完成各种电能形式的变换，以电能输入－输出形式的变换来分主要包括_____、斩波 DC/DC、_____和变频 AC/AC 四种基本变换。

14. 绝缘材料可分_____、_____和_____三大类。常用的气体绝缘材料有_____、氮气和_____等。

15. 电力系统中的大气过电压主要是由_____所造成的，一般采用安装_____和_____进行防护，保证电力设施及设备正常工作。

二、名词解释

1. 电机
2. 避雷器
3. 转换开关
4. 电力网
5. 垃圾发电
6. 柔性交流输电技术
7. 电力传动
8. 静电
9. 避雷针
10. 电力用户

三、简答题

1. 电机的能量转换形式有哪些？
2. 电机的主要作用是什么？
3. 电器是如何分类的？
4. 高压电器的作用是什么？

5. 电网（直流电网和交流电网）电压等级如何划分？
6. 电力电子与电力传动学科主要研究内容是什么？
7. 高电压与绝缘技术的主要研究内容是什么？
8. 雷电有哪些危害？
9. 绝缘材料的主要作用是什么？
10. 避雷器的主要作用是什么？

第7章

智能电网示范工程

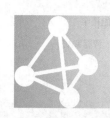

7.1 智能电网

电子教案
3-7-1：智
能电网示范
工程

智能电网（smart power grids）是在传统电力系统基础上，通过集成新能源、新材料、新设备和先进传感技术、信息技术、控制技术、储能技术等新技术，形成的新一代电力系统，具有高度信息化、自动化、互动化等特征，可以更好地实现电网安全、可靠、经济、高效运行，智能电网也被称为"电网2.0"。

智能电网是一个完全自动化的供电网络，其中的每一个用户和节点都能得到实时监控，并保证从发电厂到用户端电器之间的每一点上的电流和信息的双向流动。智能电网通过广泛应用分布式智能和宽带通信，以及自动控制系统的集成，保证市场交易的实时进行和电网上各成员之间的无缝连接及实时互动。

7.1.1 智能电网的构架

从广义上来说，智能电网包括可以优先使用清洁能源的智能调度系统、可以动态定价的智能计量系统以及通过调整发电、用电设备功率优化负荷平衡的智能技术系统。电能不仅从集中式发电厂流向输电网、配电网直至用户，同时电网中还遍布各种形式的新能源和清洁能源：太阳能、风能、燃料电池、电动汽车等。此外，高速、双向的通信系统实现控制中心与电网设备之间的信息交互，高级的分析工具和决策体系保证了智能电网的安全、稳定和优化运行。从技术角度讲，智能电网利用智能传感器对发电、输电、配电、变电、供电等环节关键设备的运行状况进行实时监控，将获得的数据通过网络系统进行收集、整合，并通过对数据的分析、挖掘，达到对整个电力系统运行的优化管理。智能电网构架如图7-1-1所示。

7.1.2 智能电网的特征

智能电网主要依靠计算机信息技术和科学方法进行控制和管理，具有与传统电网不同的新特征，正是这些特征决定了智能电网的建设方案不同于其他形式的电网。智能电网的新特征主要体现在以下几个方面。

1. 自愈——稳定可靠

自愈是实现电网安全可靠运行的主要功能，指无需或仅需少量人为干预，实现电力网络中存在问题元器件的隔离或使其恢复正常运行，最小化或避免用户的供电中断。通过进行连续的评估自测，智能电网可以检测、分析、响应甚至恢复电力元件或局部网络的异常运行。传统电网与智能电网结构如图7-1-2所示。

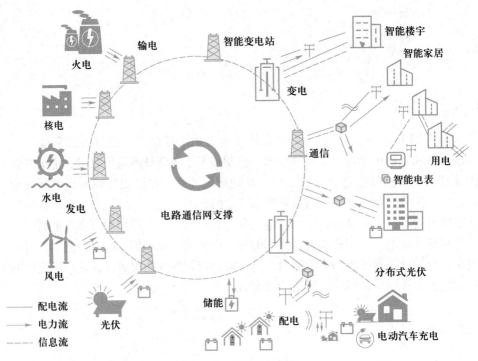

图 7-1-1　智能电网构架

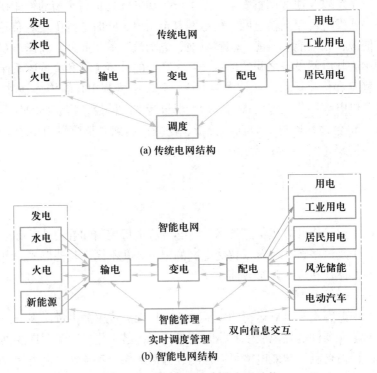

(a) 传统电网结构

(b) 智能电网结构

图 7-1-2　传统电网与智能电网结构

2. 安全——抵御攻击

无论是物理系统还是计算机遭到外部攻击时，智能电网均能有效抵御由此造成的对电力系统本身的攻击、伤害以及对其他领域形成的伤害，一旦发生中断，也能很快恢复运行。

3. 兼容——发电资源

智能电网可安全、无缝地容许各种不同类型的发电和储能设备接入系统，简化联网过程，实现智能电网系统中的即插即用。

4. 交互——电力用户

在智能电网运行中，电力用户可以与用户设备和行为进行交互，促使电力用户发挥积极作用，实现电力运行和环境保护等多方面的收益。

5. 协调——电力市场

与批发电力市场甚至零售电力市场实现无缝衔接，有效的市场设计可以提高电力系统的规划、运行和可靠性管理水平，电力系统管理能力的提升能促进电力市场竞争效率的提高。

6. 高效——资产优化

引入最先进的信息技术和监控技术，优化设备并提高资源的使用效益，提高单个资产的利用效率，从整体上实现网络运行和扩容的优化，降低运行维护成本和投资。

7. 优质——电能质量

在数字化、高科技占主导的经济模式下，电力用户的电能质量能够得到有效保障，实现电能质量的差别定价。

8. 集成——信息系统

实现包括监视、控制、维护、能量管理、配电管理、市场运营、企业资源规划和其他各类信息系统之间的综合集成，并在此基础上实现业务集成。

7.1.3 智能电网的构成及关键技术

智能电网贯穿发电、输电、变电、配电、用电、调度和通信全过程。

1. 智能发电

智能发电主要涉及常规能源、清洁能源和大容量储能应用等技术领域。包括常规电源（电厂、电网）协调技术、风电并网技术、光伏并网技术、其他新能源并网技术和储能系统接入电网技术。

在常规能源方面，主要开展常规电源网厂协调关键技术（参数实测、常规机组快速调节技术以及常规电源调峰技术等）研究及应用。研制大型能源基地机组群接入电网的协调控制系统及设备，水电、火电、核电机组优化控制系统，机组和设备状态监测与故障诊断系统等。

在清洁能源方面，主要开展风电场、光伏电站的建模、系统仿真、功率预测和并网运行控制等先进技术的研发及推广应用。研制大规模可再生能源接入电网安全稳定控制系统、可再生能源发电站综合控制及可靠性评估系统、可再生能源功率预测系统、风光储互补发电及接入系统等。

在储能应用方面，需要研制大容量储能设备。结合各种储能技术的特点，在抽水蓄能电站的智能调度运行控制系统、化学电池储能装置（如钠硫电池、液流电池、锂离子电池）等方面实现突破。

2. 智能输电

智能输电涉及柔性直流输电技术、柔性交流输电技术、线路状态与运行环境监测技术等。输电线路状态监测可以准确掌握所有线路的运行情况并进行实时监控，降低维护成本，缩短维护周期，从而大幅度减少由于输电线路故障造成的损失，确保电网安全稳定运行，同时还包含决策分析和 GIS 平台。智能输电强调阻塞管理和降低大规模停运风险。主要包括输电阻塞管理（输电阻塞管理是指由于发电竞争提出的输电服务要求，超过电网的实际输送能力而采取的市场缓解机制）、输电 SCADA（supervisory control and data acquisition）、WAMS（wide area measurement system）、输电 GIS（geographic information system）技术、EMS（energy management system）能源管理系统、报警可视化、输电系统仿真与模拟等。

3. 智能变电

智能变电站是采用先进、可靠、集成和环保的智能设备（一次设备 + 智能组件），以全站信息数字化、通信平台网络化、信息共享标准化为基本要求，自动完成信息采集、测量、控制、保护、计量和检测等基本功能，同时，具备支持电网实时自动控制、智能调节、在线分析决策和协同互动等高级功能的变电站。智能变电涉及智能变电站综合技术标准、变电站设备智能化标准和智能变电站自动化系统标准等。

4. 智能配电

智能配电主要指配电自动化，包括配电自动化系统、调 / 配一体化系统和配电管理系统。涉及配电自动化技术、配电分布式电源技术和配电储能技术。

配电自动化系统：以馈线自动化为主的实时应用系统。

调 / 配一体化系统：将调度自动化和配电自动化合为一体的实时应用系统。

配电管理系统：实时应用和管理应用相结合，面向供电企业所辖的整个配电网的自动化及管理系统。

5. 智能用电

智能用电主要是指电动汽车充放电设备和智能小区用电。涉及双向互动服务平台技术和双向互动服务平台支持系统技术。

（1）电动汽车充电

电动汽车充放电设备包括交流充电桩、非车载充电机、充电站和电池更换站，充电桩和充电站如图 7-1-3 所示。

交流充电桩：又称交流供电装置，指采用传导方式为具有车载充电机的电动汽车提供交流电源的专用供电装置。交流充电桩采用交流 220 V 单相供电，额定电流一般不超过 32 A。

直流充电桩：固定安装在地面，将电网交流电能变换为直流电能，采用传导方式为电动汽车动力蓄电池充电的专用装置。

充电站：由三台及以上充电设备（至少有一台非车载充电机）组成，为电动汽车进行充电，并能够在充电过程中对充电设备、动力蓄电池进行状态监控的场所。

(a) 交流充电桩   (b) 直流充电桩   (c) 充电站

图 7-1-3　充电桩和充电站

电池更换站：指采用电池更换方式为电动汽车提供电能供给的场所。

（2）智能小区

智能小区总体构成包含用电信息采集、双向互动服务、小区配电自动化、用户侧分布式电源及储能、电动汽车有序充电、智能家居等系统，涉及计算机技术、综合布线技术、通信技术、控制技术、测量技术等多学科技术领域，是一种多领域、多系统协调的集成应用，智能小区示意图如图 7-1-4 所示。

图 7-1-4　智能小区示意图

6. 智能调度

智能电网调度注重对电网控制系统进行有效地分析与研究，保证各层次之间的协调统一与高效运转，保证电网调度的准确性。智能电网调度系统具有体现以生产为导向的集约化特点，主要包括对电网运行状况的监控系统和对业务的管理控制系统，为有效加强对智能电网调度技术的运用，特别注重优化基础平台的性能，深化电网调度业务的模块化管理，促进电网运行的标准化与安全化。

智能电网调度系统由数据处理系统、指挥协调系统和网络分析系统组成。数据处理系统对智能电网的信息技术进行收集，为电网的调度工作提供准确而全面的数据支持。指挥协调系统加强数据处理系统与网络分析系统之间的联系，根据电网运行的状态来进行相关的任务分解，加强各模块之间的协调运转。网络分析系统主要负责对智能电网的运行状态的管理，当电网运行过程中出现故障时，可以采取及时有效的故障处理措施，促进电网系统的安全、稳定、高效运转。智能调度涉及智能电网调度系统基础技术、智能电网调度系统基础平台技术、智能电网调度系统应用功能技术和智能电网运行监控技术。

7. 智能通信

智能电网从电力传输的过程来说分为发电、输电、变电、配电、售电和调度等环节，每个环节对数据传输的要求都不一样。电力通信网的建设不但要满足主网的业务需求，同时需要满足配网业务的需求。具有通信需求的站点不仅仅是调度中心、变电站、电厂，还包括新能源发电站、分布式电源、微网、用户电表等，这将对现有电力通信网络体系产生较大的不同需求。另外，集中式数据中心的建设为集中分析与管理提供了基础，同时也对通信需求提出了更高要求。智能通信涉及传输网、业务网、配电用电通信网、智能电网信息基础平台、智能电网信息应用平台、智能电网信息安全主动防御系统等技术。

7.2 上海世博园智能电网综合示范工程

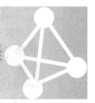

上海世博园智能电网综合示范工程作为国内第一个智能电网，综合应用了各项技术，在电力生产、输送、分配、变电、用电各个环节都实现了智能化，为世博园区提供更加可靠、优质、清洁的电力。上海世博园智能电网综合示范工程包括：新能源接入、储能系统、智能变电站、配电自动化系统、故障抢修管理系统、电能质量监测、用电信息采集系统、智能家居及智能用电小区/楼宇、电动汽车充放电站 9 个示范工程，智能输电、智能电网调度、信息化平台、可视化展示 4 个演示工程。

7.2.1 新能源接入

针对当前新能源自身存在的间歇性、不确定性问题，结合上海新能源发电的实际情况，建设新能源接入综合系统，覆盖上海各风电场、光伏电站、储能系统、电动汽车充电站和部分资源综合利用（热电冷三联供）机组。系统为新能源接入关键技术研究、分析运行规律及综合控制策略提供了试验平台，在新能源应用和新能源优化控制方面取得了丰硕的成果。

1. 风电和光伏功率预测系统

在吸收国内外风电和光伏功率预测的研究成果、总结已有风电功率预测系统开发经验的基础上，根据不同风电场和光伏电站采集的数据，建立预测模型，开发风电场和光伏电站功率预测系统，实现 4 个风电场和 6 个光伏电站的日前预测和东海大桥风电场及崇明前卫村光伏电站 0~4 h 超短期预测。

2. 风电场和光伏电站远程控制系统

开展风电场和光伏电站出力控制的研究，对东海大桥风电场和崇明前卫村光伏电站控制系统进行改造，实现调度对其有功出力的智能控制。改变以往新能源发电不可控的思维，实现对新能源发电的可控、在控和能控。

3. 风电场无功监测系统

上海市电力公司和国网电科院联合研制了风电机组无功控制系统，使风电机组的无功出力根据并网点电压波动进行调节，并在奉贤风电场（二期）中予以应用。新能源接入综合系统远程监测奉贤风电场（二期）并网点电压、整个风电场的无功功率输出以及各台风电机组的有功功率和无功功率的信息，体现风电机组无功功率控制系统的调节作用。

4. 风、火联调系统

对于风电装机集中地区，如何保证风电的持续稳定送出是一直困扰电网的首要问题。按一定比例，将火电机组和风电机组发电出力进行捆绑。选择上海石洞口第二电厂一台 600 MW 机组与东海大桥风电场实现联动，根据风电场出力的波动情况，自动调整火电机组发电出力，使风电场与火电厂的总出力保持稳定，验证风电、火电联调上网技术。

5. 风、光、储联合控制系统

储能系统是解决风电、光伏发电间歇性、不确定性的一种有效途径。上海近年来开展了多种化学储能的试点研究工作，并网的储能系统达到 410 kW。将上海市内储能系统，与东海大桥风电场和前卫村光伏电站联合起来，建立风光储联合控制系统。通过对储能系统的充放电控制，实现平滑风电、光伏发电短期功率波动和削峰填谷等功能，探索风光储联合控制策略和方法。

6. 电动汽车充电站信息监控系统

上海市已有多个电动汽车充电站，并已经建立了电动汽车充放电集中监控中心。系统通过电动汽车充放电集中监控中心，检测上海市内 6 个电动汽车充电站和 2 个电动汽车充放电站的信息，并对充放电站实现充放电控制，实现对电动汽车作为分布（分散）式移动储能单元的集中控制和统一调度。

7. 热、电、冷三联供机组信息显示系统

热、电、冷三联供机组具有较高的资源利用效率，是城市发展分布式供能的主要形式。上海在热、电、冷三联供机组建设方面起步早，实际应用较多。系统通过监测中国电力投资集团公司高级培训中心和上海市同济医院热、电、冷三联供机组信息，展示

热、电、冷三联供机组的发电量、供热量、用气量、能效比、经济性等信息，体现其资源综合利用效率。

8. 信息远程展示

结合世博园区国家电网馆智能电网展区和应急指挥中心的展示需要，系统在上述两地增设了展示终端，展示项目的研究成果，并显示世博会期间上海市内风电场和光伏电站总出力、发电量、折合碳排放的减少量以及占世博园区用电量的百分比等实时信息，体现绿色世博、低碳世博理念。上海世博园新能源接入综合系统如图 7-2-1 所示。

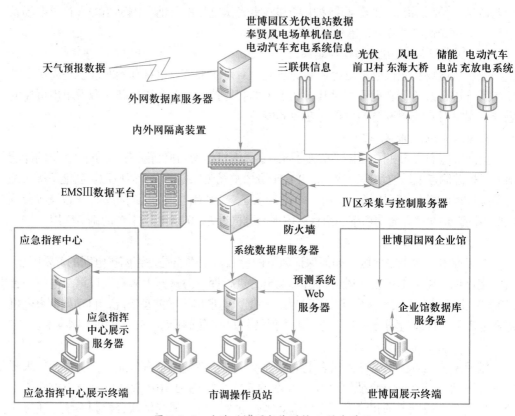

图 7-2-1　上海世博园新能源接入综合系统

7.2.2　储能系统

储能系统通过建设漕溪能源转换综合展示基地，实现 100 kW 磷酸铁锂电池和 100 kW 镍氢电池储能系统的并网运行。在嘉定钠硫电池试验基地实现 100 kW 钠硫电池的并网运行。建设崇明前卫村光伏发电与 10 kW 液流电池混合储能系统。实现多种化学储能技术在上海电网的应用，实现对储能系统的分散布置、集中监控和统一调度，体现储能技术在智能电网削峰填谷方面的作用，为推广应用储能技术奠定了良好的基础。

储能系统主要由储能电池组（包括铅酸电池、超级电容、锂电池组、镍氢电池组、

NAS 钠盐电池组）、电池管理系统 BMS、隔离变压器、储能双向变流装置 PCS 及监控系统组成。新建储能系统 PCS 装置共有两套：一套容量为 250 kW，采用一体化模块设计，实现梯次利用锂电池的灵活接入，并考虑后期锂电池和光伏更新及扩容，为其预留相应的接入设备；另一套容量为 200 kW，可以方便快捷地实现微网系统的并网、离网无缝切换。

PCS 储能双向变流装置 250 kW 内部采用模块化设计方案，采用两级变换拓扑结构（前级 AC/DC 功率模块和后级 DC/DC 功率模块）。交流侧采用工频隔离变压器接入微网400 V 母线。无论接入何种电池，交流侧 AC/DC 50 kW 模块均通过隔离变压器接入电网，故直流侧电池可以灵活设置，根据容量分别独立成组。PCS200 kW 采用一级变换拓扑结构，为 AC/DC 变换。PCS 装置可同时提供多组充放电接口，各模块可独立运行，支持电池组的在线更换，即在不影响其他组电池正常充放电工作的情况下，对其中任何一组电池进行更换，在停运某组电池的过程中还可实现并网功率的基本恒定。储能系统采用多组并联运行，集中监控管理的运行模式。集中监控单元通过通信接口与蓄电池组和 AC/DC 模块进行接口，可实现"遥测、遥信、遥控、遥调"等功能。

7.2.3 智能变电站

智能变电站实现采集信息数字化，构建实时、可靠、完整的共享信息平台，提升现有设备功能。建设与世博园区国家电网馆一体化的 110 kV 蒙自全地下智能变电站。全站 110 kV GIS 采用光纤电流互感器、电子式电压互感器，10 kV C–GIS 采用 LOPO 电流、电压互感器。智能设备基于 DL/T 860 标准建模和通信，实现基于共享信息平台的信息共享和协调智能控制。站内配置动态无功补偿装置，对 10 kV 母线完全实现无功动态补偿。用电系统配置有源电力滤波器 APF。

7.2.4 配电自动化系统

为满足世博园可靠供电需求，上海市电力公司在世博园区全面实施配电自动化，通过光纤与电力线载波等方式构建可靠的数据传输网络，实现对配电网设备的实时信息采集、分析处理和控制。在世博园区建设配电自动化主站系统，实现"三遥"功能，并具备集中式自愈功能，同时与市区和浦东供电公司的配电自动化主站系统实现信息交换，通过数据接口，实现数据共享。在部分永久开关站及其供电环网，实现不依赖配电自动化主站和子站的智能分布式馈线自动化功能。

7.2.5 故障抢修管理系统

在世博园区实施故障抢修管理系统 TCM（trouble call management），基于一体化平台，实现横向抢修业务贯通、纵向统一调度指挥，充分利用配电自动化系统、PMS 网络拓扑及数据互联等技术，实现抢修业务的应用集成。

1. 系统构架

（1）通过集成或改造现有相关系统，如生产管理系统、客户管理系统等，建立跨系统、跨部门的一体化故障抢修流程管理，提高各业务系统和模块的信息共享水平，提高抢修工作效率。

（2）利用综合数据平台，集成 SCADA、配电 SCADA 相关自动化信息，结合 PMS 网络拓扑，完成故障判断、故障定位、故障处理方案辅助分析等功能，使故障处理模式逐步由被动等待客户报修转变为主动发现故障。

上海世博园故障抢修管理系统如图 7-2-2 所示。

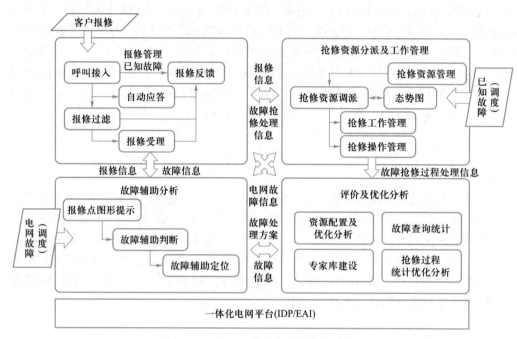

图 7-2-2   上海世博园故障抢修管理系统

2. 系统功能

（1）报修管理

通过对客户报修电话的有效判断，结合计划停电信息和抢修工作反馈，及时、主动、有效地将故障处理信息反馈给客户，实现故障抢修信息透明化。通过自动应答系统的引入，提高大面积停电报修接入工作处理效率。

（2）故障辅助分析

通过一体化平台获取数据信息、电网拓扑信息和地理位置信息，进行故障定位，缩短故障处理时间，提升故障抢修工作效率，形成故障处理辅助方案。

（3）抢修资源分派及工作管理

结合应急指挥系统，实现资源整合、统一调派，提高资源利用率。结合空间信息和实时定位信息，实现资源调度的优化。结合工作流程优化，建立横向贯通的抢修流程和工作管理模式。

（4）评价及优化分析

通过对抢修各个环节流程和效率的分析评价，发现异常因素，优化工作流程。通过构建专家库，预估故障修复时间。通过对电网设备故障的统计分析，指导设备选型优化。通过对资源利用率的统计分析，优化资源配置方案。

上海世博园故障抢修管理系统功能框图如图 7-2-3 所示。

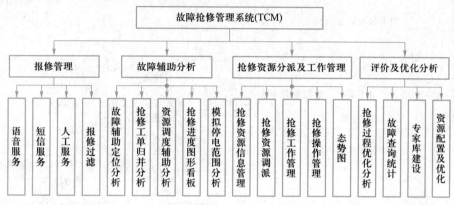

图 7-2-3　上海世博园故障抢修管理系统功能框图

7.2.6　电能质量监测

在世博园区内新建约 70 个监测点，建设覆盖世博园区 110 kV 和 35 kV 变电站的电能质量监测网。通过与用电信息采集系统进行通信，获取世博园区内智能电能表所采集的与电能质量有关的数据，实现对世博园区电能质量参数（电压、谐波、闪变等）的全面监测、统计与分析，为世博会提供更高品质的电力供应与服务。

7.2.7　用电信息采集系统

根据国家电网公司统一的技术方案、技术标准和管理规范，将世博园区内 28 个 35 kV 计量点、91 个 10 kV 计量点、10 个 380 V 计量点，以及智能用电小区 156 个计量点列入示范性对象，安装国家电网公司统一标准的智能电能表和采集设备。考虑光纤、电力线载波、3 G/4 G 或 GPRS 等多种通信方式，采用高级测量、高速通信、高效调控的技术手段，实现用电信息的实时、全面和准确采集，满足各专业部门对用电信息的需求，实现电力企业与用户之间的双向互动功能，为开展其他增值服务奠定基础。上海世博园智能用电信息采集系统如图 7-2-4 所示。

7.2.8　智能家居及智能用电小区／楼宇

建设智能家居及智能用电小区／楼宇，实现用户与电网之间电力流、信息流、业务流的双向互动。在世博园区，国家电网馆开展智能用电楼宇建设，通过开发能量综合管

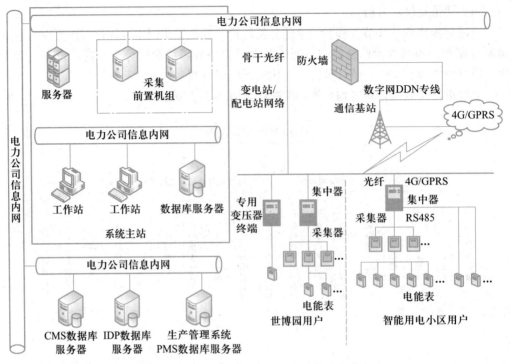

图 7-2-4　上海世博园智能用电信息采集系统

理系统，实时采集用电设备运行状态，采用双向互动技术实现楼宇节能综合控制。在浦东某居民社区建设智能用电小区，并在小区中建设一套智能家居样板房。小区采用基于 EPON 的全光纤到户接入方式，样板房采用光纤复合低压电缆，实现电力光纤到户，通过用户智能交互终端和智能用电服务平台，实现双向互动服务，达到增强客户体验、提供通信与能源一体化服务、构建新型客户关系、提高全社会能源利用水平的目的。

1. 智能用电楼宇

楼宇智能用电能量管理系统以上海世博园国家电网馆为建设对象，以经济性、环保性、便利性、人性化为设计指导思想，整合馆内楼宇自控系统、新型空调及通风系统（包括冰蓄冷、地源热泵、吸附式空调）、风电和光伏发电、V2G 系统、空气质量检测系统等，通过实时采集设备运行状态、负荷电能消耗信息、电能质量信息及报警事件信息等，向用户展示场馆的供用电信息。通过综合分析楼宇环境参数、历史用电信息、电能质量、实际用电负荷和电价结构，选择并制定用电控制管理策略，以达到最经济或最节能的目的，并通过远程联动控制实现各子系统的运行方案优化及系统间的协调运行。

（1）系统结构

楼宇智能用电能量管理系统采用分层分布式结构，系统自上而下共分三层。上海世博园楼宇智能用电能量管理系统如图 7-2-5 所示。

监控管理层：为现场操作及管理人员提供充足的信息（包含全馆供用电信息、电能质量信息、各子系统运行状态及用电信息等），制定能量优化策略，优化设备运行，通过联动控制实现能效管理，提高经济效益及环境效益。

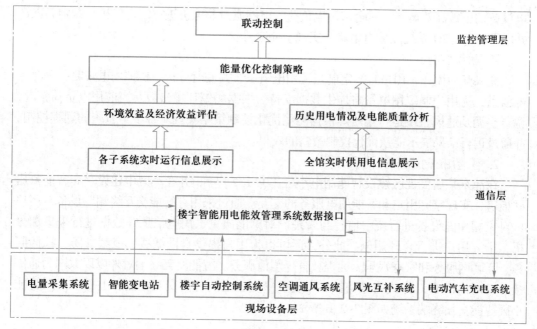

图 7-2-5 上海世博园楼宇智能用电能量管理系统

通信层：使用通信网关将各个子系统所使用的非标准通信协议统一转换为标准的 Modbus TCP 协议，将监测数据及设备运行状态传输至楼宇智能用电能量管理系统。

现场设备层：指分布于高低压配电柜中的测控保护装置、仪表，以及各个子系统 SCADA 系统。

（2）系统功能

① 实时信息监测

系统实时监测全馆供用电信息，展示清洁能源供电在整个展馆用电中所占的比例，体现新型清洁能源的环保性和经济性，展示 APF、SVG+ 等先进技术带来的电能质量优化及动态补偿等优点，展现新型负荷式用电设备对综合能量的利用（冰蓄冷、地源热泵、变压器余热），展现 V2G 系统所引导的新型能源生活（电动汽车），展现楼宇自控系统所带来的舒适生活（调节环境参数）。

② 历史用电情况分析

对各个用电系统不同时段用电量对比，对各个用电系统能耗等级分析，根据用电量模拟两部制（或多部制）电价账单，分析使用智能变电技术、清洁能源等新型技术及能量管理系统后能量节约等效的经济效应（成本节约以人民币计算）及环境效应（CO_2 排放量），分析不同时段的电能质量信息，展示智能用电方式所带来的电能质量的大幅提高。

③ 能量优化控制策略

通过互动展示基于不同电价结构，制定最经济性用电策略，实现削峰填谷，减少电费支出。通过对全馆用电负荷的分析，制定平衡负荷策略，降低电网压力，提高发电设备效率、延长使用寿命。通过对历史用电情况的分析，制定各子系统运行策略，确保用电设备的正常高效运行。对全馆用电负荷、电能质量及电价进行综合分析，制定新能源并网策略及 V2G 系统充放电策略，实现节能减排。

④ 联动控制

提供互动模式，用户自行定制当天用电策略，并实时分析、模拟用电策略，预测用电信息，为用户制定用电策略提供数据支持。根据场馆环境参数及当前用电负荷情况，调节空调及通风系统运行策略。根据能量优化控制策略实现对各个子系统的远程控制，并通过运行结果展示能量优化控制策略的效果。

2. 智能用电小区和智能家居

在浦东某居民社区建设智能用电小区（共 132 户），并在小区中建设一套智能家居样板房，实现家庭用户和智能用电服务的交互。通过采用"智能交互终端"设备，用户可对家庭用电设备进行统一监控与管理，对电能质量、用电信息等数据进行采集和分析，指导用户进行合理用电。此外，还可以为用户提供自助缴费、家庭安防、社区服务、互联网服务和家庭娱乐、远程教育等增值服务。智能交互终端对外以以太网为通信接口，对内以 PLC 方式为通信接口，实现家庭用电的智能交互控制。上海世博园智能小区智能交互终端系统如图 7-2-6 所示。

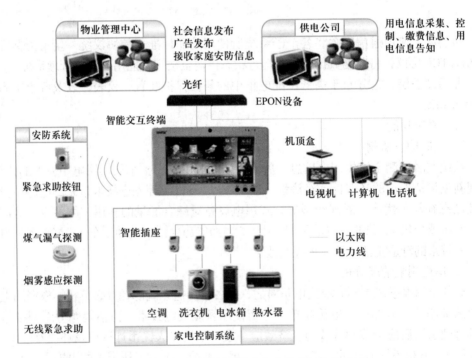

图 7-2-6　上海世博园智能小区智能交互终端系统

（1）智能用电小区

在整个小区内布置电能信息采集系统，将数据送回电力公司的数据平台，基于这些数据对小区居民用电进行分析评测，并通过智能交互终端反馈给用户，实现互动的智能用电功能。结合网络部署，实现社区服务、互联网服务等功能。在家庭内部用电控制上，因小区居民已经入住且家庭用户内家电非智能型，因此对家电的控制主要通过智能插座进行通断控制和用电信息量读取。整个小区采用以太网无源光网络 EPON（ethernet passive optical network）全光纤到户的接入方式，户内采用 PLC（programmable logic controller）方式实现内部智能用电的控制。

（2）智能家居

智能家居采用智能家电，实现对家电的多种调节和控制。采用光纤复合低压电缆的接入方式，实现 IP 电话、互联网、电视点播等多种服务。智能家居外部通信采用电力光纤到户 PFTTH（power fiber to the home）的方式，室内采用 PLC 和无线方式进行通信。上海世博园智能家居系统如图 7-2-7 所示。

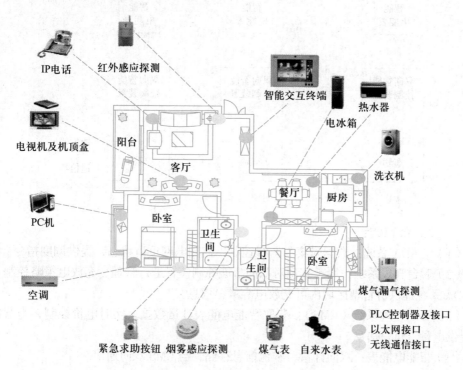

图 7-2-7　上海世博园智能家居系统

7.2.9　电动汽车充放电站

1. V2G 系统结构

在世博园区国家电网馆和漕溪能源转换综合展示基地，分别建设电动汽车示范充放电站，实现电动汽车作为分布（分散）式移动储能单元接入电网，展示电动汽车作为移动储能装置的广阔应用前景。实现与电网调度和营销系统的集成，根据电网负荷、电价、SOC（state of charge）电池荷电状态（剩余电量状态）、用户使用习惯多个参数优化充放电策略，采用车辆到电网 V2G（vehicle to grid）双向充放电装置，实现车载电池组与电网的双向能量交换。上海世博园 V2G 系统结构如图 7-2-8 所示。

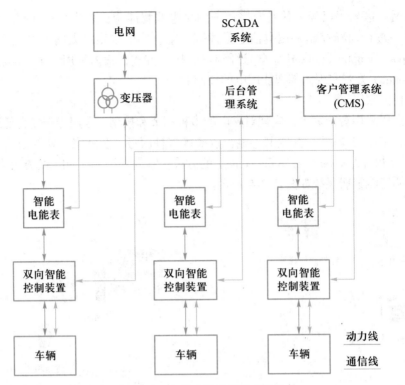

图 7-2-8 上海世博园 V2G 系统结构

2. V2G 系统功能

（1）SCADA 系统：数据采集与监视控制，监测电网负荷状态，提供调度指令。

（2）后台管理系统：用于实现对双向智能控制装置进行管理、充放电策略控制、向 SCADA 系统提供所管辖区域内可充放电容量等信息。

（3）客户管理系统（CMS）：获取智能电能表计量数据，实时电价控制，为营销部门提供电量、负荷信息。

（4）智能电能表：双向计量、本地信息存储、与 CMS 双向通信。

3. 充放电控制策略

双向智能控制装置与参与 V2G 活动的车辆连接后，根据用户选择车辆 SOC 上下限，将连接车辆可充放电的实时容量、受控时间等信息提供给后台管理系统。后台管理系统采集、统计所管辖范围内所有可充放电的实时容量、受控时间等信息，实时提供给 SCADA 系统。后台管理系统根据 SCADA 系统调度指令，对所管辖范围内双向智能控制装置进行充放电控制管理并反馈相关信息。双向智能控制装置根据后台管理系统指令，对参与 V2G 的车辆进行充放电操作。充放电的前提是在车辆 SOC 允许限值范围内。用户放电 SOC 默认极限为 70%，具体下限可根据用户选择；用户充电 SOC 默认极限为 95%，具体上限可根据用户选择。用户根据 CMS 系统提供的多级电价机制，自主选择参与 V2G 方式。用户充电过程即时结算，放电过程由后台定期结算。上海世博园电动汽车充放电及储能协调控制系统如图 7-2-9 所示。

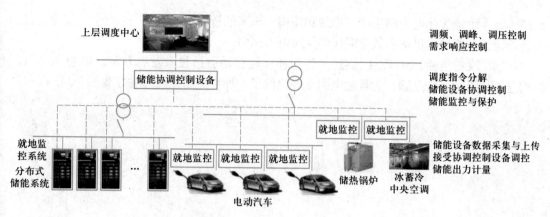

图 7-2-9　上海世博园电动汽车充放电及储能协调控制系统

4. V2G 双向智能控制装置 EV-PCS

EV-PCS 装置主要由隔离变压器、整流（逆变）模块、降压（升压）斩波电路、能量管理模块、直流充电接口等构成，上海世博园 EV-PCS 装置结构图如图 7-2-10 所示。

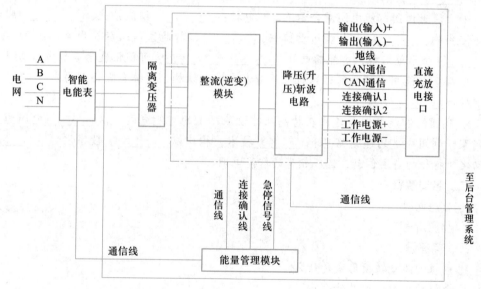

图 7-2-10　上海世博园 EV-PCS 装置结构图

我国的智能电网是建立在特高压建设基础上的智能电网，以特高压电网为主干网架，利用先进的通信信息和控制技术，构建以信息化、数字化、自动化、互动化为特征的自主创新、国际领先的智能电网。发展智能电网的目标是加快建设以特高压电网为骨干网架，多级电网协调发展，具有信息化、数字化、自动化、互动化特征的统一的智能电网。

2018 年 6 月 27 日，中国移动、南方电网、华为联合发布了《5G 助力智能电网应用白皮书》，指出：智能电网作为新一代电力系统，具有高度信息化、自动化、互动化等特征。其应用数字信息技术和自动控制技术，实现从发电到用电所有环节信息的双向交流，系统地优化电力的生产、输送和使用。未来的智能电网将是一个自愈、安全、经济、清洁，能够提供适应数字时代的优质电力网络。

"4G 改变生活，5G 改变社会"。作为新一轮移动通信技术发展方向，5G 把人与人的连接拓展到万物互联，为智能电网发展提供了一种更优的无线解决方案。

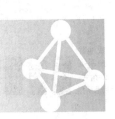

思 考 题

一、填空题

1. 智能电网贯穿发电、_____、变电、_____、用电、调度和_____全过程。

2. 智能输电涉及柔性_____输电技术、柔性_____输电技术、线路状态与运行环境_____技术等。

3. 上海世博园智能电网综合示范工程包括：_____、储能系统、_____、配电自动化系统、_____、电能质量监测、_____、智能家居及智能用电小区/楼宇、_____9 个示范工程，智能输电、_____、_____、可视化展示 4 个演示工程。

4. 楼宇智能用电能量管理系统采用分层分布式结构，系统自上而下共分_____、通信层和_____三层。

5. 我国的智能电网是建立在特高压建设基础上的智能电网，以_____电网为主干网架，利用先进的通信信息和_____技术，构建以_____、数字化、_____、互动化为特征的自主创新、国际领先的智能电网。

二、名词解释

1. 智能电网
2. 智能用电

三、简答题

1. 电机的能量转换形式是什么？
2. 电机的主要作用是什么？
3. 电器是如何分类的？
4. 高压电器的作用是什么？
5. 电网（直流电网和交流电网）电压等级如何划分？
6. 电力电子与电力传动学科的主要研究内容是什么？
7. 高电压与绝缘技术的主要研究内容是什么？
8. 雷电的危害有哪些？
9. 绝缘材料的主要作用是什么？
10. 避雷器的主要作用是什么？

参考文献3：
第三篇 电气工程导论参考文献

第四篇

自动化导论

第 8 章

自动控制基础

在工程世界有各种各样的自动化应用，这些应用或大或小、或复杂或简单。一般情况下大型复杂的自动化应用可以分解为小型简单的应用。并且，这些应用还具有相同的规律和共同的特征，本章内容将要介绍这些基本规律和特征，以帮助我们认识多样的自动化应用。

8.1　控制系统的基本方式

控制是和目的息息相关的，没有目的，就谈不上控制；同样，没有选择，也就没有控制。对一个系统的控制，就是驱动并使其有效地达到预定的目的。广义地说，控制的目的有两种：一是保持系统原有的状态，使其不发生偏离；二是引导系统的状态达到某种预期的新状态。

自动控制就是在没有或少量人为参与的情况下，通过控制装置去自动操纵机器、设备、生产过程等，使其按预定的规律运行，实现预定的目标。系统，是由若干相互作用和相互依赖的事物组合而成的具有特定功能的整体。自动控制系统是在无人或少人参与下，控制装置操纵受控对象实现预定目标的整体，至少包括受控对象和控制装置两部分。

8.1.1　开环控制

实现控制目的的一种方式是预先计算出可以达到预定目的、外加的控制作用，然后把它加在该系统上。以这种方式实现控制目的的例子很多。例如，篮球场上运动员靠投球时力量和方向的控制使篮球落入篮中；炮弹发射射向目标也是类似的例子。再如：城市路灯定时开关系统，以及定时供水系统等。

在工业生产中温度控制是很常见的。图 8-1-1 为一个电加热炉温度控制系统，控制的目标是使炉温达到期望值，并基本保持不变。

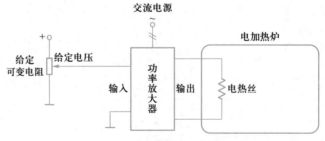

图 8-1-1　电加热炉温度控制系统

图中，电热丝加电会发热，是加温元件，它将电能转换为热能。在电热丝两端施加一个电压，加热炉内部的温度就会上升；加热炉与外部有热交换，当炉内温度高于环境温度时，会向环境散发热量，炉温与环境的温差越大，散热越严重，并会造成炉温降低；当电热丝的发热量和加热炉散发的热量达到平衡时，炉温就会保持稳定不变。

电热丝两端的电压不同，发热量就不同，平衡点会随之变化，炉温也就会改变；也就是说，当加热炉所处环境的温度不变时，电热丝两端的电压取值与达到平衡时的炉温高低是一一对应的。

为了维持炉内的温度，需要足够的电能，这就需要在电热丝两端加较高的电压和较大的电流，直接对高电压大电流进行操作，既不安全也不方便。因此设置功率放大器，将低电压小电流放大转换为高电压大电流。由此，对电加热炉炉温的控制，转化为对低电压小电流进行调整的安全方便的控制形式。功率放大器的输入信号（控制电压）与输出电压之间近似为比例关系，增大或减小控制电压，输出电压也会随之增大或减小，从而改变加热炉的温度。要调节炉温，只需要给出一个炉温期望值的指令（即通过调节给定可变电阻，对控制电压进行相应的设定），就可以使炉温基本达到期望值。

对功率放大器以能量与信息的角度进行观察，功率放大器实质上就是一个信息能量转换部件，输入信号是信息，是炉温期望值指令；输出是相应能量，足以使炉温按期望值变化。可变电阻及其产生的控制电压是炉温期望值信息的表现形式。

为了更为直观、清楚地表达出系统中各组成部分及其之间的相互关系，通常采用方框图来描述一个系统。图 8-1-1 所示的电加热炉温度控制系统可用图 8-1-2 所示的方框图表示，图中带箭头的线条表示某个信号变量，箭头表示信号的传递方向，方框则代表具有一定功能的环节或系统部件。

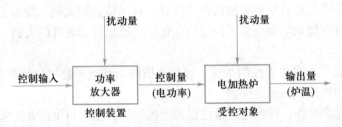

图 8-1-2　电加热炉温度控制系统的方框图

以上所列举的各种例子有一个共同的特征：输出量对系统的控制作用没有影响。这种控制形式称为开环控制。炮弹一旦射出，其轨迹和落点并不影响发射时的控制量，是开环控制。图 8-1-1 中的电加热炉系统输入信号（控制电压）只单向传递到输出信号（炉温）就终止了，炉温信号没有反馈到输入端对控制作用产生影响，也是开环控制。开环控制系统还可总结为更一般的结构形式，如图 8-1-3 所示。

图 8-1-3　开环控制系统方框图

开环控制系统优点是结构简单、控制作用直接。但是，开环控制容易受到环境因素的干扰而偏离预定目标。炮弹在飞行中受到风的影响会射偏。图 8-1-1 的电加热炉在给定值不变的情况下，交流电源电压的波动会影响到输出功率，进而改变了炉温；环境温度波动会影响电加热炉散热，也会改变炉温。开环控制系统存在易受干扰影响的固有缺陷，适合应用于对控制要求不高，或者被控对象简单、干扰因素少且干扰影响弱的场合。

8.1.2 反馈控制

关于控制，革命性的进步标志是瓦特发明的蒸汽调节器，里程碑性的进步标志是1927年布莱克发明的电子管负反馈放大器，前者是一个机械的反馈控制装置，后者是一个电子的反馈控制装置。它们的共同特征是将系统的实际输出与期望输出或控制输入进行比较，并用其差值来调整和操纵系统，这就是所谓的反馈控制。

维纳对反馈控制规律进行了深入研究和深刻揭示。他分析了船保持航向的过程，在航行中，总是将船当前方向与预定的航向比较，如果发现偏差则不断修正船的方向，使其与航向保持一致。

维纳与墨西哥神经生理学家 A. 罗森布卢埃特合作，进行了生理学、病理学和心理学方面的许多实验，发现人伸手去取一件物品也是一个反馈控制过程。大脑通过神经系统传递控制信息操控手移向目标物品，眼睛将手和物品的距离等信息传递给大脑并由大脑将此信息进行处理后决定前进方向和速率，再将此结果用于操作手（臂）的动作。

与此类似，自然界中的捕杀行为也是一个反馈控制过程，例如老鹰捕杀兔子的过程。老鹰通过眼睛等器官获取猎物的位置信息，将其传送到大脑，经加工处理后，操作翅膀以及爪子进行捕杀活动。兔子位置的变化会迅速反馈到老鹰的大脑，用来修正所要采取的行动。

维纳在吸收了来自火力控制系统、远程通信网络和电子数字计算机的设计经验后，终于找到了控制的核心问题是反馈。

控制的精髓是反馈，即通过测量过程的当前输出，把它与设计者要求的过程设定值相比较，当两者存在偏差时，控制器按预先设计好的控制策略，计算并求出控制信号，驱动过程输出向期望值运动。

导弹与炮弹不同，导弹在飞行中不断检测当前轨迹，并与目标轨迹进行比较，一旦发现偏差就及时修正，因而命中精度比炮弹高几个数量级。

图 8-1-1 中的电加热炉开环控制系统没有进行炉温检测，没有形成反馈，因而在受到扰动影响时，炉温会偏离期望值。但如果能够获取炉温的信息，并根据炉温的信息及时调整控制电压，炉温就有可能重新回到期望值。

图 8-1-4 是具有反馈的电加热炉温度自动控制系统。图中的温度传感器用来检测炉温，温度变送器将温度传感器的输出变换为与炉温成比例关系的电压信号，该信号被称为反馈信号；给定电压代表期望值，被称为给定信号，给定信号与反馈信号进行比较（相减）就得到误差信号。控制器就是根据误差信号来进行控制的，若误差为正，则表示炉温低于期望值，控制器就会增大控制电压，反之，则减小控制电压。

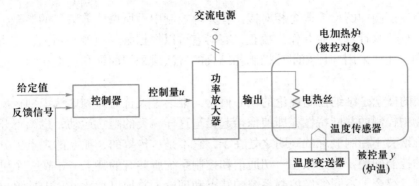

图 8-1-4　电加热炉温度自动控制系统

利用方框图来简洁地表示电加热炉温度反馈控制系统各组成部分之间的关系，如图 8-1-5 所示。

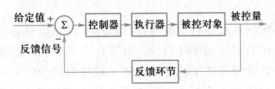

图 8-1-5　电加热炉温度反馈控制系统方框图

图中的符号"Σ"称为相加点（或综合点），该点输出的信号是各进入信号之和。反馈控制是根据给定值与被控量的偏差大小进行控制的，这就需要计算给定值与反馈信号的差值。因此，反馈信号是以负的形式加上去的。这样的反馈系统称为负反馈控制系统。又由于系统中的信号传递是沿着箭头方向经控制器、执行器、被控对象、反馈环节后形成了闭合回路，所以反馈控制系统又被称为闭环控制系统。

负反馈控制系统比开环控制系统有明显的优点，最主要的是抗扰动能力强。例如，在图 8-1-4 的炉温反馈控制系统中，各种扰动一旦引起炉温变化，反馈信号就会相应变化，控制器就会根据给定值与反馈信号差值的变化进行调节，抑制扰动的影响，使炉温回到目标值。不过也有例外，如果炉温没有变化，给定信号或检测环节（反馈信号）却因为受到扰动而产生了变化，控制器反而会把炉温调偏，也就是说这两种扰动是例外，反馈控制是无法抑制的。原因其实很简单，直观地看，检测信号不准代表了获取的炉温信息不准，给定信号不准代表了给出的指令不准，控制基于不准的信息和指令，当然会使执行结果出现偏差。因此，若检测元件的精度不高，反馈控制系统的控制精度也不会高，换句话说，检测元件的精度制约着反馈控制系统的精度。

开环系统具有构造简单、维护容易、成本低等优点。当输出量难于测量，或者要测量出输出量需花费高昂代价时，采用开环系统比较合适。但是，由于开环控制是按照事先拟定好的策略进行控制，一旦扰动或给定值发生变化时，系统的输出量将偏离希望的值，甚至造成很大的误差。闭环控制由于是根据受控量的实际情况来进行控制，因此对于受控量的偏差，在很大程度上能予以纠正，但是在时间上有一定的滞后，这种滞后有时会产生振荡及不能令人满意的结果。

与闭环控制中的反馈概念相对应，在开环控制中有所谓"前馈"的概念，这是指根据输入信息来计算反应并作出校正，有时它可以根据某一模型来预测，在实际的控制系统中，往往采用开环和闭环控制相结合的方法或采用前馈和反馈相结合的复合控制方法。

反馈的概念是维纳控制理论的核心概念，维纳等人首先深刻地认识到，反馈是机器和动物中控制的共同特性，即使像拾起铅笔这样一类的随意运动，也离不开反馈的作用。维纳关于控制概念的高明之处在于，它不是从传统的、孤立的观点去分析和处理系统的控制问题，而是抓住一切通信和控制系统所共有的特点，站在一个更概括的理论高度，综合了不同领域控制系统的特点和理论，并加以类比，从中抽象出具有普遍性的规律。

8.1.3 复合控制

开环控制和闭环控制方式各有优缺点，在实际工程中应根据工程要求及具体情况来决定。如果事先预知给定值的变化规律，又不存在外部和内部参数的变化，则采用开环控制较好。如果对系统外部干扰无法预测，系统内部参数又经常变化，为保证控制精度，采用闭环控制则更为合适。如果对系统的性能要求比较高，为了解决闭环控制精度与稳定性之间的矛盾，可以采用开环控制与闭环控制相结合的复合控制或其他复杂控制。

再以图 8-1-1 所示加热炉温度控制系统为例。如果功率放大器控制电压不变而交流电源的电压发生波动，功率放大器的输出电压随之波动，电热丝发热功率相应改变，而导致炉温波动。从电源电压波动到电热丝发热功率的改变几乎瞬间完成。炉温的变化相对较慢，若仅采用反馈调节，就要通过炉温引起的反馈信号变化，来调节功率放大器的控制电压，使功放输出电压逐渐恢复，炉温也跟着恢复。因此，在反馈控制系统中，受到电源电压波动的影响后炉温会先偏离原值，然后再经调节后逐步地恢复。

既然知道电源电压波动肯定会引起炉温的波动，而且电源电压的波动又方便检测，控制器就有机会对电压扰动没有造成温度偏离前进行补偿控制。首先通过扰动检测环节检测电源电压的变化量，再通过补偿调节器改变控制电压，来抑制输出电压的变化。这个调节过程没有什么惯性或时间延迟，所以反应非常快速，可以使输出电压的变化在影响到炉温之前就被抑制了。

补偿控制的实质是通过补偿装置产生一个控制作用来抵消扰动对系统的影响。在该例中，补偿调节器采用一个简单的放大器，把电源电压的波动量转换成控制电压的改变量，就可以达到目的。

补偿控制属于开环控制，且仅对特定的可测扰动有效，受扰动测量不准等因素的影响，补偿控制一般做不到完全补偿。采用反馈控制是抑制扰动影响的有效手段。除了检测与给定误差外，在反馈环内的所有扰动，无论是系统特性或参数变化，还是外部扰动，反馈控制都能对其影响进行抑制。一般情况下，自动控制系统是在反馈控制的基础上增设补偿控制的，这种将开环控制与闭环控制相结合的方式称为复合控制。

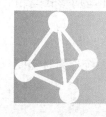# 8.2 自动控制系统的分类及基本组成

8.2.1 自动控制系统的分类

自动控制系统根据控制方式及其结构性能和完成的任务，有多种分类方法。除以上按控制方式分为开环控制系统、反馈控制系统和复合控制系统外，还可以根据系统输入信号分为恒值控制系统、随动控制系统和程序控制系统；按系统性质又可以分为线性控制系统和非线性控制系统、连续控制系统和离散控制系统、定常控制系统和时变控制系统、确定性控制系统和不确定性控制系统等。下面简单介绍几种常见的分类方法。

1. 按系统输入信号形式划分

（1）恒值控制系统（自动调节系统）

这种系统的特征是输入量为一恒值，通常称为系统的给定值。控制系统的任务是尽量排除各种干扰因素的影响，使输出量维持在给定值（期望值）。如工业过程中恒温、恒压和恒速等控制系统。

（2）随动控制系统（跟踪控制系统）

该系统的输入量是一个事先无法确定的任意变化的量，要求系统的输出量能迅速平稳地复现或跟踪输入信号的变化。如雷达天线的自动跟踪系统和高炮自动瞄准系统就是典型的随动控制系统。

（3）程序控制系统

系统的输入量不是常值，而是事先确定的运动规律，编程程序装在输入装置中，即输入量信号是事先确定的程序信号，控制的目的是使被控对象的被控量按照要求的程序动作，如数控车床就属此类系统。

2. 按系统微分方程形式划分

（1）线性控制系统

组成系统元器件的特性均为线性的，可用一个或一组线性微分方程来描述系统输入和输出之间的关系。线性控制系统的主要特征是具有齐次性和叠加性。

（2）非线性控制系统

在系统中只要有一个元器件的特性不能用线性微分方程描述其输入和输出关系，则称为非线性控制系统。非线性控制系统还没有一种完整、成熟、统一的分析方法。通常对于非线性程度不是很严重，或做近似分析时，均可用线性系统理论和方法来处理。

3. 按系统参数与时间有无关系划分

（1）定常控制系统

如果描述系统特性的微分方程中各项系数都是与时间无关的常数，则称为定常控

制系统。该类系统只要输入信号的形式不变，在不同时间输入下的输出响应形式是相同的。

（2）时变控制系统

如果描述系统特性的微分方程中只要有一项系数是时间的函数，此系统称为时变控制系统。

4. 按系统传输信号形式划分

（1）连续控制系统

系统中所有元件的信号都是随时间连续变化的，信号的大小均是可任意取值的模拟量，称为连续控制系统。

（2）离散控制系统

离散控制系统是指系统中有一处或数处的信号是脉冲序列或数码。若系统中使用了采样开关，将连续信号转变为离散的脉冲形式的信号，此类系统也称为采样控制系统或脉冲控制系统。若采用数字计算机或数字控制器，其离散信号是以数码形式传递的，此类系统也称为数字控制系统。在这种控制系统中，一般被控对象的输入输出是连续变化的信号，控制装置中的执行部件也常常是模拟式的，但控制器是用数字计算机实现的。所以，系统中必须有信号变换装置，如模数转换器（A/D 转换器）和数模转换器（D/A 转换器）。离散控制系统将是今后控制系统的主要发展方向。

5. 按系统控制作用点个数划分

（1）单输入单输出控制系统

若系统的输入量和输出量各为一个，则称其为单输入单输出控制系统，简称为单变量控制系统。

（2）多输入多输出控制系统

若系统的输入量和输出量多于一个，称为多输入多输出控制系统，简称为多变量控制系统。对于线性多输入多输出控制系统，系统的任何一个输出等于每个输入单独作用下输出的叠加。

6. 按系统的稳态误差划分

按系统在给定值或扰动信号的作用下是否存在稳态误差而分为有差控制系统和无差控制系统。恒值控制系统的主要任务是当存在扰动信号时，保证被控量维持在希望值上，也就是说，要在有扰动信号的情况下保持被控量不变。随动控制系统主要是确定系统对给定值有差还是无差。

（1）有差控制系统

在恒值控制系统中，如果某个系统经扰动信号作用后经过一段时间而趋于某一恒定的稳态值，而被控量的实际值与期望值之差也逐渐趋于某一恒值，且这个值取决于扰动信号作用的大小，那么这个系统就称为对扰动有差的系统。在随动控制系统中，如果给定值经过一段时间之后趋于某一稳态值，系统的误差也趋于某一稳态值，则称此系统为对给定值有差的系统。

（2）无差控制系统

在恒值控制系统中，如果一个系统的扰动信号作用经过一段时间而趋于某一恒定的稳态值，而被控量的实际值与期望值之差逐渐趋于零，且与扰动信号作用的大小无关，那么这个系统就称为对扰动无差的系统。在随动控制系统中，如果不论给定值的大小如何变化，系统的误差趋于零，则称这一系统为对给定值无差的系统。

应该强调指出，同一系统可能对扰动输入信号是有差的，而对给定输入信号是无差的，或者相反。因此在研究一个控制系统是有差还是无差时，必须指出是对扰动信号而言，还是对给定值而言。

7. 按系统参数的空间分布特性划分

（1）集中参数控制系统

严格地讲，任何元器件的参数都具有分布性。例如，用电阻丝绕成的电阻器，它的电阻并不是集中于某一点，而是沿着电阻丝的全长分布的，无论多么小的一段，都含有电阻，这是绕线电阻器的电阻参数的分布性。应当指出，在一定的条件下，这种分布性可以不予考虑，根据串联合并的概念，可将电阻器的电阻由一集中的电阻表示。

如果组成系统的实际元器件允许用如电阻、电感和电容等参数中的一个或几个来集中表征时，则称为集中参数元器件或理想电路元器件。由集中参数元器件构成的控制系统称为集中参数控制系统。

（2）分布参数控制系统

在某些情况下，对于本来是分布参数的元器件，如集中起来表示，则会使系统的计算极其不准确，甚至发生严重的错误。含有一个或多个分布参数元器件的控制系统称为分布参数控制系统，如均匀传输线就是一个十分重要的分布参数系统。

8. 按系统控制器的类型进行划分

（1）常规控制系统

常规控制系统是利用常规仪表做控制器来实现工业过程自动控制的系统。在常规控制系统中，最常用的控制器是 PID 控制器。

（2）计算机控制系统

计算机控制系统就是利用计算机来实现工业过程自动控制的系统。这里的计算机通常指数字计算机，可以有各种规模，如从微型到大型的通用或专用计算机。在计算机控制系统中，由于工业控制机的输入和输出是数字信号，而现场采集到的信号或送到执行机构的信号大多是模拟信号，因此与常规的按偏差控制的闭环负反馈系统相比，计算机控制系统需要有数/模转换器和模/数转换器这两个环节。

另外，自动控制系统还可以按系统的其他特征来分类，如按元器件类型可分为机械控制系统、电气控制系统、机电控制系统、液压控制系统、气动控制系统和生物控制系统等；按系统功用可分为温度控制系统、压力控制系统、流量控制系统和位置控制系统等，这里将不再一一讨论，有兴趣的读者可参阅有关文献。

8.2.2 自动控制系统的组成

虽然自动控制系统种类繁多，但对这些系统进行归纳总结，可以发现这些控制系统的根本特征是反馈控制系统。为了实现各种复杂的控制任务，首先要将被控对象和控制装置按照一定的方式连接起来，组成一个有机总体，即自动控制系统。虽然自动控制系统根据被控对象和具体用途的不同，可以有各种各样的结构形式，但就其工作原理来说，一个典型自动控制系统的基本组成可用如图 8-2-1 所示的方框图来表示。

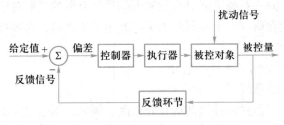

图 8-2-1　典型自动控制系统的方框图

（1）被控量：在控制系统中被控制的物理量，也称为输出量，一般用 $y(t)$ 表示。

（2）给定值：在控制系统中被控量所希望的值，也称为参考输入，一般用 $r(t)$ 表示。

（3）扰动信号：使被控量偏移给定值的所有因素，是系统要排除影响的量，一般用 $n(t)$ 表示。

（4）反馈信号：将系统的输出信号经变换、处理送到系统的输入端的信号，称为反馈信号，一般用 $y_m(t)$ 表示。

（5）偏差：给定值与反馈信号之差，一般用 $e(t)$ 表示，即 $e(t) = r(t) - y_m(t)$。

（6）输入信号：泛指对系统的输出量有直接影响的外界输入信号，既包括参考输入 $r(t)$，又包括扰动信号 $n(t)$。

（7）被控对象：控制系统所控制和操作的对象。

（8）控制器：对系统的参数和结构进行调整，用于改善系统控制性能的仪表或装置。

（9）执行器：接收校正装置的输出信号，并将其转换为对被控对象进行操作的装置或设备。

（10）反馈环节：用来测量被控量的实际值，并经过信号转换及放大为与被控制量有一定函数关系，且与输入信号同一物理量的信号。一般也称为测量变送仪表或测量变送环节。

8.3　自动控制系统的基本要求

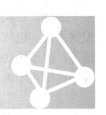

理想的系统特性是输出依从输入完全同步变化。然而，实际的系统中，一般含有储能元件（如电容、电感等）或惯性元件（电动机、齿轮等），这些元件的能量和状态不可能突变，因此输出响应输入信号时，不可能立刻达到期望的位置或状态，而是有一定

的响应过程。自动控制研究的正是这类系统，以其为被控对象，目的就是希望被控对象能够稳定、准确、快速地响应控制输入，从总体上改善这类系统的输出对输入的响应特性。例如对于一个电热炉温度控制系统，当炉温给定值发生变化时，我们总是期望炉温能够尽快、准确并且稳定地达到目标温度。因此，对自动控制系统的基本要求可归纳为稳定性、快速性、准确性。

8.3.1 稳定性

一个处于某个平衡状态的系统，受到外力的影响会偏离该平衡，当外力撤销后，系统经过有限的一段时间仍然能够回到原来的平衡状态，则称这个系统是稳定的，否则称系统不稳定。或者当系统受外力的持续作用时，经过一段时间后，若能达到一个新的平衡态，也称该系统是稳定的。

系统的平衡状态又称为静态或稳态，达到平衡状态的过程称为过渡过程或动态变化过程，简称动态。

稳定性是针对平衡点来讨论的。在图 8-3-1 中，当小球位于图中 A 点和 B 点时，都有可能达到平衡状态，保持静止不动，也就是说在图示的区域，有 A 点和 B 点两个平衡点。

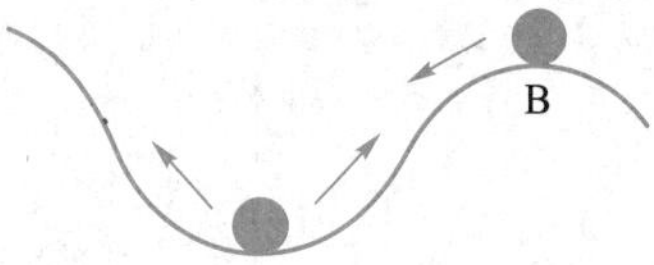

图 8-3-1　平衡点稳定性示意图

对于 A 点，先给小球施加一个外力，使小球动起来，而在外力撤销后，小球将在凹槽内往复运动。在与接触面间摩擦力的作用下，小球运动的幅度将不断减小，只要时间足够长，小球终将停止在 A 点，并保持不动。因此对小球来说，平衡点 A 是稳定的。

再对 B 点进行讨论，当小球受到一个外力后，小球就会偏离 B 点，外力消失后小球再也回不到 B 点。因此对小球来说，平衡点 B 是不稳定的。

在实际的应用系统中，当给系统一个输入激励时，输出量一般会在期望的输出量附近摆动。图 8-3-2 为输出量摆动的三种情况，其是系统对输入信号为 $r(t)=1$（称此信号为单位阶跃函数）的三种可能的响应曲线。图 8-3-2（a）所示系统输出信号 $y(t)$ 振荡过程逐渐减弱，最终停留在 1 附近，该系统是一个稳定的系统；图 8-3-2（b）所示的系统输出信号离期望的输出值 1 越来越远，振荡过程逐步增强，该系统是一个不稳定的系统；图 8-3-2（c）所示的系统在 1 附近做等幅振荡，该系统介于稳定与不稳定之间，称为临界稳定系统，在经典控制理论中，也将该类系统归为不稳定系统。稳定系统的振荡幅度是逐渐减弱的，而不稳定系统的振荡幅度是逐渐增强或保持不变的。

对于一个自动控制系统而言，稳定是最基本要求。这意味着系统的输出变化是可控的、可预期的。一个稳定的系统，其被控量与期望值（给定值）的偏差随时间的增长会逐渐减小并趋于零。反之，一个不稳定的控制系统，其被控量偏离期望值的初始偏差将随时间的增长而发散。因此，不稳定的系统无法正常工作，也无法完成控制任务，甚至会毁坏设备，造成重大损失。

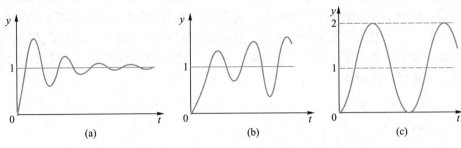

图 8-3-2 控制系统阶跃响应曲线

8.3.2 准确性

图 8-3-3 所示为一个稳定系统的输出对输入的响应过程。在响应开始，输出 $y(t)$ 的值在 1 附近振荡，但振荡的幅值不断缩小，经过一段时间后，$y(t)$ 接近 1，这一段输出量不断接近期望值的过程称为过渡过程。

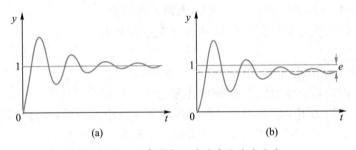

图 8-3-3 具有稳态误差的系统响应曲线

对一个稳定系统而言，随着过渡过程的结束，输出量与期望值的偏差也将逐渐减小趋近于零，而进入稳态。控制系统的准确性即是指过渡过程结束后，实际输出量与给定输入量（一般为期望的输出量）之间的偏差大小，也称为系统的静态精度或稳态精度。

准确性是对系统稳态的要求，它是用稳态误差来衡量的。对一个稳定的系统而言，当过渡过程结束后，系统输出量的实际值与期望值之差称为稳态误差，它是衡量系统控制精度的重要指标。稳态误差越小，表示系统的准确度越好，控制精度越高。

对于图 8-3-3（a）所示的系统响应曲线，$y(t)$ 最终的稳态值等于期望的输出 $r(t)=1$，所以该系统不仅能稳定，而且是没有稳态误差的，说明该系统对输入信号为 $r(t)=1$ 的响应非常准确。而对于图 8-3-3（b）所示的曲线，也是对输入信号为 $r(t)=1$ 的响应结果。虽然 $y(t)$ 的稳态值也趋于某一恒定值，即系统能够达到稳定，但与期望输出 $r(t)=1$ 之间具有一定的误差 e，说明该系统对输入信号为 $r(t)=1$ 的响应准确性相对较差。

8.3.3 快速性

为了很好地完成控制任务，控制系统不仅要满足稳定性和准确性的要求，还必须对其动态过程的形式和快慢提出要求，即快速性。动态过程是指控制系统的被控量在输入信号作用下随时间变化的过程，衡量系统最大振荡幅度和快速性的品质好坏常采用单位阶跃信号作用下动态过程中的最大超调量、上升时间和过渡过程时间等性能指标。描述系统动态过程的动态性能也可以用平稳性和快速性加以衡量。平稳性是指系统由初始状态过渡到新的平衡状态时，具有较小的超调量和振荡性；快速性是指系统过渡到平衡状态所需要的过渡过程时间较短。

一般情况下，系统的过程持续时间越短越好，这说明系统的响应快速灵敏。快速性好的自动控制系统输出量能对给定量的变化做出快速响应。例如，对火炮管指向的控制，除了炮管要准确瞄准目标外，还要能够快速地调动炮管使其指向目标，从而提高对来袭目标的反应速度。所以说快速性也是控制系统中一个非常重要的指标。

稳、准、快是自动控制的三个基本要求，也是系统衡量自动控制系统性能的三个重要指标。快速性的要求是对系统动态响应过程的要求，即快速性属于系统的动态性能，而准确性则显然属于系统的稳态性能。

由于被控对象的具体情况不同，各种系统对稳、快、准的要求应有所侧重。例如，恒值控制系统一般对稳态性能限制比较严格，随动控制系统一般对动态性能要求较高。同一系统稳、快、准是相互制约的。过分提高响应动作的快速性，可能会导致系统的强烈振荡；而过分追求系统的平稳性，又可能使系统反应迟钝，控制过程拖长，最终导致控制精度也变差。如何分析与解决这些矛盾，是自动控制理论研究的重要内容。

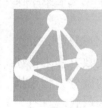

8.4 自动控制系统的数学模型

模型是对所要研究的系统在某种特定方面的抽象。当系统尚未建立，需要预研或不方便对系统直接研究的时候，就需要通过建立模型的方法对系统进行间接研究。对模型研究还具有更深刻、更集中的特点。模型分为物理模型和数学模型两种。其中，数学模型不仅能更深刻地揭示系统的特性规律，还能借助计算机技术对系统进行经济、高效的模拟仿真研究，因而更加受到重视。数学模型是描述系统特性的数学表达，它是对控制系统进行分析和设计的基础。

在自动控制理论中对实际控制系统进行分析和设计时，首先要建立研究对象的数学模型，并以数学模型为基础讨论、分析和设计。在已知系统数学模型下，计算和研究自动控制系统的性能，并寻找系统性能与系统结构、参数之间的关系，称为控制系统的分析。如果已知对工程系统性能指标的要求，寻找合理的控制方案，这类问题称为控制系统的设计或校正。

8.4.1　数学模型

在进行控制时，人们发现有些对象较容易控制而有些对象很难控制，有些被控变量的调节过程可以进行得很快而有些调节过程却非常慢。例如，在相同的控制量作用下，一个房间的温度调节过程远比冰箱的温度调节过程缓慢。为什么会出现这些现象？其关键在于被控对象在控制量作用下随时间变化的特性各不相同。全面了解和掌握被控对象的特点和特性，才能合理地进行控制系统的分析与设计，从而得到高质量的控制效果。

要深入了解被控对象的性质、特点及变化规律，建立描述对象变量特性的数学表达式是有效的方法。被控对象的输入变量与输出变量之间定量关系的数学描述称为被控对象的数学模型。被控对象的输出变量也称被控变量，而作用于被控对象的干扰作用和控制作用统称为被控对象的输入变量，它们都是引起被控变量变化的因素。

数学模型既可以用各种参数模型（如微分方程、差分方程、状态方程、传递函数等）表示，也可以用非参数模型（如曲线、表格等）表示。

数学模型又可分为静态数学模型和动态数学模型。静态数学模型描述的是被控对象在稳态时的输入变量与输出变量之间的关系；动态数学模型描述的是输出变量与输入变量之间随时间而变化的动态关系。静态数学模型是动态数学模型在被控对象达到平衡时的特例。

控制系统对被控变量随时间的变化过程（快速性）有严格要求，因此，建立被控对象的动态数学模型至关重要。全面、深入地掌握被控对象的动态数学模型也是控制系统设计的基础。在确定控制方案阶段，被控变量及检测点的选择、控制（操作）变量的确定、控制规律的确定和在控制系统调试阶段，控制器参数确定，被控对象的动态数学模型，都发挥着极其重要的作用。

我们所说的被控对象数学模型通常指的就是动态数学模型。在微积分被提出之前，受数学工具的限制，绝大多数学科几乎都局限于研究静态关系，并用代数方程来描述这种静态关系。对于动态问题的研究，则需要用到能表现其变化规律的微分方程来描述。简单地说，微分方程是含有微分的方程，导数可以写成微分的比的形式，含有导数的方程也可以认为是微分方程。用微分方程表示的被控对象数学模型是最基础的动态模型。

8.4.2　建模方法

建立被控对象数学模型的方法主要有两种：机理建模和实验建模，下面分别加以说明。

1. 机理建模

机理建模是依据系统（被控对象）的各变量之间所遵循的物质能量守恒关系以及物

理、化学定律，列出变量间的数学表达式，经过数学演绎推导得到数学模型。这种方法获得的模型物理概念清晰、准确，不但给出了系统输入输出变量之间的关系，也给出了系统状态和输入输出之间的关系，使人们对系统有一个比较深入、清楚的了解。因此，也被称为"白箱模型"。

虽然机理建模法是根据被控对象的机理进行建模，但仍然是对真实对象的一种数学抽象，获得的数学模型也只是对真实对象的一种近似，因此不可能反映真实对象的所有性质。从另一方面看，数学模型也不必反映真实对象的所有影响因素，只需要包含对输出变量有较大影响的主要输入变量即可。建模需要忽略一些次要因素，在模型精度和模型复杂度之间进行折中。折中的过程就是结合建模的目的、期望的指标、模型的应用场合，抓住主要因素忽略次要因素的过程。总之，建模既是一门科学，又是一种技术，它包含一系列的建模步骤。

（1）明确输出变量、输入变量和其他中间变量

由于影响实际的被控对象变化的因素和变量很多，为方便建模，根据对建模对象的了解以及模型的使用目的，选取与控制目的直接相关的输出变量、输入变量和其他中间变量，把次要因素和无关变量忽略掉。如对某个加热炉系统建模，若可忽略炉内各点温度的差异对控制结果的影响，则得到用微分方程描述的集中参数模型；若要求加热炉中每点温度非均匀，则得到用偏微分方程描述的分布参数模型。

（2）根据对象内在机理建立数学方程

对于过程控制问题，主要依据物料、能量以及各种物理化学的静态动态平衡关系，采用数学方程来建立对象的数学模型。这些数学模型通常是由常微分方程、偏微分方程以及相关的代数方程共同构成，并采用自由度分析方法来保证获得的数学模型有解。

所谓静态平衡关系是指在单位时间内进入被控过程的物料或能量应等于单位时间内从被控过程流出的物料或能量。所谓动态平衡关系是指单位时间内进入被控过程的物料或能量与单位时间内流出被控过程的物料或能量之差应等于被控过程内物料或能量储存量的变化率。

除了物料和能量守恒定理之外，往往还需要借助其他一些物理和化学方面的关系式来获得一个完整的模型。这些关系式包括：运动方程、状态方程、平衡关系、化学反应中的动力学方程等。

（3）简化模型

从应用上讲，动态模型在充分反映过程动态特性的情况下应尽可能简单。常用的方法如忽略某些动态衡算式、分布参数系统集中化和模型降阶处理等。

2. 实验建模

机理建模的最大优点是在控制系统尚未设计之前即可推导其数学模型，这对控制系统的方案论证与设计工作是比较有利的。但是，许多被控对象的内在机理十分复杂，加上人们对被控对象的变化机理又很难完全了解，单凭机理演绎则难以求出合适的数学模型。在这种情况下，可以借助实验建模求取对象的数学模型。

实验建模通常只用于建立输入输出模型。实验建模的主要思路是：先给被控对象人

为地施加一个输入作用，然后记录过程的输出变化量，得到一系列试验数据或曲线，最后再根据输入－输出试验数据确定其模型的结构（包括模型形式、阶次与纯滞后时间等）与模型的参数。这种运用系统的输入输出实验数据确定其模型结构与参数的方法，通常称为实验建模法。该方法的主要特点是：将被研究的对象视为"黑箱"而完全由外部的输入－输出特性构建数学模型。这对于一些内部机理比较复杂的对象而言，该方法要比机理建模相对容易。

由于实验建模方法不考虑被控对象机理，完全利用测量数据来获得被控对象的模型，因此在建模过程中往往需要进行反复调整，直到获得令人满意的模型为止。

3. 混合法建模

有一些被控对象既不是"白箱"，也不是"黑箱"，而是"灰箱"，即对其有一定的了解却又了解得不够深入，这时就要采用混合建模。混合是将机理建模与实验建模结合使用的建模方法。对被控对象中已经比较了解且经过实践检验相对成熟的部分先采用机理建模推导其数学模型，而对那些不十分清楚或不确定的部分再采用实验建模求其数学模型。

有些情况下，被控对象数学模型通过机理建模已知其结构形式，但模型的具体参数计算比较繁琐，此时可根据实验数据确定模型中的各个参数。这种方法实际上也是机理建模与实验建模两者的结合，能够减少数学建模的工作量。

8.5 基本的控制方法

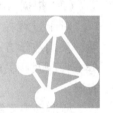

在 20 世纪 40 年代以前，除在最简单的情况下采用位式控制外，PID 控制是唯一的控制方式。此后，随着科学技术的发展特别是电子计算机的诞生和发展，涌现出许多新的控制方法。然而直到现在，PID 控制由于它自身的优点仍然是得到最广泛应用的基本控制方式。即使目前最新式的计算机过程控制系统，其基本的控制方式也仍然保留 PID 控制。

8.5.1 位式控制

位式控制又称通断式控制，是将测量值与设定值相比较，根据比较的结果，对被控对象做开或关的控制。位式控制又分二位式控制和三位式控制，其中二位式控制是指用一个开关量控制被控对象的方式，具有方法简单、可靠性高、成本低廉的优点，应用场合十分广泛。

1. 二位式控制

二位式控制在日常生活中有很多具体的应用，如电熨斗、电烘箱、电冰箱、空调的温度控制就是采用的二位式温度控制方式。这类温控器也叫温控开关，所谓温控开关就是根据所要控制的对象的温度来决定通断的开关。

图 8-5-1 是双金属片温控开关的原理图。图中温控开关的核心元件是双金属片，双金属片由上面的"高锰合金"和下面的"殷钢"组成。前者的膨胀系数是后者的好几十倍，分别称为"主动层"和"被动层"。在正常温度下图中弹簧片的触点和主动层的触点是接触的，整个电路处在接通状态。温度升高时，主动层膨胀的比被动层多，双金属片向下弯曲，温度升高到一定程度时，电路断开；冷却到一定程度时，双金属片伸直，电路接通。图中的调温旋钮是用来调节通断时平均温度的。

该温度开关的工作原理，简单地说，就是当被控温度高于某温度值时，开关断开；当被控温度低于另一温度值时，开关接通。

现实中采用二位式控制的例子还有很多。例如，对水池水位的控制，设置两个水位值，分别是高水位 H 和低水位 L。当水池水位高于 H 时，启动排水泵；当水池水位低于 L 时，停泵，防止水泵空转损坏。这样，水池水位在 H 和 L 之间波动，不会溢出。

通过上面的例子可以看到，二位式控制原理是设定值与被控制量当前值进行比较，当被控量逐渐增大到高于 X_1 时，输出一种状态的控制信号，如开关接通；当被控量由大变小到低于 X_2 时，输出相反状态的控制信号，如开关断开，如图 8-5-2 所示。

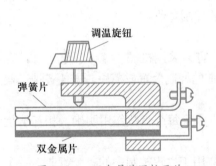

图 8-5-1 双金属片温控开关

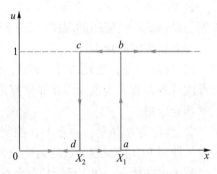

图 8-5-2 二位式控制原理图

在实际应用中，设定值 X_1 和设定值 X_2 不能相等或数值太过接近，否则会导致开关触点频繁开关动作，易产生高频率的振荡现象并缩短执行部件的寿命。在前面的例子中，如果把开泵水位 H 和停泵水位 L 的值设置的相等或很接近的话，就会造成水泵十分频繁启停，水泵电机会很快烧毁。

二位式控制简单，但是精度较低，只能把被控量控制在一个范围内变化，而不能把它稳定在某一数值上。

2. 三位式控制

为了提高控制精度，在二位式控制的基础上对被控对象进行三位式控制，如把控制的功率分成零功率（停止工作）、半功率、全功率三种情况（即三位）。

例如，对于水池的水位控制，为了改善控制效果，设置三个水位：高水位 H、中水位 M、低水位 L，用两台泵排水。当水位高于 M 时，开一台泵，当水位高于 H 时，开第二台泵；当水位低于 M 时，停一台泵，低于 L 时，两台泵全停。

相对一般二位式控制，三位式控制对控制对象的当前状态值做了简单的细分，并根据不同的当前状态值输出不同的控制信号，能够对被控量产生较好的控制效果。

3. 位式控制的特点

（1）输出信号状态单一，只输出了高低两种状态，这两种状态对应着控制对象的工作与不工作。如果是温度控制系统，就是加热器加热与不加热。

（2）精度较低，只能使被控制量在一定范围内波动，不能将其稳定在一个固定的数值。

（3）不需要建立被控对象的数学模型，不需要深入了解被控对象的特性。

（4）容易实现，可以方便地设计出机械、机电、电磁、电子或计算机的位式控制器。

总之，位式控制简单可靠，在对控制精度要求不高的场合，有极其广泛的应用。

8.5.2　PID 控制

PID 控制是比例（proportional）积分（integral）微分（differential）控制的简称。在自动控制的发展历程中，PID 控制是历史最久、应用最广、适应性最强和控制效果良好的一种基本控制方式。在工业生产过程中，PID 控制算法占 85%~90%，即使在计算机控制已经得到广泛应用的现在，PID 控制仍是主要的控制算法。

1. PID 控制的特点

① 原理简单，使用方便。PID 控制算法简单，容易采用机械、流体、电子、计算机算法等各种方式实现，因此非常容易做成各种标准的控制装置或模块，方便各种工业控制场合应用。

② 整定方法简单。由于 PID 控制参数相对较少，且每个参数作用明确，相互干扰较少，使得 PID 控制器参数的调整较为方便。

基于这些优点，PID 反馈控制系统至今仍广泛应用于过程控制中的各个行业。一个大型的现代化生产装置的控制回路可能多达一二百个甚至更多，其中绝大部分都采用 PID 控制。只有当被控对象特别难以控制，且 PID 控制难以达到生产要求时才考虑采用更先进的控制方法。

2. PID 控制的基本原理

PID 控制的原理比较简单，基本 PID 控制的输入输出关系可描述为

$$u(t) = K_p \left[e(t) + \frac{1}{T_i} \int_0^t e(t) \, dt + T_d \frac{de(t)}{dt} \right]$$

式中，$e(t)$ 为 PID 控制的输入信号，即控制系统的偏差信号；$u(t)$ 为 PID 控制的输出信号；K_p 为比例系数或增益（视情况可设置为正或负）；T_i 为积分时间；T_d 为微分时间。

恰当地组合这些作用，确定它们的参数，可以使系统全面满足所要求的性能指标。

当 $T_i = \infty$，$T_d = 0$ 时，PID 控制可实现比例控制（简称 P 控制）作用；当 $T_i = \infty$ 时，PID 控制器可实现比例微分控制（简称 PD 控制）作用；当 $T_d = 0$ 时，PID 控制器可实现比例积分控制（简称 PI 控制）作用。

在控制系统中应用 PID 控制时，只要 K_p、T_i 和 T_d 配合得当就可以得到较好的控制效果。

3. 比例控制（P 控制）

（1）比例控制的调节规律

在比例控制（或 P 控制）中，控制器的输出信号 $u(t)$ 与输入偏差信号 $e(t)$ 成比例，即

$$u(t) = K_p e(t)$$

（2）比例控制的特点

比例控制的特点就是有差控制。它是将当前存在的误差放大 K_p 倍，进而驱动执行机构，用于消除误差。换句话说，比例控制中误差的当前值是消除误差的基础。误差越小，控制器的输出也越小，因此这种方式无法彻底消除误差。

工业过程在运行中经常会发生负荷变化。所谓负荷是指物料流或能量流的大小。处于自动控制下的被控过程在进入稳态后，流入量与流出量之间总是能达到平衡的。因此，人们常常根据调节阀的开度来衡量负荷的大小。如果采用比例控制，则在负荷扰动下的控制过程结束后，被控变量不可能与设定值准确相等，它们之间一定有残差，系统存在稳态误差。

（3）比例系数 K_p 对控制过程的影响

比例控制的静差随着比例系数 K_p 的加大而减小。从这一方面考虑，人们希望尽量加大比例系数 K_p。然而，过大的 K_p 会导致系统激烈振荡甚至不稳定。因此，消除静差还需通过其他的途径解决。

对于典型的工业过程，比例系数对于控制过程的影响如图 8-5-3 所示。

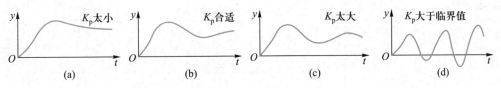

图 8-5-3　比例系数对调节过程的影响

比例系数 K_p 小意味着控制量（输出信号的值）变化幅度很小，相应来说被控变量的变化比较平稳，但静差偏大，控制时间也很长。增大 K_p 就加大了控制量的变化幅度，引起被控变量来回波动，静差相应减小。比例系数具有一个临界值，此时系统处于稳定边界的情况，进一步增大比例系数 K_p，系统就不稳定了。

4. 比例积分控制（PI 控制）

（1）积分控制的调节规律

单纯比例控制无法做到稳态误差为零。那能否让误差很小甚至为零时控制器还有足够的控制输出呢？积分控制正好可以满足这一要求。积分控制将误差累计，只要误差不

为零，积分控制的输出就持续变化，直到误差等于零时，输出保持不变。

① 积分控制的输入 / 输出关系

在积分控制（或 I 控制）中，控制器的输出信号与偏差信号 e 的积分成正比，即

$$u = \frac{1}{T_{\mathrm{i}}} \int_0^t e \mathrm{d}t$$

式中，T_{i} 为积分时间。

② 积分控制的特点

积分控制的特点是能实现无差控制，与比例控制的有差控制形成鲜明对比。积分调节可以做到稳态无差的原因在于积分作用输出与误差的累加相关，而不是与误差当前的大小相关。上式表明，只有当被控变量偏差 e 为零时，积分控制器的输出才会保持不变。然而与此同时，控制器的输出却可以停在任何数值上。保持住一定的控制作用，使被控对象稳定于静差为零的状态。

（2）比例积分控制的调节规律

积分控制虽然可以做到消除稳态误差，但由于积分控制的输出同误差的累计量大小相关，初期，因为累计时间较短，误差数值累计量较小，调节作用弱，调节相对滞后，所以积分控制一般不单独使用，通常与比例控制联合使用，构成比例积分控制。

比例积分控制（PI 控制）就是综合比例和积分两种控制的优点，利用比例控制快速抵消干扰的影响。图 8-5-4 是 PI 控制器的阶跃响应，它是由比例控制和积分控制两部分组成的。在施加阶跃输入的瞬间，控制器立即输出一个幅值为 $\Delta e K_{\mathrm{p}}$ 的阶跃，然后以固定速度 $\Delta e K_{\mathrm{p}} / T_{\mathrm{i}}$ 变化。当 $t = T_{\mathrm{i}}$ 时，输出的积分部分正好等于比例部分。由此可见，T_{i} 可以衡量积分部分在总输出中所占的比重：T_{i} 愈小，积分部分所占的比重愈大。积分强（K_{i} 增加或 T_{i} 减小），消除稳态误差快，积分弱（K_{i} 减小或 T_{i} 增加），消除稳态误差慢。

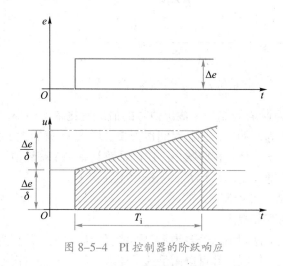

图 8-5-4　PI 控制器的阶跃响应

应当指出，PI 控制引入积分动作带来消除系统静差好处的同时，却降低了原有系统的稳定性。为保持控制系统与比例控制相同的响应速度，PI 控制器的比例系数较纯比例控制适当加大，所以 PI 控制是稍微牺牲控制系统的动态品质来换取系统无稳态误差的。

比例积分控制（PI 控制）中，在比例系数不变的情况下，减小积分时间 T_i，将使控制系统稳定性降低、振荡加剧，直到最后出现发散的振荡过程。图 8-5-5 为 PI 控制系统在不同积分时间的响应过程。

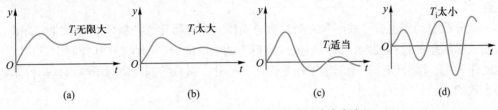

图 8-5-5   PI 控制系统不同积分时间的响应过程

5. 比例积分微分控制（PID 控制）

（1）微分控制的调节规律

提高控制器的"预见"性，让控制器不要仅仅依据误差的大小进行调节，还能判断误差变化的趋势，并根据误差的变化趋势进行调节，有助于提高系统的快速性，改善系统的稳定性。如果控制器能够根据被控变量的变化速度和变化趋势来调节，而不要等到被控变量已经出现较大偏差后才开始动作，那么控制的效果将会更好，等于赋予控制器以某种程度的预见性，这种控制动作称为微分控制。即

$$u = K_d \frac{de}{dt}$$

式中，K_d 为微分增益。此时控制器的输出与被控变量或其偏差对于时间的导数成正比。

然而，单纯按上述规律动作的控制器是不能工作的。这是因为微分环节反映的是参数的变化速度，如果被控对象的状态比较平稳，以至被控变量只以控制器不能察觉的速度缓慢变化时，控制器就没有输出并且不会动作。但是经过相当长时间以后，被控变量偏差却可以积累到相当大的数字而得不到校正。这种情况当然是不能允许的。因此微分控制只能起辅助的控制作用，它可以与其他控制动作结合成 PD 和 PID 控制动作。

（2）比例微分控制的特点

在稳态下，de/dt=0，PD 控制器的微分部分输出为零，因此 PD 控制也是有差控制，与 P 控制相同。微分控制动作总是力图抑制被控变量的振荡，它有提高控制系统稳定性的作用。

图 8-5-6 表示同一对象分别采用 P 控制器和 PD 控制器并整定到相同的响应速度时，两者阶跃响应的比较。从图中可以看到，适度引入微分动作后，减小了短期最大偏差和振荡幅度。

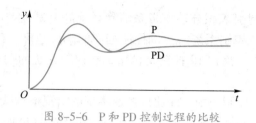

图 8-5-6　P 和 PD 控制过程的比较

对同一被控对象，PD 控制的稳定性要高于 P 控制，即微分的引入改善了系统的稳定性。

微分控制动作也有一些不利之处。微分动作太强容易导致控制量过大或过小。微分会使消除误差的过程变缓，甚至形成"爬行"的响应曲线。因此在 PD 控制中总是以比例动作为主，微分动作只能起辅助控制作用。另外，微分控制动作对于纯迟延过程显然是无效的。

8.6　智能控制

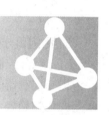

科学技术发展到今天，社会和人们的生活似乎已进入了"智能化"时代。现实生活中有很多智能控制的事例，如洗衣机的模糊控制功能，模仿人的感觉、思维，通过传感器判断衣物重量、布质和状态，决定洗衣粉量、水位和洗涤方式及时间。

智能控制就是把人工智能技术引入控制领域，建立智能控制系统。1965 年，美籍华人科学家傅京孙首先提出把人工智能的启发式推理规则用于学习控制系统。1971 年，建立实用智能控制系统的技术逐渐成熟，傅京孙又提出把人工智能与自动控制相结合。1977 年，美国萨里迪斯（G. N. Saridis）提出把人工智能、控制论和运筹学相结合。1986 年，中国蔡自兴提出把人工智能、控制论、信息论和运筹学相结合。根据这些思想已经研究出的一些智能控制的理论和技术，可以构造用于不同领域的智能控制系统。确切地说，进入 20 世纪 80 年代以后，智能控制的发展加快了速度，并开始应用于机器人控制、工业生产过程、家用电器等领域。20 世纪 90 年代以后，智能控制的研究成为热潮，其应用面迅速扩大到军事、交通、电力、汽车、建筑等多个领域，至今仍在快速的发展过程中。

智能控制具有两个显著的特点：首先，智能控制是同时具有知识表示的非数学广义世界模型和传统数学模型混合表示的控制过程，并以知识进行推理，以启发来引导求解过程。其次，智能控制的核心在高层控制，即组织级控制。其任务在于对实际环境或过程进行组织，即决策和规划，以实现广义问题求解。

目前常用的智能控制方法主要有模糊控制、神经网络控制、专家控制、学习控制、遗传算法、进化控制、基于规则的仿人智能控制、多级递阶智能控制等，它们都是人工智能在控制领域的应用。因此下面首先介绍一下什么是人工智能，然后对前两种智能控制作一个简单介绍，这两种方法提出较早、研究较深入并且应用较广，在智能控制方法中最具代表性。

8.6.1 人工智能

人工智能（artificial intelligence，AI）是当前科学技术中的一门前沿学科。作为计算机科学的一个分支，它的研究不仅涉及计算机科学，还涉及脑科学、神经生理学、心理学、语言学、逻辑学、认知科学、行为科学、生命科学和数学，以及信息论、控制论和系统论等许多科学领域。

1. 人工智能的定义及研究目标

（1）人工智能的定义

人工智能这个词看起来似乎一目了然，但是要给人工智能这个科学名词下一个准确的定义却很困难。

智能是个体有目的的行为、合理的思维以及有效地适应环境的综合性能力。通俗地讲，智能是个体认识客观事物和运用知识解决问题的能力。人类个体的智能是一种综合性能力，具体讲，可以包括感知和认识客观事物、客观世界以及自我的能力；通过学习取得经验和积累知识的能力；理解知识、运用知识及经验分析问题和解决问题的能力；联想、推理、判断和决策的能力；运用语言进行抽象和概括的能力；发现、发明、创造和创新的能力；实时地、迅速地和合理地应付复杂环境的能力；预测和洞察事物发展变化的能力等。特别指出，智能是相对的、发展的，如果离开特定时间说智能是困难的、没有意义的。

人工智能是相对于自然智能而言的，即通过人工的方法和技术，研制智能机器或智能系统来模仿、延伸和扩展人的智能，实现智能行为和"机器思维"活动，解决需要人类专家才能处理的问题。人工智能是人工制品（artifact）中所涉及的智能行为。其中，智能行为包括：感知（perception）、推理（reasoning）、学习（learning）、通信（communicating）和复杂环境下的动作行为（acting）。作为一门学科，人工智能研究智能行为的计算模型，研制具有感知、推理、学习、联想和决策等思维活动的计算系统。本质上讲，人工智能是研究怎样让计算机模仿人脑从事推理、规划、设计、思考和学习等思维活动，解决需要人类的智能才能处理的复杂问题。简单地讲，人工智能就是由计算机来表示和执行人类的智能活动。

（2）人工智能的研究目标

人工智能是信息描述和信息处理的复杂过程，因此实现人工智能是一项艰巨的任务。尽管如此，这门学科还是引起许多科学和技术工作者的浓厚兴趣，特别是在计算机技术飞速发展和计算机应用日益普及的情况下，许多学者认为实现人工智能的手段已经具备，人工智能已经开始走向实践。

人工智能研究的远期目标是建立信息处理的智能理论，制造智能机器。智能机器是指能够在各类环境中自主地或交互地执行各种拟人任务，与人的智力相当或相近的机器。具体地讲，这就要求使计算机能够理解人类语言，并能够进行学习和推理。人工智能研究的近期目标是解决制造智能机器或智能系统相关原理和技术问题，以实现部分智能。

2. 人工智能的研究途径

由于人们对人工智能本质的不同理解和认识，形成了人工智能研究的多种不同的途径。在不同的研究途径下，其研究方法、学术观点和研究重点有所不同，进而形成不同的学派。这里主要介绍认知学派、逻辑学派、行为主义学派和连接主义学派。

（1）认知学派

以 Minsky、Simon 和 Newell 等为代表，从人的思维活动出发，利用计算机进行宏观功能模拟。该学派认为认知的基元是符号，智能行为通过符号操作来实现，它以美国的 Robinson 提出的消解法（即归结原理）为基础，以 LISP 和 Prolog 语言为代表，着重于问题求解中的启发式搜索和推理过程。该学派在逻辑思维的模拟方面取得成功，如自动定理证明和专家系统。

1976 年，Simon 和 Newell 提出了物理符号系统假设，认为物理系统表现智能行为的充要条件是：它是一个物理符号系统。这样的话，可以把任何信息加工系统看成是一个具体的物理系统，如人的神经系统、计算机的构造系统等。所谓符号就是模式，任何一个模式只要能与其他模式相区别，它就是一个符号。例如，不同的英文字母就是不同的符号。对符号进行操作就是对符号进行比较，即找出哪几个是相同的符号，哪几个是不同的符号。物理符号系统的基本任务和功能就是辨认相同的符号和区分不同的符号。

Minsky 从心理学的研究出发，认为人们在日常的认识活动中，使用了大批从以前的经验中获取并经过整理的知识，这些知识是以一种类似框架的结构记存在人脑中，由此提出了框架知识表示方法。Minsky 认为人的智能，根本不存在统一的理论。1985 年，他出版了《心智的社会》（The Society of Mind）一书，书中指出思维社会是由大量具有某种思维能力的单元组成的复杂社会。

（2）逻辑学派

以 McCarthy 和尼尔逊（N. J. Nillson）等为代表主张用逻辑来研究人工智能，即用形式化的方法描述客观世界。

该学派主要观点如下：首先，智能机器必须有关于自身环境的知识；其次，通用智能机器要能陈述性地表达关于自身环境的大部分知识；再次，通用智能机器表示陈述性知识的语言至少要有一阶逻辑的表达能力。

逻辑学派在人工智能研究中，强调的是概念化知识表示、模型论语义、演绎推理等。McCarthy 主张任何事物都可以用统一的逻辑框架来表示，在常识推理中以非单调逻辑为中心。

（3）行为主义学派

以布鲁克斯（R. A. Brooks）为代表认为智能行为只能在现实世界中，由系统与周围环境的交互过程中表现出来。

1991 年，Brooks 提出了无需知识表示的智能和无需推理的智能。他还以其观点为基础，研制了一种机器虫。该机器用一些相对独立的功能单元，分别实现避让、前进、平衡等功能，组成分层异步分布式网络。该学派对机器人的研究开创了一种新方法。

该学派的主要观点可以概括如下：首先，智能系统与环境进行交互，即从运行的环境中获取信息（感知），并通过自己的动作对环境施加影响；其次，指出智能取决于感知和行为，提出了智能行为的"感知 – 行为"模型，认为智能系统可以不需要知识、不需要表示、不需要推理，像人类智能一样可以逐步进化；再次，强调直觉和反馈的重要性，智能行为体现在系统与环境的交互之中，功能、结构和智能行为是不可分割的。

（4）连接主义学派

以 Rumelhart、Mcclelland 和 Hopfield 等为代表，从人的大脑神经系统结构出发，研究非程序的、适应性的、类似大脑风格的信息处理的本质和能力，人们也称它为神经计算。这种方法一般通过人工神经网络的"自学习"获得知识，再利用知识解决问题。由于它近年来的迅速发展，大量的人工神经网络的机理、模型、算法不断地涌现出来。人工神经网络具有高度的并行分布性、很强的鲁棒性和容错性，使其在图像、声音等信息的识别和处理中广泛应用。

此外，还有知识工程学派和分布式学派。知识工程学派是以 Feigenbaum 为代表的研究知识在人类智能中的作用和地位。分布式学派是以 Hewitt 为代表的研究智能系统中知识的分布行为。

3. 人工智能的应用领域

人工智能的知识领域浩繁，很难面面俱到，但是各个领域的思想和方法上有许多可以互相借鉴的地方。随着人工智能理论研究的发展和成熟，人工智能的应用领域更为宽广，应用效果更为显著。人工智能除了在控制领域的应用外，还主要应用于以下几个方面。

（1）专家系统

专家系统是一个具有大量专门知识与经验的程序系统，它应用人工智能技术，根据某个领域一个或多个人类专家提供的知识和经验进行推理和判断，模拟人类专家的决策过程，以解决那些需要专家决定的复杂问题。目前在许多领域，专家系统已取得显著效果。专家系统与传统计算机程序的本质区别在于，专家系统所要解决的问题一般没有算法解，并且经常要在不完全、不精确或不确定的信息基础上做出结论。它可以解决的问题一般包括解释、预测、诊断、设计、规划、监视、修理、指导和控制等。从体系结构上可分为集中式专家系统、分布式专家系统、协同式专家系统、神经网络专家系统等；从方法上可分为基于规则的方法专家系统、基于模型的专家系统、基于框架的专家系统等。

（2）自然语言理解

自然语言理解是研究实现人类与计算机系统之间用自然语言进行有效通信的各种理论和方法。由于目前计算机系统与人类之间的交互还只能使用严格限制的各种非自然语言，因此解决计算机系统能够理解自然语言的问题，一直是人工智能研究领域的重要研究课题之一。

实现人机间自然语言通信意味着计算机系统既能理解自然语言文本的意义，也能生成自然语言文本来表达给定的意图和思想等。而语言的理解和生成是一个极为复杂的解码和编码问题。一个能够理解自然语言的计算机系统看起来就像一个人一样，它需要有上下文知识和信息，并能用信息发生器进行推理。理解口头和书面语言的计算机系统的基础就是表示上下文知识结构的某些人工智能思想以及根据这些知识进行推理的某些技术。

虽然在理解有限范围的自然语言对话和理解用自然语言表达的小段文章或故事方面的程序系统已有一定的进展，但要实现功能较强的理解系统仍十分困难。从目前的理论和技术现状看，它主要应用于机器翻译、自动文摘、全文检索等方面，而通用并高质量的自然语言处理系统，仍然是较长期的努力目标。

（3）机器学习

机器学习是人工智能的一个核心研究领域，它是使计算机具有智能的根本途径。学习是人类智能的主要标志和获取知识的基本手段。Simon 认为："如果一个系统能够通过执行某种过程而改进它的性能，这就是学习。"

机器学习研究的主要目标是让机器自身具有获取知识的能力，使机器能够总结经验、修正错误、发现规律、改进性能，对环境具有更强的适应能力。机器学习通常要解决如下几方面的问题：① 选择训练经验，它包括如何选择训练经验的类型，如何控制训练样本序列，以及如何使训练样本的分布与未来测试样本的分布相似等子问题；② 选择目标函数，所有的机器学习问题几乎都可简化为学习某个特定的目标函数的问题，因此，目标函数的学习、设计和选择是机器学习领域的关键问题；③ 选择目标函数的表示，对于一个特定的应用问题，在确定了理想的目标函数后，接下来的任务是必须从很多（甚至是无数）种表示方法中选择一种最优或近似最优的表示方法。

目前，机器学习的研究处于初级阶段，但却是一个必须大力开展研究的阶段。只有机器学习的研究取得进展，人工智能和知识工程才会取得重大突破。

（4）自动定理证明

自动定理证明，又叫机器定理证明，它是数学和计算机科学相结合的研究课题。数学定理的证明是人类思维中演绎推理能力的重要体现。演绎推理实质上是符号运算，因此原则上可以用机械化的方法来进行。数理逻辑的建立使自动定理证明的设想有了更明确的数学形式。1965 年 Robinson 提出了一阶谓词演算中的归结原理，这是自动定理证明的重大突破。1976 年，美国的 Appel 等三人利用高速计算机证明了 124 年未能解决的"四色问题"，表明利用电子计算机有可能把人类思维领域中的演绎推理能力推进到前所未有的境界。我国数学家吴文俊在 1976 年底开始研究可判定问题，即论证某类问题是否存在统一算法解。他在微型机上成功地设计了初等几何与初等微分几何中一大类问题的判定算法及相应的程序，其研究处于国际领先地位。后来，我国数学家张景中等人进一步推出了"可读性证明"的机器证明方法，再一次轰动了国际学术界。

自动定理证明的理论价值和应用范围并不局限于数学领域，许多非数值领域的任务，如医疗诊断、信息检索、规划制定和难题求解等，都可以转化成相应的定理证明问题，或者与定理证明有关的问题，所以自动定理证明的研究具有普遍意义。

（5）自动程序设计

自动程序设计是指根据给定问题的原始描述，自动生成满足要求的程序。它是软件工程和人工智能相结合的研究课题。自动程序设计主要包含程序综合和程序验证两方面内容。前者实现自动编程，即用户只需告知机器"做什么"，无需告诉"怎么做"，这后一步的工作由机器自动完成；后者是程序的自动验证，自动完成正确性的检查。

目前程序综合的基本途径主要是程序变换，即通过对给定的输入、输出条件进行逐步变换，以构成所要求的程序。程序验证是利用一个已验证过的程序系统来自动证明某一给定程序 P 的正确性。假设程序 P 的输入是 x，它必须满足输入条件 $\phi(x)$；程序的输出是 $z=P(x)$，它必须满足输出条件 $\phi(x, z)$。判断程序的正确性有三种类型，即终止性、部分正确性和完全正确性。

目前在自动程序设计方面已取得一些初步的进展，尤其是程序变换技术已引起计算机科学工作者的重视。现在国外已陆续出现一些实验性的程序变换系统，如英国爱丁堡大学的程序自动变换系统 POP-2 和德国默森技术大学的程序变换系统 CIP 等。

（6）分布式人工智能

分布式人工智能是分布式计算与人工智能结合的结果，主要研究在逻辑上或物理上分散的智能动作者如何协调其智能行为，求解单目标和多目标问题，为设计和建立大型复杂的智能系统或计算机支持协同工作提供有效途径。它所解决的问题需要整体互动所产生的整体智能来解决，主要研究内容有分布式问题求解（distribution problem solving, DPS）和多智能体系统（multi-agent system, MAS）。

分布式问题求解的方法是，先把问题分解成任务，再为之设计相应的任务执行系统。而 MAS 是由多个 Agent 组成的集合，通过 Agent 的交互来实现系统的表现。MAS主要研究多个 Agent 为了联合采取行动或求解问题，如何协调各自的知识、目标、策略和规划。在表达实际系统时，MAS 通过各 Agent 间的通信、合作、互解、协调、调度、管理及控制来表达系统的结构、功能及行为特性。由于在同一个 MAS 中各 Agent 可以异构，因此 Multi-Agent 技术对于复杂系统具有无可比拟的表达力。它为各种实际系统提供了一种统一的模型，能够体现人类的社会智能，具有更大的灵活性和适应性，更适合开放和动态的世界环境，因而备受重视，相关研究已成为人工智能以至计算机科学和控制科学与工程的研究热点。

（7）机器人学

机器人学是机械结构学、传感技术和人工智能结合的产物。1948 年美国研制成功第一代遥控机械手，17 年后第一台工业机器人诞生，从此相关研究不断取得进展。机器人的发展经历了以下几个阶段：第一代为程序控制机器人，它以"示教—再现"方式，一次又一次学习后进行再现，代替人类从事笨重、繁杂与重复的劳动；第二代为自适应机器人，它配备有相应的感觉传感器，能获取作业环境的简单信息，允许操作对象的微小变化，对环境具有一定适应能力；第三代为分布式协同机器人，它装备有视觉、听觉、触觉多种类型传感器，在多个方向平台上感知多维信息，并具有较高的灵敏度，能对环境信息进行精确感知和实时分析，协同控制自己的多种行为，具有一定的自学习、自主决策和判断能力，能处理环境发生的变化，能和其他机器人进行交互。

从功能上来考虑，机器人学研究主要涉及两个方面：一方面是模式识别，即给机器人配备视觉和触觉，使其能够识别空间景物的实体和阴影，甚至可以辨别出两幅图像的微小差别，从而完成模式识别的功能；另一方面是运动协调推理。机器人的运动协调推理是指机器人在接受外界的刺激后，驱动机器人行动的过程。

机器人学的研究促进了人工智能思想的发展，它所开发的一些技术可在人工智能研究中用来建立世界状态模型和描述世界状态变化的过程。

（8）模式识别

模式识别研究的是计算机的模式识别系统，即用计算机代替人类或帮助人类感知模式。模式通常具有实体的形式，如声音、图片、图像、语言、文字、符号、物体和景象等，可以用物理的、化学的及生物的传感器进行具体地采集和测量。但模式所指的不是事物本身，而是从事物获得的信息，因此，模式往往表现为具有时间和空间分布的信息。人们在观察、认识事物和现象时，常常寻找它与其他事物和现象的相同与不同之处，根据使用目的进行分类、聚类和判断，人脑的这种思维能力就构成了模式识别的能力。

模式识别呈现多样性和多元化趋势，可以在不同的概念粒度上进行，其中生物特征识别成为模式识别的新高潮，包括语音识别、文字识别、图像识别、人物景象识别和手语识别等。人们还要求通过识别语种、乐种和方言来检索相关的语音信息，通过识别人种、性别和表情来检索所需要的人脸图像，通过识别指纹（掌纹）、人脸、签名、虹膜和行为姿态识别身份。普遍利用小波变换、模糊聚类、遗传算法、贝叶斯理论和支持向量机等方法进行识别对象分割、特征提取、分类、聚类和模式匹配。模式识别是一个不断发展的新科学，它的理论基础和研究范围也在不断发展。

（9）博弈

计算机博弈主要是研究下棋程序。在 20 世纪 60 年代就出现了很有名的西洋跳棋和国际象棋的程序，并达到了大师的水平。进入 20 世纪 90 年代，IBM 公司以其雄厚硬件基础，支持开发后来被称之为"深蓝"的国际象棋系统，并为此开发了专用的芯片，以提高计算机的搜索速度。1996 年 2 月，与国际象棋世界冠军卡斯帕罗夫进行了第一次比赛，经过六个回合的比赛之后，"深蓝"以 2∶4 告负。1997 年 5 月，系统经过改进以后，"深蓝"又第二次与卡斯帕罗夫交锋，并最终以 3.5∶2.5 战胜了卡斯帕罗夫，在世界范围内引起了轰动。

博弈问题为搜索策略、机器学习等问题的研究课题提供了很好的实际背景，所发展起来的一些概念和方法对人工智能其他问题也很有用。

（10）计算机视觉

视觉是各个应用领域里各种智能系统中不可分割的一部分，如制造业、检验、文档分析、医疗诊断和军事等。计算机视觉涉及计算机科学和工程、信号处理、物理学、应用数学和统计学，神经生理学和认知科学等多个领域知识，已成为一门不同于人工智能、图像处理和模式识别等相关领域的成熟学科。计算机视觉研究的最终目标是使计算机能够像人那样通过视觉观察和理解世界，具有自主适应环境的能力。

计算机视觉研究的任务是理解一个图像，这里的图像是利用像素所描绘的景物。其研究领域涉及图像处理、模式识别、景物分析、图像解释、光学信息处理、视频信号处理以及图像理解。这些领域可分为如下三类：第一是信号处理，即研究把一个图像转换为具有所需特征的另一个图像的方法；第二是分类，即研究如何把图像划分为预定类别，是从图像中抽取一组预先确定的特征值，然后根据用于多维特征空间的统计决策方法决定一个图像是否符合某一类；第三是理解，即在给定某一图像的情况下，一个图像理解程序不仅描述这个图像的本身，而且也描述该图像所描绘的景物。

计算机视觉的前沿研究领域包括实时并行处理、主动式定性视觉、动态和时变视觉、三维景物的建模与识别、实时图像压缩传输和复原、多光谱和彩色图像的处理与解释等。计算机视觉已在机器人装配、卫星图像处理、工业过程监控、飞行器跟踪和制导以及电视实况转播等领域获得极为广泛的应用。

（11）软计算

通常把人工神经网络计算、模糊逻辑计算和进化计算作为软计算的三个主要内容。一般来说，软计算多应用于缺乏足够的先验知识，只有一大堆相关的数据和记录的问题。

人工神经网络（artificial neural network，ANN）是一种应用类似于大脑神经突触连接的结构进行信息处理的数学模型。在这一模型中，大量的节点之间相互连接构成网络，即"神经网络"，以达到处理信息的目的。人工神经网络模型及其学习算法试图从数学上描述人工神经网络的动力学过程，建立相应的模型；然后在该模型的基础上，对于给定的学习样本，找出一种能以较快的速度和较高的精度调整神经元间互连权值，使系统达到稳定状态，满足学习要求的算法。

模糊逻辑计算处理的是模糊集合和逻辑连接符，以描述现实世界中类似人类处理的推理问题。模糊集合包含论域中所有元素，但是具有［0，1］区间的可变隶度属值。模糊集合最初由美国加利福尼亚大学教授扎德（L. A. Zadeh）在系统理论中提出，后来又扩充并应用于专家系统中的近似计算。

进化计算是通过模拟自然界中生物进化机制进行搜索的一种算法，以遗传算法（genetic algorithm，GA）、进化策略等为代表。遗传算法是一种随机算法，它是模拟生物进化中"优胜劣汰"自然法则的进化过程而设计的算法。该算法模仿生物染色体中基因的选择、交叉和变异的自然进化过程，通过个体结构不断重组，形成一代代的新群体，最终收敛于近似优化解。1975 年，Holland 出版了《自然和人工系统中的适应性》一书，系统阐述了遗传算法的基本理论和方法，奠定了遗传算法的理论基础。

（12）智能规划

智能规划是人工智能研究领域近年来发展起来的一个热门分支。智能规划的主要思想是：对周围环境进行认识与分析，根据自己要实现的目标，对若干可供选择的动作及所提供的资源限制施行推理，综合制定出实现目标的规划。智能规划研究的主要目的是：建立起高效实用的智能规划系统。该系统的主要功能可以描述为：给定问题的状态描述、对状态描述进行变换的一组操作、初始状态和目标状态。

最早的规划系统就是通用问题求解系统 GPS，但它还不是真正面向规划问题而研制的智能规划系统。1969 年，格林（G. Green）通过归结定理证明的方法来进行规划求解，并且设计了 QA3 系统，这一系统被大多数的智能规划研究人员认为是第一个规划系统。1971 年，美国斯坦福研究所的菲克斯（R. E. Fikes）和 Nilsson 设计的 STRIPS 系统在智能规划的研究中具有重大的意义和价值，他们的突出贡献是引入了 STRIPS 操作符的概念，使规划问题求解变得明朗清晰。此后到 1977 年先后出现了 HACKER、WARPLAN、INTERPLAN、ABSTRIPS、NOAH、NONLIN 等规划系统。尽管这些以 NOAH 系统为代表的部分排序规划技术被证明具有完备性，即能解决所有的经典规划问题，但由于大量实际规划问题并不遵从经典规划问题的假设，所以部分排序规划技术未得到广泛的应用。为消除规划理论和实际应用间存在的差距，进入 20 世纪 80 年代中期后，规划技术研究的热点转向开拓非经典的实际规划问题。然而，经典规划技术，尤其是部分排序规划技术仍是开发规划新技术的基础。

8.6.2 模糊控制

1. 模糊控制理论

控制论的创始人维纳在谈到"人胜过最完善的机器"时说："人具有运用模糊概念的能力"。这清楚地指明了人脑与电脑之间有着本质的区别，人脑具有善于判断和处理模糊现象的能力。"模糊"是与"精确"相对的概念。模糊性普遍存在于人类思维和语言交流中，是一种不确定性的表现。随机性则是客观存在的另一类不确定性，两者虽然都是不确定性，但存在本质的区别。模糊性主要是人对概念外延的主观理解上的不确定性。随机性则主要反映客观上的自然的不确定性，即对事件或行为的发生与否的不确定性。

模糊逻辑和模糊数学虽然只有短短的几十余年历史，但其理论和应用的研究已取得了丰富的成果。尤其是随着模糊逻辑在自动控制领域的成功应用，模糊控制理论和方法的研究引起了学术界和工业界的广泛关注。在模糊理论研究方面，以 Zadeh 提出的分解定理和扩张原则为基础的模糊数学理论已有大量的成果问世。1984 年成立了国际模糊系统协会（IFSA），《FUZZY SETS AND SYSTEMS（模糊集与系统）》杂志与 IEEE（美国电气与电子工程师协会）《模糊系统》杂志也先后创刊。在模糊逻辑的应用方面，自从 1974 年英国的 Mamdani 首次将模糊逻辑用于蒸汽机的控制后，模糊控制在工业过程控制、机器人、交通运输等方面得到了广泛而卓有成效的应用。与传统控制方法如 PID 控制相比，模糊控制利用人类专家控制经验，对于非线性、复杂对象的控制显示了鲁棒性好、控制性能高的优点。模糊逻辑的其他应用领域包括：聚类分析、故障诊断、专家系统和图像识别等。

2. 模糊控制系统的基本结构

模糊控制作为结合传统的基于规则的专家系统、模糊集理论和控制理论的成果而诞生，使其与基于被控过程数学模型的传统控制理论有很大的区别。在模糊控制中，并不是像传统控制那样需要对被控过程进行定量的数学建模，而是试图通过从能成功控制被控过程的领域专家那里获取知识，即专家行为和经验。当被控过程十分复杂甚至"病态"时，建立被控过程的数学模型或者不可能，或者需要高昂的代价，此时模糊控制就显得具有吸引力和使用性。由于人类专家的行为是实现模糊控制的基础，因此，必须用一种容易且有效的方式来表达人类专家的知识。IF-THEN 规则格式是这种专家控制知识最合适的表示方式之一，即 IF "条件" THEN "结果"，这种表示方式有两个显著的特征：它们是定性的而不是定量的；它们是一种局部知识，这种知识将局部的"条件"与局部的"结果"联系起来，前者可用模糊子集表示，而后者需要模糊蕴涵或模糊关系来表示。然而，当用计算机实现时，这种规则最终需具有数值形式，隶属函数和近似推理为数值表示集合模糊蕴涵提供了一种有力工具。

一个实际的模糊控制系统实现时需要解决三个问题：知识的表示、推理策略和知识获取。知识表示是指如何将语言规则用数值方式表示出来；推理策略是指如何根据当前输入"条件"产生一个合理的"结果"；知识获取解决如何获得一组恰当的规则。由于领域专家提供的知识常常是定性的，包含某种不确定性，因此知识的表示和推理必须是模糊的或近似的，近似推理理论正是为满足这种需要而提出的。近似推理可看作是根据一些不精确的条件推导出一个精确结论的过程，许多学者对模糊表示、近似推理进行了大量的研究，在近似推理算法中，最广泛使用的是关系矩阵模型，它基于 L. A. Zadeh 的合成推理规则，首次由 Mamdani 采用。由于规则可被解释成逻辑意义上的蕴涵关系，因此大量的蕴涵算子已被提出并应用于实际中。

由此可见，模糊控制是以模糊集合论、模糊语言变量及模糊逻辑推理为基础的一种计算机控制。从线性控制与非线性控制的角度分类，模糊控制是一种非线性控制。从控制器智能性看，模糊控制属于智能控制的范畴，而且它已成为目前实现智能控制的一种重要而又有效的形式，尤其是模糊控制和神经网络、预测控制、遗传算法和混沌理论等新学科的相结合，正在显示出其巨大的应用潜力。

（1）模糊控制系统的组成

模糊控制系统由模糊控制器和控制对象组成，如图 8-6-1 所示。

（2）模糊控制器的基本结构

模糊控制器的基本结构，如图 8-6-1 中点画线框中所示，它主要包括以下 4 部分。

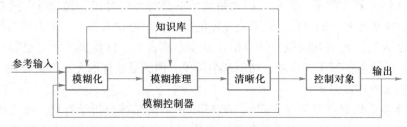

图 8-6-1　模糊控制器的组成

① 模糊化

这部分的作用是将输入的精确量转换成模糊化量。其中输入量包括外界的参考输入、系统的输出或状态等。模糊化的具体过程如下：

a. 首先对这些输入量进行处理以变成模糊控制器要求的输入量。例如，常见的情况是计算 $e = r - y$ 和 $\dot{e} = de / dt$，其中 r 表示参考输入，y 表示系统输出，e 表示误差。有时为了减小噪声的影响，常常对 $\dot{e}$ 进行滤波后再使用，例如可取 $\dot{e} = [s/(Ts+1)] e$。

b. 将上述已经处理过的输入量进行尺度变换，使其变换到各自的论域范围。

c. 将已经变换到论域范围的输入量进行模糊处理，使原先精确的输入量变成模糊量，并用相应的模糊集合来表示。

② 知识库

知识库中包含了具体应用领域中的知识和要求的控制目标。它通常由数据库和模糊控制规则库两部分组成。

a. 数据库主要包括各语言变量的隶属度函数、尺度变换因子以及模糊空间的分级数等。

b. 规则库包括了用模糊语言变量表示的一系列控制规则。它们反映了控制专家的经验和知识。

③ 模糊推理

模糊推理是模糊控制器的核心，它具有模拟人的基于模糊概念的推理能力。该推理过程是基于模糊逻辑中的蕴含关系及推理规则来进行的。

④ 清晰化

清晰化的作用是将模糊推理得到的控制量（模糊量）变换为实际用于控制的清晰量。它包含以下两部分内容：

a. 将模糊的控制量经清晰化变换变成表示在论域范围的清晰量。

b. 将表示在论域范围的清晰量经尺度变换变成实际的控制量。

8.6.3 神经网络控制

专家控制和模糊控制都是在宏观的外在功能上模仿人类大脑的分析和决策作用，而神经网络控制（neural network control）则是基于人脑神经组织的内部结构来模拟人脑的生理作用。人工神经网络是由很多人工神经元以某种方式相互连接而成的，就单个神经元而言，其结构和功能都很简单，但大量简单的神经元结合在一起却可以使功能变得非常强大，能做很复杂的事情、完成高难度的任务。这好比人类，一个人的力量是微弱的，但很多人组织起来共同做一件事情，就会形成合力。计算机实际上也属于这种情况，其基本的元器件基于二进制，功能都很简单，但大量这样的元器件组合在一起，其功能就可以变得非常强大。

人工神经系统的研究可以追溯到 1800 年 Frued 的精神分析学时期，他已经做了一些初步工作。1913 年人工神经系统的第一个实践是由 Russell 描述的水力装置。1943 年美国心理学家 Warren S McCulloch 与数学家 Walter H Pitts 合作，用逻辑的数学工具研究客观事件在形式神经网络中的描述，从此开创了对神经网络的理论研究。他们在分析、总结神经元基本特性的基础上，首先提出神经元的数学模型，简称 MP 模型。从脑科学研究来看，MP 模型不愧为第一个用数理语言描述脑的信息处理过程的模型。后来 MP 模型经过数学家的精心整理和抽象，最终发展成一种有限自动机理论，再一次展现了 MP 模型的价值，此模型沿用至今，直接影响着这一领域研究的进展。1949 年心理学家 D. O. Hebb 提出关于神经网络学习机理的"突触修正假设"，即突触联系效率可变的假设，现在多数学习机仍遵循 Hebb 学习规则。1957 年，Frank Rosenblatt 首次提出并设计制作了著名的感知机（perceptron），第一次从理论研究转入过程实现阶段，掀起了研究人工神经网络的高潮。虽然，从 20 世纪 60 年代中期起，MIT 电子研究实验室的 Marvin Minsky 和 Seymour Papret 就开始对感知机做深入的评判，并于 1969 年，他们出版了《Perceptron》一书，对 Frank Rosenblatt 的感知机的抽象版本做了详细的数学分析，认为感知机神经网络基本上不是一个值得研究的领域，曾一度使神经网络的研究陷入低谷，但是，从 1982 年美国物理学家 Hopfield 提出 Hopfield 神经网络，以及 1986 年 D. E. Rumelhart 和 J. L. McClelland 提出一种利用误差反向传播训练算法的 BP（back propagation）神经网络开始，在世界范围内再次掀起了神经网络的研究热潮。今天，随着科学技术的迅猛发展，神经网络正以极大的魅力吸引着世界上众多专家、学者为之奋斗。难怪有关国际权威人士评论指出，目前对神经网络的研究的重要意义不亚于第二次世界大战时对原子弹的研究。

8.6.4 智能控制展望

通过前面对智能控制及其几种典型方法的介绍可以看出，现有的各种智能控制方法都具有各自明显的优势和特点，但同时也都存在一定的局限性。因此智能控制的发展趋势就是将不同的方法有机结合在一起，取长补短，以获得单一方法所难以达到的效果，如神经网络与模糊控制相结合构成模糊神经网络控制、基于专家系统的专家模糊控制、基于遗传算法或进化机制的神经网络控制等。

虽然智能控制与传统的常规控制方法在很多方面存在本质区别，然而智能控制仍然属于传统控制方法的延伸和发展，是自动控制发展的高级阶段。智能控制与常规控制并不是相互排斥的，而是可以有机结合或相互融合的。例如，常规的 PID 控制可以和智能控制结合构成所谓的"智能 PID 控制"，可以利用专家系统、模糊推理或神经网络来自动调整 PID 控制器的 3 个参数。对于比较复杂的系统，反馈信息往往包含图像、声音、文字、统计数据、各种实时变量等，这种情况下控制系统通常需要综合运用多种"智能"手段、智能控制与常规控制相结合的方式来解决问题，既要用到对各种检测信息进行处理和识别的技术，也可能用到"多传感器信息融合"技术，还可能必须采用多层控制结构，在高层（决策、协调层）利用人工智能和智能控制进行综合分析、决策及协调，在底层（执行层）利用常规控制来解决"低级"的控制问题，这样优势互补才可以更好地完成比较复杂的任务。

智能控制在很多方面已进入工程化、实用化的阶段，被广泛应用于社会各个领域，解决了大量传统控制无法解决或难以奏效的实际控制问题，展现出强大的生命力和发展前景。例如，城市交通、电力系统、智能型自主机器人等复杂系统的控制，往往要依靠智能控制才能获得满意的控制效果；各种家用电器、各类生产过程等应用智能控制不仅避免了耗时费力的常规建模过程，而且控制系统的设计通常也更简便，控制效果会更好，如智能控制的空调会比常规控制更节能、温度波动更小，智能控制的洗衣机洗衣会更干净、衣物磨损更小、耗水量更少等。

智能控制尽管已经取得了大量的研究和应用成果，但在控制领域仍然属于比较"年轻"的学科，还处在一个发展时期，无论在理论上还是应用上都不够完善，虽然其应用前景广阔、应用成果丰富，但理论研究发展缓慢，在某些方面甚至停滞不前，造成了一种不平衡现象。随着基础理论的不断创新，人工智能技术和计算机技术的迅猛发展，以及实际应用领域的不断扩大，智能控制必将迎来它新的发展高潮，再创辉煌。

8.7　计算机控制系统

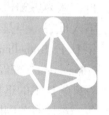

面对控制对象、被控制量和控制任务，可以用不同的方式实现对被控制量的控制。可以用纯机械的方式实现控制，如抽水马桶的液位控制；也可以是机电结合形式实现控制，如传统电饭锅的温度控制；还可以是电子数字控制形式，如带数字显示的电冰箱的温度控制等。

近年来，随着数字计算机和微处理器的迅速发展和广泛应用，数字控制器在许多场合已经逐步取代了模拟控制器。由于数字控制器接收、处理和传送的是数字脉冲信号，因此称采用数字控制器的系统为离散控制系统或采样控制系统或数字控制系统。而采用数字计算机作为数字控制器的离散控制系统又称为计算机控制系统。

下面介绍典型的计算机控制系统的组成结构及其与传统控制系统的区别。

8.7.1　从模拟量到数字量

一个物理量有多种特性，我们最关心的是其数值随时间的变化规律，如一个房间的温度在一天内的变化，一条河流的水位在一年内的变化规律等。下面分别介绍物理量在时间、数值上变化的一般规律和特征。

1. 模拟量与数字量

我们周围世界的大多数物理量都是时间连续、大小连续的变量，例如，大树生长过程中其高度是连续增加的；行驶的汽车其移动的距离和速度都是连续变化的；电加热炉的炉温也是连续变化的。

控制系统的被控量，其数值是随时间变化的，是时间的函数。如，电动机转速、水箱液位、窑炉温度等，这些物理量的共同特点是：对应于任意时间值均有确定的数值，并且其数值是连续取值的。这类在时间上和数值上连续的物理量称为模拟量。

测量人的体温常用到水银温度计，温度计反映体温的水银面随时间变化，体温 T

是时间 t 的函数，该函数 $T(t)$ 在时间上和数值上连续，是模拟量。

当试图把这个温度的变化过程以表格的形式记录到纸上的时候，受人的能力的局限，只能以一定的时间间隔将看到的温度值记录下来，而且温度值通常只能记录到小数点后面一位或两位。温度记录表如表 8-7-1 所示。

表 8-7-1　温度记录表

时间 /s	温度 /℃
1	37.2
5	37.4
10	37.2
17	37.0
24	37.0
28	36.7

这个表格不能直观地反映温度的变化趋势，可以转换成对应的体温变化趋势图，如图 8-7-1 所示。

表 8-7-1 和图 8-7-1 中的温度值，在时间上和数值上都不连续，是离散的。在时间上和数值上都不连续（离散）的物理量称为数字量。

人的体温是连续变化的模拟量，记录成表格后变成了数字量，完成了由模拟量到数字量的转换。由模拟量到数字量的转换很有价值，方便对体温变化规律进一步分析处理。

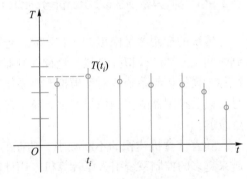

图 8-7-1　体温变化趋势图

2. 模数转换和数模转换

计算机（严格地应称为数字计算机）具有极强的运算、存储能力，而控制器也需要计算机的强大运算处理能力来实现控制目的，然而受工作原理的限制，计算机不能直接处理模拟量，而只能直接处理数字量。因此要实现计算机控制，首先要解决模拟量转换为数字量的问题。经计算机运算后产生的控制输出量是数字量，驱动执行器往往只能接收模拟量信号，为了实现对被控对象的作用，这时就要将数字量转换为模拟量。

由此可见，对于只能直接处理数字信号，接收数字输入和产生数字输出的数字系统，若要与模拟被控对象相连接，模拟量转换为数字量和数字量转换为模拟量的环节必不可少。模数转换及数模转换是连接数字处理系统和模拟被控对象的桥梁。

将模拟量转换为数字量的器件叫模 / 数转换器，模 / 数转换器（analog to digital converter）简称 A/D 转换器或 ADC，是一种电子器件，它将电压或是电流形式的模拟信号转换成数字信号。

A/D 转换器（ADC）的型式有很多种，这些转换器的工作原理、转换速度及转换精度各有不同，可满足不同的应用需求。例如，数字天平就比数字人体秤的精度要求高，将声音信号转换为数字信号，就比将温度信号转换为数字信号的 A/D 转换器速度快。

将数字量转换为模拟量的器件叫数 / 模转换器，数 / 模转换器（digital to analog converter）简称 D/A 转换器或 DAC，也是一种电子器件，它将数字信号转换为电压或是电流形式的模拟信号。

D/A 转换器的类型有很多种，可满足不同的应用需要。D/A 转换器也有转换原理和转换速度精度的区别。公交车上的语音报站器，就是将要播报的站名等信息，用数字语音合成技术生成数字信号，经 D/A 转换后用扬声器播报给乘客。

模拟量、数字量以及模 / 数转换器与数 / 模转换器的相互关系如图 8-7-2 所示。

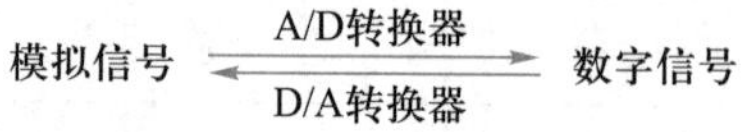

模拟信号 ⇄ 数字信号

A/D转换器

D/A转换器

图 8-7-2　模拟量、数字量以及模 / 数转换器与数 / 模转换器的相互关系

8.7.2　计算机控制系统的组成

传统的控制器是模拟的，它实时、连续地处理在时间上和数值上连续的模拟量，得到时间上连续的模拟控制量。这种控制器称为模拟控制器。由模拟控制器构成的控制系统称为模拟控制系统。对于模拟控制系统来说，不论是被控制量、反馈信号还是偏差信号，以及控制器的控制信号产生，整个过程及环节都是以模拟量的形式存在，其变化是连续的。

随着计算机体积的不断减小、功耗的不断降低、运算能力和运算速度的不断提高，越来越多的控制系统引入了计算机，用计算机替代了原有的模拟控制器，实现对被控对象的控制。图 8-7-3 就是典型的计算机控制系统方框图。

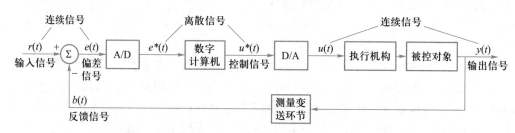

图 8-7-3　计算机控制系统方框图

从图 8-7-3 中可以看出，与传统模拟控制系统类似，此类控制系统包括被控对象、执行机构、测量变送环节、控制器，但比传统模拟控制系统增加了模 / 数、数 / 模转换单元（A/D、D/A）等。利用 A/D 环节，由测量变送环节采集到被控量的模拟输出信号，将其转化为数字信号，传送进计算机，由计算机计算出被控量和给定量之间的偏差大小，并进而根据预先设定的控制算法计算出控制量的大小，经 D/A 环节变换为模拟量

后输出给执行机构，用于调节被控对象。在图 8-7-3 中，给定环节、比较环节和控制器都是由计算机实现的。

计算机控制已广泛应用到国防和工业领域，由于被控对象、控制功能及控制设备不同，因而计算机控制系统是千变万化的。计算机控制系统的最基本特征是一个实时系统，它由硬件和软件两大部分组成。

1. 硬件组成

如图 8-7-4 所示的计算机控制系统，它的硬件一般由被控对象、接口电路、计算机、人机联系设备、控制操作台等几部分组成。

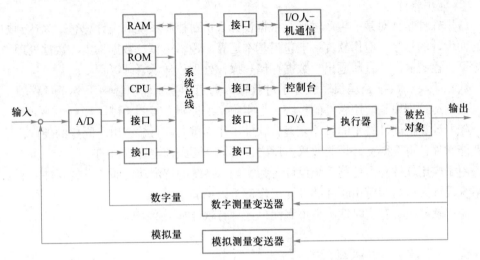

图 8-7-4　计算机控制系统的一般硬件组成结构图

① 主机。通常包括微处理器（CPU）和存储器（ROM，RAM），它是数字控制系统的核心。主机根据由输入通道送来的命令和测量信息，按照预先编制好的控制程序，按照一定的控制规律进行信息处理、计算，形成的控制信息由输出通道送至执行器和有关设备。

② 测量变送器和执行器。测量变送器包括数字测量变送器和模拟测量变送器。执行器根据需要可以接受模拟控制变量和数字控制变量。

③ 输入/输出通道又称过程通道。输入/输出通道把计算机与测量元件、执行器、生产过程和被控对象连接起来，进行信息的传递和变换。输入/输出通道一般可分为模拟量输入通道、数字量输入通道、模拟量输出通道和数字量输出通道。模拟量输入/输出通道主要由 A/D 转换器和 D/A 转换器组成。

④ 接口电路。输入/输出通道、控制台等设备通过接口电路传送信息和命令，接口电路一般有并行接口、串行接口和管理接口。

⑤ 控制台。操作人员通过运行控制台与计算机进行"对话"，随时了解生产过程和控制状态，修改控制参数、控制程序，发出控制命令，判断故障，进行人工干预等。

2. 软件组成

计算机控制系统的硬件只是控制系统的躯体，系统的大脑和灵魂是各种软件。计算机控制装置配置了必要的软件，才能针对生产过程的运行状态，按照人的思维和知识进行自动控制，完成预定控制功能。计算机控制装置的软件通常分为两大类：系统软件和应用软件。

① 系统软件

系统软件是主机基本配置的软件，一般包括操作系统、监视程序、诊断程序、程序设计系统、数据库系统、通信网络软件等。系统软件由计算机装置设计者和制造厂提供。控制系统设计人员要了解并学会使用系统软件，利用系统软件提供的环境，针对某一控制系统的具体任务，为达到控制目的进行应用软件的设计工作。

② 应用软件

应用软件是针对某一生产过程，依据设计人员对控制系统的设计思想，为达到控制目的而设计的程序。应用软件一般包括基本运算、逻辑运算、数据采集、数据处理、控制运算、控制输出、打印输出、数据存储、操作处理、显示管理等程序。

数据采集、数据处理程序服务于过程输入通道。控制输出程序服务于过程输出通道。控制运算程序是应用软件的核心，是实施系统控制方案的关键。

随着计算机硬件技术的日臻完善，软件工作的重要性日益突出。同样的硬件，配置高性能软件，可取得良好控制效果。反之，可能达不到预定控制目的。

由于应用软件是由控制系统设计者为实现本系统的特定功能而开发的软件，所以控制系统设计人员需对应用软件的设计工作量予以足够重视。

应用软件应具有实时性、高可靠性，且具有软件抗干扰措施。

8.7.3　计算机控制系统的特点

与模拟控制系统相比，计算机控制系统增加了 A/D、D/A 等器件，看似控制系统的结构复杂了，但是，由于采用计算机控制后有一系列显著的优点，所以，计算机控制系统仍然得到了广泛的应用，并且逐步取代和淘汰了模拟控制系统。和常规模拟控制系统相比，计算机控制系统有以下优点。

1. 用软件可以实现复杂的控制规律

模拟控制器也可以实现一定程度上的算术和逻辑运算，但是运算步骤越多，器件的数量就越多。计算机控制系统使用软件实现各种算术或逻辑运算，不仅能实现远比模拟控制器更复杂的控制规律，而且突破了模拟控制器的局限，复杂的运算只影响软件程序的复杂度，不需要更复杂的硬件电路。运算过程中不会受到噪声的影响，运算精度容易保证。

2. 控制规律可以很方便地改变

在常规模拟控制系统中，控制器主要是由模拟器件组成的模拟电路构成，其控制结构和控制参数完全由硬件电路结构和元器件参数决定，改动起来非常复杂，几乎需要重新设计。而在计算机控制系统中，控制器主要由相应软件来实现，控制算法灵活，控制规律和控制参数的调整通过改变程序或数据就可完成，不必像模拟控制系统那样改变硬件电路来实现，因此设计与修改十分方便，并易于实现整个生产过程与管理的优化，提高整个企业的自动化水平。

3. 控制性能更高

常规控制系统由于受模拟器件工艺水平和应用环境的限制，运算过程中不可避免地混入各种噪声，这些噪声会严重影响运算精度，并对整体控制性能产生影响，而计算机控制系统，运算过程中不会受到噪声的影响，运算精度容易保证，进而控制系统的整体性能也得到了保证。

4. 功能更丰富

在常规模拟控制系统中，有一些必不可少的辅助功能，如控制过程及相关工艺参数变化过程的记录、显示、报警等功能，手段单一且比较简陋，而计算机控制系统借助其丰富的外设，可以方便地对控制系统中的各种工艺参数进行记录、显示、打印、统计、分析等，还可以借助人机交互设备，完成控制参数的设定，查看被控变量的变化趋势等。

5. 通信组网功能

通信组网功能是传统模拟控制系统所不具备的功能。通信组网功能除了能实现控制器之间信息共享、优化控制功能外，还能更容易构造空间上更大的远程控制系统和构造数量上更多的大规模控制系统。通信将人的视线和触角大大延伸，通信所及之处就是人的触角所及之处，借助通信网络，操控人员可以详细获取远端的各种信息。

8.7.4　计算机控制系统的类型

计算机控制系统经历了从数据采集系统、直接数字控制系统、监督计算机控制系统、多级控制系统、集散控制系统、现场总线控制系统到现场总线集散控制型控制系统的发展过程。

1. 数据采集系统

在这种应用中，计算机只承担数据的采集跟处理工作，而不直接参与控制。它对生产过程各种工艺变量进行巡回检测、处理、记录及变量的超限报警，同时对这些变量进行累计分析和实时分析，得出各种趋势分析，为操作人员提供参考。

2. 直接数字控制系统

直接数字控制系统（direct digital control，DDC），就是用一台计算机取代模拟控制器直接控制调节阀等执行器，使被控变量保持在给定值，其基本组成如图8-7-5所示。直接数字控制系统是利用计算机的分时处理功能直接对多个控制回路实现多种形式控制的多回路功能的数字控制系统，它是在巡回检测和数据处理系统的基础上发展起来的。数字计算机是闭环控制系统的组成部分，计算机产生的控制变量经过输出通道直接作用于生产过程，故有"直接数字控制"之称。在直接数字控制系统中，计算机通过多点巡回检测装置对过程参数进行采样，并将采样值与存于存储器中的设定值进行比较形成偏差信号，然后根据预先规定的控制算法进行分析和计算，产生控制信号，通过执行器对系统被控对象（生产过程）进行控制。

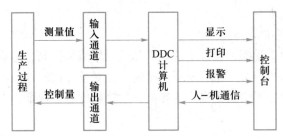

图 8-7-5 直接数字控制系统结构图

直接数字控制系统具有在线实时控制、分时方式控制及灵活性和多功能控制三个特点。

① 在线实时控制

直接数字控制系统是一种在线实时控制系统，对被控对象的全部操作（信息检测和控制信息输出）都是在计算机直接参与下进行的，无需管理人员的干预。实时控制是指计算机对于外来的信息处理速度足以保证在所允许的时间区间内完成对被控对象各种状态参数的检测和处理，并形成和实施相应的控制。这个允许的时间区间的大小与计算机的计算速度、被控对象的动态特性、控制功能的复杂程度等因素有关。计算机应配有实时时钟和完整的中断系统以满足实时性要求。

② 分时方式控制

直接数字控制系统是按分时方式进行控制的，按照固定的采样周期对所有的被控制回路逐个进行采样，依次计算并形成控制输出，以实现一个计算机对多个被控回路的控制。计算机对每个回路的操作分为采样、计算、输出三个步骤。为了在满足实时性要求的前提下增加控制回路，可以将上述三个步骤在时间上交错安排，例如对第 1 个回路进行控制时，可同时对第 2 个回路进行计算处理，而对第 3 个回路进行采样输入。这既能提高计算机的利用率，又能缩短对每个回路的操作时间。

③ 灵活性和多功能控制

直接数字控制系统的特点是具有很大的灵活性和多功能控制能力，它除了有数据采集、打印、记录、显示和报警等功能外，还可以根据事先编好的控制程序，实现各种控制算法和控制功能。

DDC 系统对计算机可靠性的要求很高，因为若计算机发生故障会使全部控制回路失灵，直接影响生产，这是这种系统的缺点。

3. 监督计算机控制系统

监督计算机控制系统（supervisory computer control，SCC），它是利用计算机对工业生产过程进行监督管理和控制的计算机控制系统。监督计算机控制系统是一个二级控制系统，SCC 计算机直接对被控对象和生产过程进行控制，其功能类似于 DDC 直接数字控制系统。直接数字控制系统的设定值是事先规定的，但监督控制系统可以通过对外部信息的检测，根据当时的工艺条件和控制状态，按照一定的数学模型和优化准则，在线计算最优设定值，并及时送至下一级 DDC 计算机，实现自适应控制，使控制过程始终处于最优状态。

4. 集散控制系统

集散控制系统（distributed control systems，DCS），也称分布式控制系统，是 20 世纪 70 年代中期发展起来的新型计算机控制系统。集散控制系统是由多台计算机分别控制生产过程中多个控制回路，同时又可集中获取数据和集中管理的自动控制系统。它是计算机技术（computer）、控制技术（control）、通信技术（communication）和图形显示（CRT）等技术的综合应用，通常也将集散控制称为 4C 技术。它不仅具有传统的控制能力和集中化的信息管理和操作显示功能，而且还有大规模数据采集、处理的功能及较强的数据通信能力，为实现高等过程控制和生产管理提供了先进的工具和手段。

集散控制系统采用微处理器分别控制各个回路，而用中小型工业控制计算机或高性能的微处理机实现上一级的控制，各回路之间和上下级之间通过高速数据通道交换信息。集散控制系统具有数据获取、直接数字控制、人机交互及监督和管理等功能。

在集散控制系统中，按地区把微处理机安装在测量装置与执行器附近，将控制功能尽可能分散，管理功能相对集中。这种分散化的控制方式会提高系统的可靠性，不像在直接数字控制系统中那样，当计算机出现故障时会使整个系统失去控制。在集散控制系统中，当管理级出现故障时，过程控制级仍有独立的控制能力，个别控制回路出现故障也不会影响全局。相对集中的管理方式有利于实现功能标准化的模块化设计，与计算机多级控制相比，集散控制系统在结构上更加灵活，布局更加合理，成本更低。

集散控制系统通常具有二层结构模式、三层结构模式和四层结构模式。图 8-7-6 给出了二层结构模式的集散控制系统的结构示意图。第一级为前端机，也称下位机、直接控制单元。前端机直接面对控制对象完成实时控制、前端处理功能。第二层称为中央处理机，它一旦失效，设备的控制功能依旧能得到保证。在前端机和中央处理机间再加一层中间层计算机，便构成了三层结构模式的集散控制系统。四层结构模式的集散控制系统中，第一层为直接控制级，第二层为过程管理级，第三层为生产管理级，第四层为经营管理级。集散控制系统应用先进的通信网络，具有硬件组装积木化、软件模块化、组态控制系统、开放性、可靠性等特点。

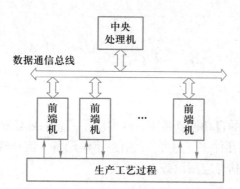

图 8-7-6　二层结构模式的集散控制系统的结构示意图

5. 现场总线控制系统（FCS）

数字通信技术的发展，极大地推进着现场级信息网络技术的发展，在国际上出现了现场总线技术。近几年现场总线技术一直是国际自动化领域的热点。

现场总线的概念包含两方面内容。首先，现场总线是一种通信标准，是全数字化、双向、多信息、多主站通信规程的可应用技术，其把控制功能分散到现场装置中，并能实现以数字形式宽范围的通信。其次，现场总线的通信标准是开放的，对于控制系统中的现场仪表装置，用户可自由选择不同厂商的符合标准的产品，利用现场总线构成所需控制系统。开放性是现场总线的主要标志之一。

现场总线型控制系统结构示意图如图 8-7-7 所示。图中变送器、控制器和执行器均为直接挂接在现场总线 FB 上的全数字化仪表装置，彼此之间以符合现场总线协议规定进行信息交换。

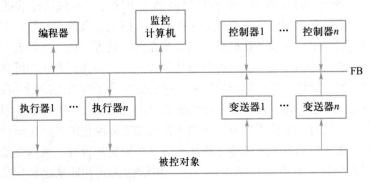

图 8-7-7　现场总线型控制系统结构示意图

现场总线技术必将导致新一代现场仪表装置的推出，必将导致新一代过程控制系统的形成。由于现场总线是开放的、可互操作的，传统的 DCS 输入、输出结构将被淘汰。现场总线型控制系统中 I/O 接口设备、接线板、布线均减小，控制室面积缩小，维护费用降低。现场总线型控制系统将演变为 CIPS 的低层部分，以适应未来的市场竞争。

8.8　现代自动化技术

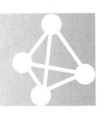

一个具有反馈结构的自动控制系统，其本质是信息的处理和应用，一般由四个主要部分构成，即信息获取元件（传感器）、信息传输设备（信号转换与传输网络）、信息处理设备（控制器）和信息应用设备（执行器）。

8.8.1　检测技术

自动控制系统的核心概念是反馈，反馈是对被控制量进行自动检测，并将检测信息返回，与给定进行比较，根据比较结果进行控制，以使被控量与给定量尽可能相同。可见，自动检测是实现反馈控制的前提和条件。

1. 检测技术概述

（1）检测

测量就是以确定被检测值（被测值）为目的的一系列操作，即利用物质的物理的、化学的或生物的特性，对被测对象的信息进行提取、转换以及处理，获得定性或定量结果的过程。

在生产、科研、实验及服务等各个领域，为及时获得被测控对象的有关信息而实时或非实时地对一些参量进行的定性检查和定量测量称为检测。在大多数情况下，检测是指在生产、实验等现场，利用某种合适的检测仪器或综合测试系统对被测对象进行在线、连续地测量。在工业生产中，以连续、准确、实时地自动检测生产过程中的各种有关参数为基础，进而实现了生产过程自动化。

（2）传感器

传感器是实现检测目的的关键器件或装置。传感器通常由敏感器件和转换器件组合而成。敏感器件是指传感器中直接感受被测量的部分，转换器件通常是指将敏感器件在传感器内部输出转换为便于人们应用、处理外部输出（通常为电量）信号的部分。实际上，有些传感器并不能明显区分敏感元件和转换元件两部分，而是二者合为一体，直接将被测量转换成电信号。

工业生产过程自动化是传感器应用的主要领域，也称为检测仪表。在工业自动化仪表中，这部分调理转换电路叫作变送器。变送器与传感器组合在一起，共同完成对温度、压力（或压差）、物位、流量、成分等被控量的检测并转换为标准的输出信号。目前广泛使用 4~20 mA DC 电流信号与 1~5 V DC 电压信号作为工业标准。该标准输出信号一方面可被送往显示记录仪表进行显示记录，另一方面则送往控制器实现对被控量的控制。某些情况下，敏感元件和转换元件、调理/转换电路（变送器）是一体化的，变送器可看成是具有标准输出信号的传感器。

随着计算机网络与通信技术的发展，智能化网络化的变送器日益受到重视，这种变送器功能全面、使用方便、跟控制器连接便捷，是检测仪表的重要发展方向。

2. 检测系统组成与检测误差

（1）检测系统的结构

检测系统就是由传感器与数据传输环节、数据处理环节和数据显示环节等组合在一起，为了完成信号测量目标所形成的一个有机整体。典型的检测系统结构如图 8-8-1 所示。

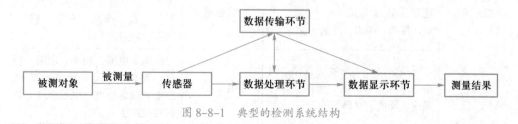

图 8-8-1　典型的检测系统结构

传感器：感受被测量的大小并输出与之对应的可用信号的器件或装置。

数据传输环节：实现数据传输。当测量系统的多个功能环节相对独立时，就需要数据传输环节将数据从一个环节传输到另一个环节。

数据处理环节：完成将传感器输出信号进行处理和变换的功能（如对信号进行放大、滤波、运算线性化、A/D 或 D/A 转换），使输出信号便于显示、记录、处理。

数据显示环节：将测量结果变换成人的感官容易接受的形式并输出，以供人们完成监视、控制或分析的目的。测量结果可以模拟显示，也可数字显示；具体的显示方式很多，如数字、图表、声音等，取决于用于显示的设备或装置（仪表、监视器、打印机、扬声器等）。

（2）检测误差

检测的目的是希望通过检测获取被检测量的真实值，但由于种种原因，如传感器的固有特性造成测量的失真，或测量方法不十分完善，或受外界干扰的影响等，都会造成被测参数的测量值与真实值不一致，两者不一致的程度通常用检测误差表示。

检测误差是指检测仪表的测量值与被测物理量的真值之间的差值，它的大小反映了检测仪表的检测精度。所谓真值是指被测物理量的真实（或客观）值。因为不存在绝对精确的检测仪表，所以真值是无法通过测量得到的。在工业应用实践中，通常只能把精度更高一级的测量值作为真值，但它并非是真正的真值，为了与真值区别，其被称为实际值。

检测误差常用绝对误和相对误差或引用误差来表示，它们分别从不同角度反映了测量仪表的检测精度。绝对误差是指仪表的测量值与真值的差值。引用误差是仪表中通用的一种误差表示方式，引用误差是测量值绝对误差与测量系统量程的比值，通常用百分比表示。例如，某测温仪表，测温范围是 $-100℃ \sim 400℃$，则其量程为 $500℃$，若测量绝对误差是 $5℃$，引用误差是 1%。

3. 工业检测的主要内容

检测是确保现代工业生产安全、有序进行的基本环节，工业检测是参数检测的重要组成部分。工业检测的内容广泛，常见的工业检测内容见表 8-8-1。

表 8-8-1　常见的工业检测内容

被测量类型	测量	被测量类型	测量
热工量	温度、热量、比热容、热流、热分布、压力（压强）、压差、真空度、流量、流速、物位、液位、界面	物体的性质和成分量	气体、液体、固体的化学成分、浓度、黏度、湿度、密度、酸碱度、浊度、透明度、颜色
机械量	直线位移、角位移、速度、加速度、转速、应力、应变、力矩、振动、噪声、质量（重量）	状态量	工作机械的运动状态（起、停等）、生产设备的异常状态（超温、过载、泄漏、变形、磨损、堵塞、断裂等）
几何量	长度、厚度、角度、直径、间距、形状、平行度、同轴度、粗糙度、硬度、材料缺陷	电工量	电压、电流、功率、电阻、阻抗、频率、脉宽、相位、波形、频谱、磁场强度、电场强度、材料的磁性能

8.8.2 数据处理、运算及控制技术

在自动控制系统中，控制器是其核心，控制系统设计工作的主要任务之一是设计合适的控制器以达到控制目的。

控制器的作用是把控制对象输出的实际值和给定值进行比较，并根据实际与给定的偏差产生一个控制信号，使偏差减小到期望的范围之内。控制器以这种方式产生控制信号，称为控制作用。因此，简单地说，控制器即是指在控制系统中根据控制算法而进行决策的装置。

控制器包括控制实体和控制策略两部分，瓦特发明的飞球转速控制器，利用杠杆实现了比例控制策略，通过调节杠杆的长度就可改变比例系数。用飞球转速控制器稳定蒸汽机的转速，不仅在机械工业革命时代重要，而且在电气工业革命中也十分重要。在电气化时代，转速控制器稳定了汽轮机在不同负荷下的转速，进而使连轴发电机平稳运行，从而保障了用电的安全、稳定、可靠。

不同的工业革命时期，控制器有不同的结构形式，有纯机械式的控制器，也有磁电式控制器和电子式控制器。当前处于信息革命时期，控制器的主流是以计算技术为基础的各种控制器。以下介绍几种常用的计算机控制器及其结构组成特点。

1. 嵌入式微控制器

嵌入式微控制器又称单片机，顾名思义，就是将整个计算机系统集成到一块芯片中。嵌入式微控制器一般以某一种微处理器内核为核心，芯片内部集成 ROM、RAM、总线、总线逻辑、定时计数器、WatchDog、I/O、串行口、脉宽调制输出、A/D、D/A等各种必要功能和外设，如图 8-8-2 所示。微控制器的最大特点是单片化，体积大大减小，从而使功耗和成本下降，可靠性提高。微控制器是目前嵌入式系统工业的主流。微控制器的片上外设资源一般比较丰富，适合于控制，因此称为微控制器。

图 8-8-2　嵌入式微控制器

嵌入式微控制器目前的品种和数量最多，比较有代表性的系列包括 8051、P51XA、MCS-251、MCS-96/196/296、C166/167、MC68HC05/11/12/16、68300 和数目众多的 ARM 芯片等。

2. 智能控制器

智能控制器是一种以微处理器为计算、控制核心，配以相应软件，在外观及使用上

类似常规模拟控制器的数字式控制仪表，又称单回路数字控制器。智能控制器一般可接收多个输入信号，但只输出一个模拟量信号，构成单回路直接数字控制。硬件部分，智能控制器由微处理器、过程输入输出通道、正面板、侧面板、供电电源、通信接口等组成；软件部分，由监控软件、基本控制算法软件等组成。

智能控制器中有比例积分微分（PID）、超前滞后（E/L）、四则运算、开方等几十种常用算法，各种算法也称为"软件功能模块"。用户根据需要按某种规律将功能模块连接起来，组成控制方案的过程，就称为控制器的编程。所以，智能控制器又称为"可编程调节器"。

智能控制器的典型应用是温度控制，也可用于压力、流量等控制回路。智能控制器的生产厂家和型号有许多种，但外形结构、安装方式、正面操作面板的设置、操作及显示方式都相似。图 8-8-3 所示为两种几何尺寸不同，但功能基本相同的智能控制器。此外，智能控制器具有数据通信功能，它既能单独使用，也可与其他单回路控制器或数字仪表、CRT 操作站、上位计算机进行信息交换，构成不同规模的计算机控制系统。

图 8-8-3　智能控制器

3. 可编程控制器（PLC）

可编程控制器也可称为可编程逻辑控制器（programmable logic controller，PLC），是当前应用最广泛的工业控制装置。

PLC 在硬件上采用了输入输出隔离以及硬件自检等提高可靠性和抗干扰能力的加固设计，在软件上也采取了程序完整性自检等软件自诊断技术，能在条件较差的工业环境中工作，也被称为"蓝领"计算机。PLC 的可靠性极高，平均无故障工作时间可达 30 万小时。PLC 使用非常方便，其输入输出电路一般不需要中间转换部件，可以直接与工业现场的信号连接。PLC 的编程语言是一种被称为梯形图的图形编程语言，梯形图源自继电器触点串联、并联的逻辑图，具有直观、易懂的特点，是电气工程师容易掌握的图形编程语言。

从 PLC 的硬件结构形式上，PLC 可以分为整体型和模块型两种基本的结构形式。在图 8-8-4 中，左面的是整体型 PLC，包含有 PLC 工作所需的所有部件：CPU、存储器、输入输出电路、电源以及通信接口等。右边的图是模块式 PLC，由 CPU 模块、电源模块、各种输入输出模块以及通信模块等组合在一起工作。整体式 PLC 具有体积小、价格低等优点，模块式 PLC 则组成灵活，能满足不同规模的应用需求。PLC 的通信接口丰富，可以灵活组成不同程度的网络化的控制系统结构，以实现对复杂系统的总体控制。

图 8-8-4　可编程控制器

PLC 既可以用在小规模控制系统中，也可以用在中大规模控制系统中；既可以用在运动控制系统中，也可以用在过程控制系统或混合控制系统中；可以完成顺序控制，也能实现自动调节控制，其与工业机器人、计算机辅助设计与制造一起被称为现代工业控制领域的三大支柱。

4. 运动控制器

运动控制（motion control）通常是指在复杂条件下，将预定的控制方案、规划指令转变成期望的机械运动，实现机械运动精确的位置控制、速度控制、加速度控制、转矩或力的控制。

运动控制系统多种多样，但从基本结构上看，一个典型的现代运动控制系统的硬件主要由上位机、运动控制器、功率驱动装置、电动机、执行机构和传感器反馈检测装置等部分组成。其中的运动控制器是指以中央逻辑控制单元为核心、以传感器为信号敏感元件、以电机或动力装置和执行单元为控制对象的一种控制装置。

运动控制器就是控制电动机的运行方式的专用控制器。运动控制在机器人和数控机床领域内的应用要比在专用机器中的应用更复杂，因为后者运动形式更简单，通常被称为通用运动控制（GMC）。

5. 工业控制计算机

工业控制计算机（industrial personal computer，IPC）简称工控机，是一种采用总线结构，插入输入输出卡后，可对生产过程及机电设备、工艺装备进行检测与控制的计算机，如图 8-8-5 所示。工控机具有普通计算机的属性和特征，如具有计算机 CPU、硬盘、内存、外设及接口，并有操作系统、控制网络和协议、计算能力、友好的人机界面。

IPC 是基于 PC 总线的硬件设计的计算机。其主要的组成部分为工业机箱、无源底板及可插入其上的各种板卡，如 CPU 卡、I/O 卡等，并采取全钢机壳、机卡压条过滤网、双正压风扇等设计及 EMC 技术以解决工业现场的电磁干扰、振动、灰尘、高 / 低温等问题。

IPC 可靠性高：平均无故障时间 MTTF 可达 10 万小时以上，远超普通计算机的 1

万小时，可满足工业控制对环境、快速诊断和可维护性的严格要求；IPC 具有较好的扩充性：由于采用底板 +CPU 卡结构，因而具有很强的输入输出功能，最多可扩充 20 个板卡，能与工业现场的各种外设、板卡，如与道控制器、视频监控系统、车辆检测仪等相连，以完成各种任务。IPC 有良好的兼容性：支持各种操作系统，可共享普通 PC 几十年来积累的丰富的软件资源，在这个平台下，应用系统的开发周期大大缩短，开发成本大大降低。

图 8-8-5 工业控制计算机主机

8.8.3 信号传输与工业网络技术

各种控制系统中，检测元件和执行器通常与控制器的安装位置有相当的距离，于是，检测元件与控制器之间、控制器与执行器之间就需要进行信号传输以实现自动控制目标。

1. 信号传输与工业控制网络

（1）传统信号传输的特点

自动控制系统对信号传输的要求是准确、可靠和快速，这些性能的好坏主要受信号传输环节的影响。传统的是点到点信号传输方式，一对铜导线传输一个信号。这种传输方式可靠、直接，但也存在一些缺点，如线路电阻会造成电压信号衰减；一个信号会受相邻信号的影响；信号线会受到环境电磁干扰等。这些因素都会对信号传输的准确性产生不利影响。为了减小信号传输时受到的影响和干扰，通常采用有屏蔽措施的信号传输线，并在信号线敷设时注意远离强电信号干扰源。

一部汽车需要 30~100 台传感器，一个大型发电机组需要 5 000 台检测仪表和执行器，一个钢铁厂需要 20 000 台检测仪表和执行器。而且，在发电厂或钢铁厂，检测仪表与控制器之间的距离有数百米。数量多和距离远会产生两个问题：一是信号线用铜量大；二是信号线敷设费用高、施工周期长。

（2）工业控制网络

应用网络技术传输信号，可以利用一条网络线路传输多个信号，网络传输能力越强，能共享网络的信号就越多。这样，众多的检测量仪表、控制器和执行器通过网络连接在一起，传递所需的数据信息。以计算机网络技术为基础发展起来的，符合自动控制系统对信号传输的可靠性和实时性要求的网络，称为工业控制网络。工业控制传输网络可在检测仪表、控制器的各功能单元之间、控制器与执行器之间、控制器与控制器之间，以及他们与计算机之间传递数据信息。

工业控制网络是用于完成自动化任务的专用的计算机网络。从控制系统节点的设备类型、传输信息的种类、网络所执行的任务、网络所处的工作环境等方面来看，工业控制网络都有别于由普通计算机构成的数据网络。工业控制网络跟一般计算机网络有以下区别：

① 网络的节点

控制网络的节点大都是具有计算与通信能力的测量控制设备。例如：a. 内嵌 CPU 的温度、压力、流量、物位等各种传感器、变送器；b. PLC、变频器；c. 数字控制器；d. 智能调节阀和电机控制器；e. 各种数据采集装置；f. 监控计算机、工作站及其外设等。

② 工作环境

与办公室环境下的普通计算机网络不同，控制网络工作在有强电磁干扰、粉尘、各种机械振动、酷暑严寒等的恶劣工作环境，因此，对网络的抗干扰能力、机械强度、宽温稳定等有较高的要求。

③ 任务性质

一般的计算机网络用于传输文件、图像、话音等，而且许多情况下由人触发传送任务。工业控制网络传输的是测控数据，数据量相对较小、多为短帧传送，而且，数据传输的触发是自动完成，不需人工干预。

④ 控制网络的实时性要求

计算机网络采用的以太网是一种非确定性网络。因传送文件、数据在时间上没有严格的要求，一次连接失败之后还可以继续要求连接，因此这种不确定性不至于造成不良后果。

自动控制系统的实时性特性，决定了控制网络的信号传输的实时性，即对于控制直接相关的变量的数据必须准确及时的刷新。对于那些只监测不参与控制的变量，实时性则可适当放宽要求。

工业控制网络有现场总线和工业以太网等多种形式，可以满足不同类型测控设备的数字通信需求。

2. 现场总线

（1）现场总线概述

现场总线是应用于工业自动化和其他自动化领域中基础层的通信控制网络，以实现智能化的现场测量控制仪表或智能设备之间的双向多节点数字通信。它作为工业数据通信网络的基础，沟通了生产过程现场级控制设备之间及其与更高控制管理层之间的联系。它不仅是一个基层网络，而且还是一种开放式、新型全分布式控制系统。

传统的各种测量、控制仪表嵌入微处理器后，成为具有数值计算和数字通信能力智能仪表，可采用双绞线、光纤等作为现场总线的传输介质，将分散在现场的众多智能仪表连接成完整的控制网络，并按照公开、规范的通信协议，在位于现场的各个测量控制仪表之间、现场仪表与远程监控计算机之间，实现数据传输与信息交换，从而构成适应于各种实际需要的自动控制系统。

由于现场总线适应了工业控制系统向分散化、网络化、智能化方向发展的趋势，它一出现便很快成为全球工业自动化领域的热点，受到普遍的关注。

（2）现场总线的技术特点

现场总线出现的本意是通过共享物理媒介来完成数字通信，它在技术上具有以下特点。

① 系统的开放性。开放是指对相关标准的一致性、公开性，强调对标准的共识与遵从。因为通信协议一致公开，各不同厂家的设备之间便可以实现信息交换。

② 互可操作性和互换性。互可操作性是指实现设备间或系统间的信息传送与沟通；而互换性则意味着不同生产厂家的、性能类似的设备可实现相互替换。

③ 系统结构的高度分散性。现场总线已构成一种新的全分布式控制系统的体系结构，从根本上改变了现有 DCS 集中与分散相结合的集散控制系统体系，提高了可靠性。

（3）现场总线的优点

由于采用数字信号替代模拟信号，因而可实现一对传输线上传输多个信号，如运行参数值、多个设备状态、故障信息等，同时又为多个设备提供电源。由于现场总线的这些特点，特别是现场总线系统结构的简化，使控制系统从设计、安装、投运到正常生产运行及检修维护，都体现出优越性。

节省硬件数量与投资：由于现场总线系统中分散在设备前端的智能设备能直接执行多种传感、控制、报警和计算功能，因而可减少变送器的数量，不再需要单独的控制器、计算单元等，也不再需要 DCS 系统的信号调理、转换、隔离技术等功能单元及复杂接线，还可以用工控 PC 机作为操作站，从而节省了一大笔硬件投资，由于控制设备的减少，还可减少控制室的占地面积。

节省安装费用：现场总线系统的接线十分简单，由于一对双绞线或一条电缆上通常可挂接多个设备，因而电缆、端子、槽盒、桥架的用量大大减少，连线设计与接头校对的工作量也大大减少。当需要增加现场控制设备时，无需增新的电缆，可就近连接在原有的电缆上，既节省了投资，也减少了设计、安装的工作量。据有关典型试验工程的测算资料，可节约安装费用 60% 以上。

节约维护开销：由于现场控制设备具有自诊断与简单故障处理的能力，并通过数字通信将相关的诊断维护信息送往控制室，用户可以查询所有设备的运行、诊断维护信息，以便早期分析故障原因并快速排除，缩短了维护停工时间，同时由于系统结构简化、连线简单而减少了维护工作量。

用户具有高度的系统集成主动权：用户可以自由选择不同厂商所提供的设备来集成系统，避免因选择了某一品牌的产品而限制了设备的选择范围，不会为系统集成中不兼容的协议、接口而一筹莫展，从而使系统集成过程中的主动权完全掌握在用户手中。

提高了系统的准确性与可靠性：由于现场总线设备的智能化、数字化，与模拟信号相比，它从根本上提高了测量与控制的准确度，减少了传送误差。同时，由于系统的结构简化，设备与连线减少，现场仪表内部功能加强，减少了信号的往返传输，提高了系统的工作可靠性。

现场总线网络如图 8-8-6 所示。

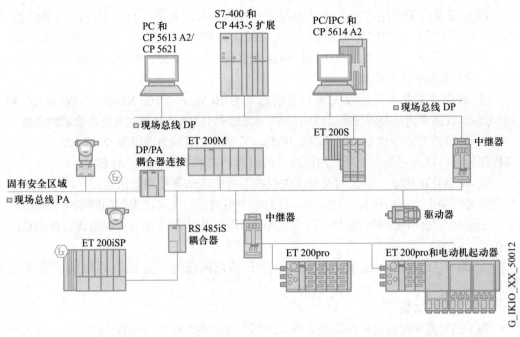

图 8-8-6　现场总线网络

3. 工业以太网

以太网技术具有成本低、通信速率和带宽高、兼容性好、软硬件资源丰富等诸多优点，在办公环境中得到广泛的应用。以太网是世界上应用最多的网络，超过 93% 的网络节点为以太网。工业以太网在通用以太网基础上采取了实时增强及可靠性加固措施，以满足工业数据通信的实时性及工业现场环境要求。

工业以太网支持通用以太网的通信协议，是现代自动控制技术和信息网络技术相结合的产物，具有实现办公自动化网络和工业控制网络的无缝连接的优势。目前，以太网技术已开始广泛应用于工业控制领域，将对实现数字化、智能化制造提供关键的技术支持。

（1）工业以太网技术

将以太网引入工业自动化领域的主要原因，是因为其成本低、通信速度高，而且硬件资源、软件资源十分丰富。工业以太网即应用于工业控制领域的以太网技术。通过采用减轻网络负荷、提高网速；采用交换式以太网和全双工通信；采用流量控制及虚拟局域网等技术措施，将工业以太网的实时响应时间做到 5~10 ms，满足了控制网络的实时性要求。应用于工业的以太网产品，在可靠性、抗干扰能力等方面进行了加固设计，以满足工业现场环境的要求。

（2）工业以太网的优势

以太网发展到工业以太网，从技术方面来看，与现场总线相比，工业以太网具有以下优势：

① 应用广泛。以太网是目前应用最为广泛的计算机网络技术，受到广泛的技术支持。几乎所有的编程语言都支持其应用开发，如 Java、Visual C++、Visual Basic 等。

这些编程语言由于使用广泛，并受到软件开发商的高度重视，具有很好的发展前景。因此，如果采用以太网作为现场总线，可以保证有多种开发工具、开发环境供选择。

② 成本低廉。硬件开发与生产厂商高度重视，广泛支持，有多种硬件产品供用户选择，硬件价格也相对低廉。

③ 通信速率高。目前以太网的通信速率为 10 Mbit/s、100 Mbit/s、1000 Mbit/s 和 10 Gbit/s，其速率比目前的现场总线快得多，以太网可以满足对带宽有更高要求的需要。

④ 开放性和兼容性好，易于信息集成。工业以太网因为采用由 IEEE 802.3 所定义的数据传输协议，它是一个开放的标准，从而为 PLC 和 DCS 厂家广泛接受。

⑤ 控制算法简单。以太网没有优先权控制意味着访问控制算法可以很简单。它不需要管理网络上当前的优先权访问级。还有一个好处是：没有优先权的网络访问是公平的，任何站点访问网络的可能性都与其他站点相同，没有哪个站点可以阻碍其他站点的工作。

⑥ 易于与 Internet 连接。能实现办公自动化网络与工业控制网络的信息无缝集成。

（3）实时以太网

为了满足高实时性应用的需要，各大公司和标准组织纷纷提出各种提升工业以太网实时性的技术解决方案。这些方案建立在 IEEE 802.3 标准的基础上，通过对其和相关标准的实时扩展提高实时性，并且做到与标准以太网的无缝连接，这就是实时以太网（realtime ethernet，RTE）。

根据 IEC 61784-2-2010 标准定义，实时以太网，就是根据工业数据通信的要求和特点，在 ISO/IEC 8802-3 协议基础上，通过增加一些必要的措施，使之具有实时通信能力：

① 网络通信在时间上的确定性，即在时间上，任务的行为可以预测。

② 实时响应、适应外部环境的变化，包括任务的变化、网络节点的增/减、网络失效诊断等。

③ 减少通信处理延迟，使现场设备间的信息交互在极小的通信延迟时间内完成。

实时以太网属于工业以太网。IEC 国际标准收录的工业以太网见表 8-8-2。

表 8-8-2　IEC 国际标准收录的工业以太网

技术名称	技术来源	应用领域
Ethernet/IP	美国 Rockwell 公司	过程控制
PROFINET	德国 Siemens 公司	过程控制、运动控制
P-NET	丹麦 Process-Data A/S 公司	过程控制
Vnet/IP	日本 Yokogawa 公司	过程控制
TC-net	东芝公司	过程控制
EtherCAT	德国 Beckhoff 公司	运动控制
Ethernet Powerlink	奥地利 B&R 公司	运动控制
EPA	浙江大学、浙江中控公司等	过程控制、运动控制
Modbus/TCP	法国 Schneider-electric 公司	过程控制
SERCOS-Ⅲ	德国 Hilscher 公司	运动控制

8.8.4 驱动器及执行器

驱动器和执行器是控制系统中实现从信息到能量转换功率的部件，是控制器对被控制对象的直接驱动装置，也是控制器命令的执行装置。

1. 驱动器和执行器的作用

驱动器和执行器是自动控制系统中重要的一环，它是控制作用的最终执行者。一般情况下，工业上的控制器的输出信号为低于 24 V 小于 20 mA 的弱电信号，弱电信号的主要作用是表示控制信号的大小，该弱电的功率完全不能满足直接驱动被控对象的要求，因此，在控制器和被控对象之间就要增设功率放大装置驱动被控对象，并使其状态达到期望要求，这种功率放大装置在工业上就叫驱动器或执行器。驱动器和执行器就是根据控制器的输出指令对被控对象需要控制的物理量完成控制功能的功率放大装置。

从信息传输和处理角度看，执行器是信息处理的落足点，是信息流对能量流、物质流的转换装置。执行器可实现对信息的应用，将控制信号变换为导致被控量按要求变化所需要的能量或物质。

2. 常用工业执行器

在实际的自动控制系统中，因被控对象及被控量的种类繁多，因而对应的驱动器及执行器的种类也比较多，这里仅介绍几种常用的工业控制中的执行器。

（1）调功器

在日常生活或工业生产中常常需要进行温度控制，而多数的温度控制是靠控制电加热实现的，如民用的电烤箱、电饭锅；工业上的各种电炉、热处理炉、包装机械、注塑机械、热缩机械以及喷涂烘干、热成型等。需要加热升温的工业电炉需要数千瓦到数百千瓦的加热功率，通过调功器可给电加热元件可调的电功率。此外，当照明调光需要的调整功率较大时也需要用到调功器，如节能照明、隧道照明、舞台灯光等。其他一些需要大功率、大范围调整电功率的时候也要用到调功器。单相、三相调功器如图 8-8-7 所示。

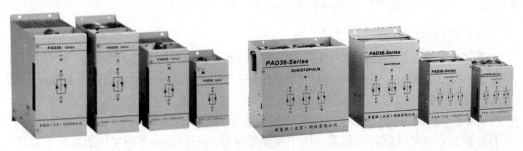

图 8-8-7　单相、三相调功器

（2）变频器和交流电动机

交流电动机具有结构坚固、造价低、无需维护等显著的优点，是应用最广泛的电气传动部件，家用电器如洗衣机、电冰箱、空调、电梯等都是以交流电动机为动力的，工业上交流电动机的应用就更广泛了，各种风机、水泵、机械加工设备以及高铁的动力都是交流电动机。

无论是电梯还是高铁，其启动、加速、平稳运行、减速、停车都需要对电机转速进行控制，以达到快速、高效、乘坐舒适的目的；对风机水泵进行转速控制有显著的节能效果。这些都是交流调速的重要应用场合。

交流电动机的转速跟其电源的频率和电压密切相关，相应的交流调速就有变频调速、调压调速等多种方法，其中，交流变频调速以其优异的调速和起、制动性能、高效率、高功率因数和节电效果，被国内外公认为最有发展前途的调速方式，成为当今节电、改善工艺流程以及提高产品质量和改善环境、推动技术进步的一种主要手段。

交流变频调速技术是强、弱电混合、机电一体化的综合性技术。实现交流变频调速的关键部件是变频器，变频器（variable-frequency drive，VFD）是应用电力电子技术与微电子技术，通过改变电机工作电源频率方式来控制交流电动机的电力控制设备。变频器主要由整流（交流变直流）、滤波、逆变（直流变交流）、制动单元、驱动单元、检测单元微处理单元等组成。变频器靠内部 IGBT 的开断来调整输出电源的电压和频率，根据电机的实际需要来提供其所需要的电源电压，进而达到节能、调速的目的，另外，变频器还有很多的保护功能，如过流、过压、过载保护等。随着工业自动化程度的不断提高，变频器也得到了非常广泛的应用。

变频器和交流电动机如图 8-8-8 所示。

图 8-8-8　变频器和交流电动机

（3）伺服电机与伺服驱动器

当对速度和位置的控制准确度要求很高的时候，就需要用到由伺服电机与伺服驱动器组成伺服控制单元。伺服系统被广泛应用于数控机床、工业机器人等需要高精度位置速度控制的领域。

伺服控制单元由伺服电机和配对的伺服驱动器组成，如图 8-8-9 所示。在伺服电机上通常安装有光电旋转编码器。图中驱动器是接收控制指令并驱动伺服电机的装置。伺服电机是驱动受控对象并检测输出当前电机位置和电机转速的装置。光电编码器可以精确测量转子的位置与电机的转速，并反馈给伺服驱动器组成闭环控制系统，实现机械系统位置、扭矩、速度或加速度的高精度控制。

图 8-8-9　伺服电机与伺服驱动器

（4）执行器

在工业上，阀门安装在管道上，通过阀门开度的调节可以改变管道内流体介质的流量。在阀门上安装上执行机构便可对阀门的开度进行控制。

执行器的作用：接收控制器送来的控制信号，并将其转换成相应的角位移或直行程位移，以改变操纵介质的流量，从而实现对被控变量的控制。其常被称之为实现自动化的"手脚"。执行器由执行机构和控制机构（阀）组成。执行机构是执行器的推动装置，它按控制信号压力的大小产生相应的推力或扭矩，推动控制机构动作，它是将压力信号的大小转换为阀杆位移的装置。

气动执行器由执行机构和控制机构组成，还有辅助装置，如阀门定位器和手轮机构。

电动与气动执行器如图 8-8-10 所示。

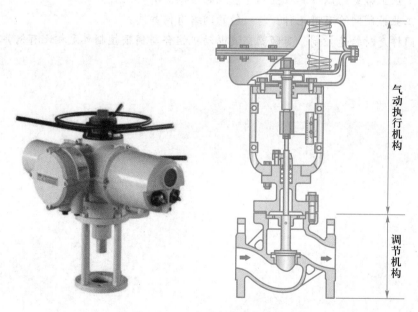

图 8-8-10　电动与气动执行器

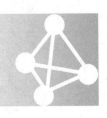

思 考 题

1. 什么是自动控制系统?

2. 怎样组成一个典型的自动控制系统?

3. 什么是系统的数学模型? 建立系统的数学模型有哪几种方法?

4. 对自动控制系统有哪些基本性能要求?

5. 什么是开环控制、闭环控制? 它们的根本区别是什么?

6. 日常生活中有许多开环控制和闭环控制的例子, 举例并说明它们的工作原理。

7. 反馈的作用是什么?

8. 在自动控制系统中, 采用补偿控制的前提是什么?

9. 位式控制有什么优缺点?

10. P、PI 控制器各有哪些优缺点?

11. 比较模拟量信号和数字量信号的差异。

12. 计算机控制系统由哪些基本要素组成? 计算机控制系统有哪些优越性?

13. 检测系统由哪几部分组成?

14. 工业上常见的以计算机技术为基础的控制器有哪几种?

15. 工业控制网络有哪几种? 与一般的网络有何异同?

16. 同样是对转速控制, 变频器交流电动机组合与伺服控制单元相比有何异同?

第 9 章

自动化的典型应用

三次工业革命深刻促进了人类社会的发展与变革,极大丰富了人们的物质生活。自动化技术在工业中的应用是其应用领域最重要的组成部分,是扩展和深化工业革命影响力的重要因素。

在工业自动化领域,根据被控对象的特点可分为过程控制系统和运动控制系统两大类。运动控制系统主要指那些以位移、速度和加速度等为被控变量的一类控制系统,例如,以控制电动机的转速、转角为主的机床控制或跟踪控制等系统;过程控制系统则是指以温度、压力、流量、液位(或物位等)、成分和物性等为被控变量的流程工业中的一类控制系统。交通运输有铁路、公路、航空等方式。运输工具的变革对人们出行方式、行为特点有直接影响。为使交通运载工具安全、高效、绿色,自动控制技术也发挥着重要的应用。本章将介绍自动控制系统在工业和交通中的一些典型应用。

9.1 工业运动控制

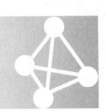

工业运动控制系统是实现传统制造技术向先进制造技术发展,进而实现智能制造的基础。先进制造技术离不开制造技术自动化的支持,所谓的制造技术自动化实际上指的是制造系统的自动化,运动控制系统以数控机床、机器人为典型代表,是实现制造系统自动化的关键技术。

9.1.1 工业运动控制概述

1. 概述

运动控制系统广泛应用于包装、装配、纺织、造纸、印刷、食品加工、木制品、机械设备、电子设备和半导体制造等各类行业,它是自动化机械及过程的核心。运动控制系统控制被控对象(负载)的机械运动。例如,喷墨打印机的负载是墨盒,它必须高速、高精度地在纸上来回移动。

电机带动机器部件的一部分,跟随电机旋转的部分称为轴。以喷墨打印机为例,带动墨盒横向移动的机械部件和驱动它们的电机一起组成了机器的一个轴。打印机的另一个轴由用于将纸送入打印机的所有机械部件和电机组成。这两个轴一个控制纸张的纵向移动,另一个控制墨盒相对于纸张的横向移动,墨盒喷嘴配合在需要的位置点喷上墨滴,形成了文字和图形。

一个典型的运动控制系统需要控制轴的位置、速度、转矩和加速度。多数情况下机器含多个轴,这些轴之间需要进行同步的位置/速度控制。例如,3D 打印机依靠 X 轴、Y 轴进行协调控制,打印出一个塑料立体物件,如图 9-1-1 所示。

图 9-1-1　3D 打印机

早期，各轴之间协调控制通过所谓"长轴传动"的机械手段实现。动力轴连接到恒速运行的大电机上。这个动力源用来驱动所有通过滑轮、传送带、齿轮、凸轮、连杆机构等耦合到动力轴上的机械轴（见图 9-1-2）。离合器和制动器用于启动或者停止各自的轴，动力轴和单个轴的齿轮比决定了各自轴的转速。驱动机构（多为长轴驱动）将协调运动传递到对应的机器部件。长轴传动最大的问题是生产产品调整时，需要改变齿轮减速器，这将需要较高的成本和较长的开发周期。此外，驱动机构改变后重新调整机器到正确的位置也是非常困难的。

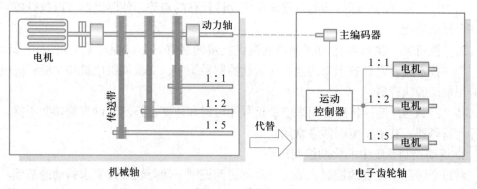

图 9-1-2　多轴协调

随着电子器件、微处理器和数字信号处理器的技术进步，计算机成为主流设备，机器上的多轴协调运动逐渐转换到计算机控制方式。在现代化的多轴机器中，每个轴都由独立的电机和电气驱动，然后用软件以电子齿轮的方式实现多轴协调。运动控制器运行程序并将产生的位置指令传给各轴的驱动器。在驱动器控制电机并闭合控制回路时，运动轨迹会按要求实时移动。

当前，一个普通运动控制器可同时协调控制多达 8 个轴，更高性能的运动控制器可协调控制 60 多个轴。

2. 运动控制系统的组成

一个复杂、高速、高精度的多轴协调运动控制是由一种被称为运动控制器的特殊计算机来实现的。一个完整的运动控制系统由人机接口、运动控制器、驱动器和检测反馈部件等几个部分组成，如图 9-1-3 所示。

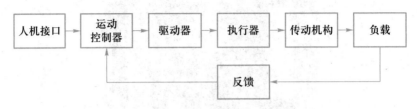

图 9-1-3　运动控制系统的组成

（1）人机接口（HMI）：人机接口是用于人和运动控制系统进行信息交换的窗口。人机接口的主要功能有两个：一是通过运动控制器，操作机器受控运行并显示机器的运行状态；二是给运动控制器编程。

（2）运动控制器：运动控制器是一个专门用于运动控制的计算机，是系统的"大脑"。它根据一定的运动曲线，分配各个轴的运动位置参数，监控 I/O 并且形成闭环反馈控制回路。控制器可以生成和管理复杂运动轨迹，包括电子凸轮、直线插值、圆弧插补、轨迹和主从协调等。

（3）驱动器：控制器产生的命令信号是微小的电信号，驱动器将小信号进行功率放大，功率放大后电压和电流可以满足电机工作的需要。

当前，控制器的一部分功能有逐渐向驱动器转移的趋势，使驱动器可以执行控制器的许多复杂功能。

（4）执行器：执行器是为驱动负载提供能量的装置。运动控制系统可以用液动技术、气动技术或者电动技术来构建。在运动控制系统中，交流伺服电机和交流感应电机是应用最广的执行器。

（5）检测与反馈：传感器用来测量负载的位置和速度。检测元件有旋转变压器、转速计和编码器。其中，编码器最常用。

3. 运动控制系统中的典型控制环节

对每个轴运动位置的控制，是实现多轴协调控制下运行轨迹按要求移动的基础。因此，位置控制环节是运动控制的基本环节。位置控制有开环、半闭环和闭环三种结构形式，其中，半闭环控制系统应用较广。

半闭环控制系统结构如图 9-1-4 所示。半闭环控制系统没有直接检测机械运动部件的位置，而是在驱动电机上装有角位移检测装置，通过检测驱动机构的滚珠丝杠转角间接检测移动部件的位置，然后反馈到数控装置中，与输入进行比较，用比较后的差值进行闭环控制。

半闭环环路内不包括机械传动环节，不能反馈传动环节由于丝杠的螺距误差和齿轮间隙引起的运动误差。其控制精度较反馈机械运动部件位置的闭环控制系统略低。不过，半闭环数控系统结构简单、调试方便、精度也较高，综合性能高，因而在现代数控系统中得到了广泛应用。

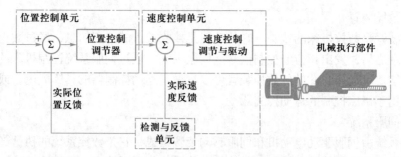

图 9-1-4　半闭环控制结构框图

9.1.2　数控技术与数控机床

数控技术及数控机床是先进工业运动控制系统的重要应用领域。在当今机械制造业中占有重要地位，是制造业实现现代化、柔性化、集成化、智能化生产的技术基础。现代的 CAD/CAM、FMS/CIMS、敏捷制造和智能制造等，均建立在数控技术之上。

1. 数控技术与数控机床

数控技术是以计算机技术为基础，用数字量及字符发出指令并实现自动控制的技术。数控机床是以计算机控制技术为基础，用数字指令控制机床，控制机床的各种运动，包括主运动、进给与各种辅助运动。各种零件尺寸及其加工过程可用数字、文字符号表示出来并输入数控系统，数控系统据此发出各种控制指令，从而自动完成加工任务。在被加工零件或加工过程变化时，它只需改变控制的指令程序就可以实现控制。所以，数控机床是一种灵活性很强，技术密集度及自动程度都很高的机电一体化加工设备。

数控机床具有加工精度高、生产效率高、加工复杂零件适应性强、能组织更复杂的柔性制造单元、柔性制造系统、计算机辅助制造系统、无人工厂等优点。

2. 数控机床的组成

数控机床是利用数控技术，按照事先编制好的程序，自动加工出所需工件的机电一体化设备。在现代机械制造中，特别是在航空、造船、国防、汽车模具及计算机工业中得到广泛应用。数控机床通常是由人机交互装置、数控装置、伺服系统、检测与反馈装置、辅助装置、机床本体等 6 部分组成，如图 9-1-5 所示。

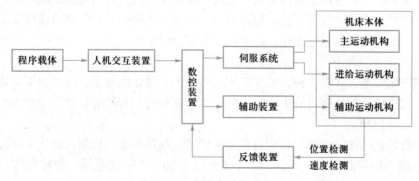

图 9-1-5　数控机床组成框图

（1）数控装置

数控装置是数控机床的核心，它的功能是接收输入的加工信息，经过数控装置运算和逻辑处理之后，发出相应的控制信号至伺服系统，通过伺服系统控制机床的各个运动部件按规定要求动作。此处的数控装置可以看做是运动控制器的具体应用，或者说数控装置是专用于机床控制的运动控制器。

（2）伺服系统

伺服系统由伺服驱动电动机和伺服驱动装置组成，它是数控系统的执行部分。机床上的执行部件和机械传动部件组成数控机床的进给伺服系统和主轴伺服系统，根据数控装置的指令，前者控制机床各轴的切削进给运动，后者控制机床主轴的旋转运动。在伺服系统中，还需配有检测装置，用于进行位置和速度检测。

（3）检测与反馈装置

检测与反馈装置有利于提高数控机床加工精度，它的作用是将其准确测得的直线位移或角位移迅速反馈给数控装置，以便与加工程序给定的指令值进行比较，如有误差，数控装置将向伺服系统发出新的修正指令，使工作台（或刀具）按规定的轨迹和坐标移动。数控机床上常用的检测装置有脉冲编码器、感应同步器、旋转变压器、光栅和磁尺等。

（4）辅助装置

辅助装置指数控机床的一些必要的配套部件，用以保证数控机床的运行，如冷却、排屑、润滑、照明、监测等。它包括液压和气动装置、排屑装置、交换工作台、数控转台和数控分度头，还包括刀具及监控检测装置等。

（5）机床本体

数控机床的本体包括主运动部件、进给运动部件（如工作台，刀架）、传动部件和床身、立柱等支撑部件，此外还有冷却、润滑、转位、夹紧等辅助装置。加工中心类的数控机床，还包括存放刀具的刀库、交换刀具的机械手等部件。

3. 数控机床的工作原理

数控机床加工零件时，首先要根据加工零件的图样与工艺方案，按规定指令代码和程序格式编写零件的加工程序单，即数控机床的工作指令，并将加工程序输入到数控装置中，由数控装置对其进行译码和运算之后，向机床各个被控量发出信号，控制机床主运动的变速和起停，进给运动的方向、速度和位移量，以及刀具选择交换，工件夹紧松开和冷却润滑液的开、关等动作，使刀具与工件及其他辅助装置严格地按照加工程序规定的顺序、轨迹和参数进行工作，从而加工出符合要求的零件。

4. 数控机床分类

数控机床分类方式有多种，按工艺用途可分为金属切削加工、成型加工、特种加工等类型；按机床运动轨迹可分为点位控制、点位直线控制和轮廓控制等类型。

（1）点位控制类

此类数控机床仅能实现刀具相对于工件加工点的精确定位控制，对从一点移动到另一点的轨迹不做控制要求，且移动中不进行任何加工。适用范围：数控钻床、数控镗床、数控冲床和数控测量机。

（2）点位直线控制类

点位直线控制是指数控系统除控制直线轨迹的起点和终点的准确定位外，还要控制刀具在这两点之间以指定的进给速度进行直线切削。采用这类控制的有数控车床、数控铣床和数控磨床等。

（3）轮廓控制类

轮廓控制亦称连续轨迹控制，数控装置连续控制两个或两个以上坐标轴的协调联合运动，以保证刀具或工件的运行轨迹符合加工要求。为了使刀具按设定的轨迹加工工件的曲线轮廓，数控装置应用插补运算的功能，使刀具的运动轨迹以最小的误差逼近设定的轮廓曲线，并协调各坐标轴的运动速度，以便刀具在切削过程中始终保持设定的进给速度。采用这类控制的机床有数控铣床、数控车床、数控磨床和加工中心等。

数控系统控制几个坐标轴按需要的函数关系同步协调运动，称为坐标联动，按照联动轴数可以分为两轴联动、两轴半联动、三轴联动及多坐标联动等。

9.1.3　工业机器人

工业机器人是面向工业领域的多关节机械手或多自由度的机器装置，它能自动执行工作，是靠自身动力和控制能力来实现各种功能的一种机器。它可以接受人类指挥，也可以按照预先设定的程序运行。工业机器人的应用程度是衡量一个国家工业自动化水平的重要标志。

1. 工业机器人的定义及特点

当前，工业机器人的定义并不统一。

美国机器人协会提出的工业机器人定义为："工业机器人是用来进行搬运材料、零件、工具等可再编程的多功能机械手，或通过不同程序的调用来完成各种工作任务的特种装置。"

国际标准化组织（ISO）曾于1987年对工业机器人给出了定义："工业机器人是一种具有自动控制的操作和移动功能，能够完成各种作业的可编程操作机。"

ISO 8373 对工业机器人给出了更为具体的解释："机器人具备自动控制及可再编程、多用途功能；机器人末端操作器具有三个或三个以上的可编程运动轴；在工业自动化应用中，机器人的底座可固定也可移动。"

工业机器人最显著的特点有以下几个。

① 通用性：典型的工业机器人更换工业机器人手部末端操作器（手爪、工具等）便可执行不同的作业任务；对于同类作业任务，动作程序可以根据需求改变。

② 拟人化：工业机器人有类似人的腰转、大臂、小臂、手腕和手爪等的机械结构。

③ 独立性：完整的工业机器人系统在动作中可以不依赖人的干预。

④ 智能性：具有不同程度的智能，如感知系统、记忆功能等可提高工业机器人对周围环境的自适应能力。

2. 机器人轴

工业机器人在电动机的驱动下可以灵活运动，每个跟随电机旋转的关节称为运动轴，机器人轴是指操作本体的轴，属于机器人本身。目前在工业领域中以六轴机器人应用最为广泛。带有六个关节的工业机器人与人类的手臂极为相似，它具有相当于肩膀、肘部和腕部的部位，它的"肩膀"通常安装在一个固定的基座结构上。图 9-1-6 是安川工业机器人各运动轴的关系。

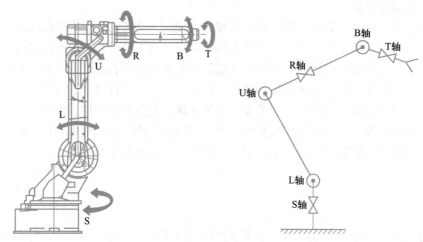

图 9-1-6　安川工业机器人各运动轴

　　世界著名工业机器人生产企业有 ABB、发那科（FANUC）、安川（YASKAWA）、库卡（KUKA），它们分别对工业机器人本体运动轴有不同的定义。表 9-1-1 为常见工业机器人本体各轴定义。用于保证末端执行器达到工作空间任意位置的轴称为基本轴或主轴；用于实现末端执行器任意空间姿态的轴，称为腕部轴或次轴。机器人机构能够独立运动的关节数目，称为机器人机构的运动自由度，简称自由度。机器人轴的数量决定了其自由度。

表 9-1-1　常见工业机器人本体各轴定义

轴类型	轴名称				动作说明
	ABB	FANUC	YASKAWA	KUKA	
主轴（基本轴）	轴 1	J_1	S 轴	A_1	本体回旋
	轴 2	J_2	L 轴	A_2	大臂运动
	轴 3	J_3	U 轴	A_3	小臂运动
次轴（腕部运动）	轴 4	J_4	R 轴	A_4	手腕旋转运动
	轴 5	J_5	B 轴	A_5	手腕上下摆运动
	轴 6	J_6	T 轴	A_6	手腕圆周运动

　　3. 工业机器人及其控制系统组成及特点
　　工业机器人主要由机器人本体、控制器、示教器三大部件组成。
　　机器人本体：机器人本体指机器人基座、手臂、腕部等机械结构，以及在机器人本体的各关节处安装的用于驱动的伺服电机和减速传动结构。伺服电机还包含有用于位置和速度检测的旋转编码器。

控制器：控制器由控制计算机、运动控制卡和驱动伺服电机的伺服驱动器组成，伺服驱动器完成机器人各关节的位置、速度闭环控制；运动控制卡插在控制计算机内部，给各伺服驱动器发位置指令，协调各轴的移动位置；控制计算机具有丰富的网络通信接口，可与示教器、操作面板、打印机、视觉传感器或其他用途的控制器交换信息。

示教器：示教器用于示教机器人的工作轨迹和参数设定，以及所有人机交互操作，拥有自己独立的 CPU 及存储单元，与控制计算机之间以通信的方式实现信息交互。

图 9-1-7 是工业机器人的控制系统结构图。图中，控制计算机组织层，对机器人的各项作业内容及其与辅助设备或外部关联的机器人或关联的控制系统进行组织管理。6 轴运动控制卡属于协调层，该层根据组织层的要求协调各运动轴的位置。伺服驱动器和伺服电动机属于执行层，执行来自协调层的控制指令，并对位置和速度进行闭环控制。

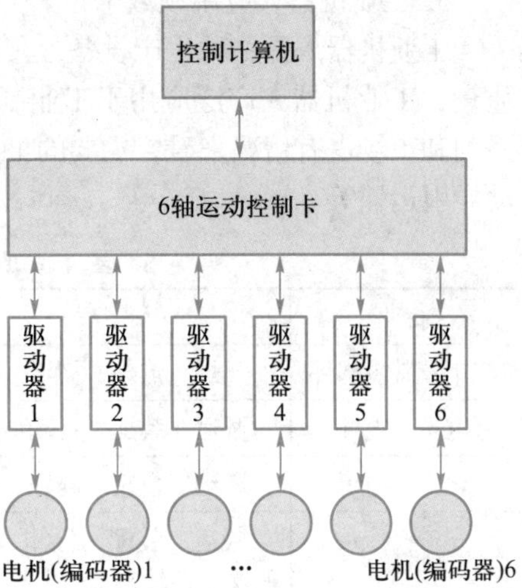

从控制算法的角度看，机器人控制系统具有以下特点：

控制算法与机构运动学和动力学紧密相关，经常要求解运动学正、逆问题以及考虑惯性力、外力及科里奥利力、向心力的影响。

每个自由度一般包含一个伺服系统。它们还必须能够保持协调，从而形成了一个多变量控制系统。

图 9-1-7　工业机器人的控制系统结构

描述机器人状态和运动的数学模型是一个非线性模型，且各变量之间还存在耦合。系统中经常使用重力补偿、前馈、解耦或自适应控制等方法。

机器人的动作往往可以通过不同的路径来完成，因此存在一个路径"最优"的问题。较高级的机器人可以用人工智能的方法，用计算机建立庞大的信息库，借助信息库进行控制、决策、管理和操作。根据传感器和模式识别的方法获得对象及环境的工况，按照给定的指标要求，自动地选择最佳的控制规律。

总的来说，机器人控制系统是一个与运动学和动力学原理密切相关的、具有耦合非线性的多变量控制系统。由于它的特殊性，到目前为止，机器人控制理论还在发展中。

4. 工业机器人工作原理

机器人的工作原理是一个比较复杂的问题。简单地说，机器人的原理就是模仿人的各种肢体动作、思维方式和控制决策能力。从控制的角度，机器人可以通过如下四种方式来达到这一目标。

示教再现方式：它通过"示教盒"或人"手把手"两种方式教机器人如何动作，控制器将示教过程记忆下来，然后机器人就按照记忆周而复始地重复示教动作，如喷涂机器人。

可编程控制方式：工作人员事先根据机器人的工作任务和运动轨迹编制控制程序，

然后将控制程序输入给机器人的控制器，起动控制程序，机器人就按照程序所规定的动作一步一步地去完成，如果任务变更，只要修改或重新编写控制程序即可，非常灵活方便。大多数工业机器人都是按照前两种方式工作的。

遥控方式：由人用有线或无线遥控器控制机器人在人难以到达或危险的场所完成某项任务，如防暴排险机器人、军用机器人、在有核辐射和化学污染环境工作的机器人等。

自主控制方式：是机器人控制中最高级、最复杂的控制方式，它要求机器人在复杂的非结构化环境中具有识别环境和自主决策能力，也就是要具有人的某些智能行为。

5. 工业机器人应用领域

工业机器人是一种生产设备，其优势在于提高生产效率、降低生产成本、保障产品质量。工业机器人广泛应用于工业制造业的各种领域（见表 9-1-2），从常用的机器人系列和市场占有情况来看，主要的工业机器人应用场合有焊接、喷漆、装配、搬运、自动导引运输等。

表 9-1-2　工业机器人的具体应用

行业	具体应用
汽车及其零部件	弧焊、点焊、搬运、装配、冲压、喷漆、切割（激光、离子）等
电子、电气	搬运、装配、自动传输、打磨、表面贴装、检测等
化工、纺织	搬运、包装、码垛、称重、切割、检测、上下料等
机械	搬运、装配、检测、焊接、铸件去毛刺、研磨、切割（激光、离子）、包装、码垛、传输等
电力、核电	布线、高压检测、核反应堆检修、拆卸等
食品、饮料	搬运、包装等
塑料、轮胎	上下料、去毛边等
冶金、钢铁	搬运、码垛、铸件去毛刺、切割等
家具	搬运、打磨、抛光、喷漆、切割、雕刻等
海洋勘探	深水勘探、海底维修、建造等
航空航天	空间站检修、飞行器修复等
军事	防爆、排雷、搬运、放射性检测等

9.1.4　运动控制与智能制造

运动控制是数控机床或数控加工中心和工业机器人的基础技术，数控加工中心和工业机器人是制造业的基础设备，它们的应用水平代表着制造工业的先进程度。

工业 4.0（Industry4.0）是德国政府提出的一个高科技战略计划。工业 4.0 是指利用物联信息系统（cyber-physical system，简称 CPS）将生产中的供应、制造、销售信息数据化、智能化，最后达到快速、有效、个人化的产品供应。

智能制造是工业 4.0 的重要环节，要实现智能制造就要先建设数字化工厂，在数字化工厂中，数控机床和工业机器人是基础自动化设备。数字化工厂是向工业 4.0 迈进的一个关键节点，发挥着承上启下的作用，是走向智能制造与实现工业 4.0 的必由之路。

1. 数字化工厂的产生与发展

随着全球经济一体化的进程加快以及信息技术的迅猛发展，现代制造企业发生了重大的变化。产品生命周期缩短，产品迭代速度加快，交货期成为主要竞争因素。这就要求制造商能及时、高效地开发并生产适销对路的产品，以应对快速变化的市场的挑战。

时间、效率、灵活性是制造业企业面临的主要问题，20 世纪 90 年代末，基于虚拟制造技术的数字化工厂解决方案，逐步发展起来。它利用数据协同管理、三维建模、虚拟仿真等数字化技术，用统一的数据平台实现产品设计与制造阶段的数据协同，实现从产品研发设计到实际生产制造之间数据与信息的协同与集成，从而填补产品研发设计与生产制造之间的鸿沟，同时在计算机虚拟环境中对物理制造系统与实际生产过程进行仿真，使生产制造过程能够在生产线进行实际布局前，在数字虚拟空间内提前进行验证、调整与优化。

2. 数字化工厂

数字化就是将许多复杂多变的信息转变为可以度量的数字、数据，再以这些数字、数据建立起适当的数字化模型，把它们转变为一系列二进制代码，引入计算机内部，进行统一处理，这就是数字化的基本过程。

数字化工厂是以覆盖产品全生命周期的相关数据为基础，在计算机虚拟环境下，利用三维建模、虚拟仿真等数字化技术，为涵盖从产品设计、生产规划、工程组态、生产执行，直至后期运营服务在内的生产活动全价值链打造无缝集成、虚实精准映射的工厂解决方案，助力企业实现生产效率、质量、灵活性的提升，以及成本的下降。数字化工厂是计算机虚拟仿真技术、现代数字化制造与先进制造运营管理理念相结合的产物。

实践证明，数字化工厂解决方案，能够帮助制造企业缩短产品上市周期、降低产品研发成本、消除信息不对称所造成的成本与效率损失、提高生产线配置与布局效率、降低生产线潜在故障与风险、减少生产制造过程中的不确定性等。

更加广义的数字化工厂则将制造企业的上游供应商、中游合作伙伴、下游渠道商、客户等所有相关方全部包含在内，形成虚实映射的统一协作系统，其本质是通过数据流、信息流与工作流的数字化，更有效实现运营与管控。

3. 数字化工厂的主要环节与关键技术

数字化工厂主要涉及产品设计、生产规划与生产执行三大环节和数字化建模、虚拟仿真、虚拟现实／加强现实（VR/AR）等技术。

（1）产品设计环节

在产品研发设计环节利用数字化建模技术为产品构建三维模型，能够有效减少物理实体样机制造和人员重复劳动所产生的成本。同时，三维模型涵盖着产品所有的几何信息与非几何制造信息，这些属性信息会通过 PDM/CPDM（产品数据管理／协同产品定义管理）这种统一的数据平台，伴随产品整个生命周期，是实现产品协同研制、产品从设计端到制造端一体化的重要保证。

（2）生产规划环节

在生产规划环节，基于 PDM/CPDM 中所同步的产品设计环节的数据，利用虚拟仿真技术，可以对于工厂的生产线布局、设备配置、生产制造工艺路径、物流等进行预规划，并在仿真模型"预演"的基础之上，进行分析、评估、验证，迅速发现系统运行中存在的问题和有待改进之处，并及时进行调整与优化，减少后续生产执行环节对于实体系统的更改与返工次数，从而有效降低成本、缩短工期、提高效率。

（3）生产执行环节

早期的数字化工厂，其实并不包含生产执行环节，但随着制造业企业具体实践与应用的发展，数字化工厂的概念开始向覆盖产品整个生命周期的全价值链拓展与延伸，作为将产品从设计意图转化为实体产品的关键环节，生产执行无疑应该是数字化工厂的关键一环。

这个环节的数字化，体现在制造执行系统（MES）与其他系统之间的互联互通上。MES 与 ERP、PDM/CPDM 之间的集成，能够保证所有相关产品属性信息从始至终保持同步，并实现实时更新。

4. 数字化工厂与自动化工厂

"数字化工厂"不等于"自动化工厂"，数字化制造中，尽管自动化制造是重要的基础，但数字化制造并不等同于自动化。

数字化制造其中一个重要基础正是实现自动化制造。引入自动化机器的工厂就像配备了电脑的超市，工人就像收银员，在传统的小卖部里，工人要记住商品价格，自行计算商品总价，但实现数字化制造的工厂，就如同同时配备了电脑和扫描器的超市，收银员只需要按照计算结果收款，而配备的机器就像一个"纠错员"，帮助人避免出现计算和记忆错误。

5. 数字化工厂与智能制造

要实现工业 4.0 必须先构建智能工厂，而要构建智能工厂，必须先打造数字化工厂。数字化工厂只是迈向工业 4.0 的阶段性目标。从数字化工厂到工业 4.0，还有漫长的演进过程。数字化工厂与智能化工厂之间的差距，最关键的一点在于是否真正实现管理的自动化。

随着市场竞争的日益加剧和市场需求的加速变革，制造业将面临更大的挑战，这将不断促进制造业的发展和进步，也将对数字化技术与解决方案提出更高的要求，数字化工厂的概念将进一步丰富与深化，并引领企业逐渐向未来的智能制造与工业 4.0 目标不断迈进。

9.2 工业过程自动化

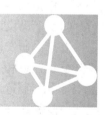

工业自动化涉及的范围极广，工业生产过程自动化是其中最重要的一个分支。生产过程自动化一般是指工业生产中连续的或按一定程序周期进行的生产过程的自动化或自动控制，也可简称为过程控制。

连续性生产过程的主要特征通常表现为：呈流动状态的各种原料在生产过程中，经过传热、传质或物理、化学变化等，大多会发生相变或分子结构的变化，从而产生新的产品。许多工业部门，如电力、石油、化工、冶金、炼焦、造纸、建材、轻工、纺织、陶瓷及食品等，都具有连续性生产过程的特征。这类生产过程的总目标，应该是在可能获得的原料和能源条件下，以最经济的途径将原物料加工成预期的合格产品。为了达到该目标，必须对生产过程进行监视与控制。因而，过程自动化在国民经济中占有极其重要的地位。

过程自动化主要针对生产过程中的六大参数，即温度、压力、流量、液位（或物位）、成分和物性等参数进行控制。但进入 20 世纪 90 年代后，受日益增强的环境和能源压力制约，控制的目标也不再局限于传统的六大参数，还要把生产效率、能量消耗、废物排放等作为控制指标来进行控制。

本节介绍过程自动化技术在发电生产过程的应用。

9.2.1　火力发电厂工艺流程

火力发电厂在我国电力工业中占有主要地位，是我国的重点能源工业之一。电厂锅炉更是过程工业必不可少的动力设备。随着火力发电机组容量的不断扩大，作为全厂动力的锅炉设备，亦向大容量、高参数、高效率的方向发展。为确保火力发电厂生产的安全操作和稳定运行，对锅炉设备的控制也提出了更高的要求。

以汽包锅炉为核心的燃煤电厂主要工艺流程如图 9-2-1 所示。

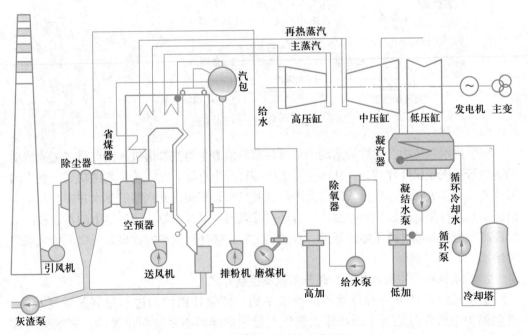

图 9-2-1　燃煤电厂主要工艺流程

来自给水泵的水经过布置在烟道末端的省煤器预热后进入锅炉汽包，然后通过下降管流入下联箱。燃料和空气在炉膛燃烧时产生的热量与布置在炉膛内的水冷壁内的水进行热交换，部分给水受热后汽化，上升至汽包，经汽包汽/水分离后的饱和蒸汽进入两级过热器加热成过热蒸汽，然后推动汽轮机做功，汽轮机带动发电机产生电力。

由于电厂的生产过程始终伴随着传热、传质、能量转化，其理论基础是工程热力学与传热学，因此电厂的生产过程习惯被称为热工过程，电厂的过程控制系统习惯称为热工控制系统。电厂中，围绕着能量转化核心部件——锅炉的热工控制系统包括：锅炉给水控制系统、锅炉主蒸汽温度控制系统和锅炉燃烧控制系统。

9.2.2 锅炉给水控制系统

1. 概述

锅炉给水控制的基本目的是保证锅炉给水量与蒸发量相适应，保持锅炉给水与蒸汽负荷间的质量平衡。典型燃煤电厂的汽包锅炉给水系统示意如图 9-2-2 所示。

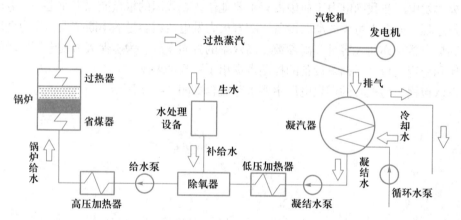

图 9-2-2　汽包锅炉给水系统

锅炉给水系统中，工质的运动为：过热蒸汽沿着主蒸汽管道进入汽轮机，高速流动的蒸汽带动汽轮机叶片转动，从而使发电机旋转产生电能。在汽轮机内做功后，蒸汽的温度和压力大大降低，被排入凝汽器冷却成凝结水，汇集在凝汽器的热水井中。凝结水由凝结水泵打至低压加热器中加热后再经过除氧器并继续加热。除氧器中的水通过给水泵提高压力，并经过高压加热器进一步加热之后，输送到锅炉的省煤器入口，作为锅炉的给水。

2. 给水系统的主被调参数、调节参数及控制方式

给水系统的任务是维持锅炉的汽水平衡，即保证锅炉的进水量同蒸发量相等。汽包锅炉中的汽包是为了缓冲输出蒸汽与给水的瞬时不平衡而设置的，其液位客观反映了流入、流出的平衡状态。流入大于流出，液位上升；流入小于流出，液位下降；液位稳定，意味着进出物料进出平衡，液位稳定在一个适中的高度，意味着进

出流量差双向都有最好的缓冲。因此，这类系统一般选液位为被调参数。由于锅炉的蒸发量往往是由发电的需求决定的，不能随意调节，另外蒸汽测处于高温、高压状态，不方便调节，因此，在给水系统中，为了维持液位稳定，通常选择进水流量作为调节参数。当前，出于节能考虑，给水流量控制方式是变速泵（调节）的控制方式。

锅炉的汽包液位能够间接反映锅炉蒸汽负荷与给水量之间的平衡关系，保持汽包正常液位是保证锅炉和汽轮机安全运行的重要条件之一，锅炉汽包液位的调整直接关系到整个机组的运行安全，调整操作不当将造成两种事故。

汽包液位过高，严重超过上限水位，使汽包内蒸汽空间缩小，将会增加蒸汽带水，使蒸汽品质恶化，容易造成过热器积盐和汽轮机通流部分结垢。蒸汽带水严重时，蒸汽温度急剧下降，发生水冲击、损坏蒸汽管道和汽轮机叶片损坏的事故。

汽包液位过低会引起锅炉水循环的破坏，使水冷壁管超温过热；严重缺水而又处理不当时，则会造成炉管大面积爆破的重大事故。

自然循环汽包锅炉的汽包液位变化 200 mm 的飞升时间约为 6~8 s。因此，锅炉运行中保持液位正常是一项极为重要的工作，绝对不能有丝毫的疏忽大意。

考虑了这些因素后的电厂锅炉给水控制系统图如图 9-2-3 所示。

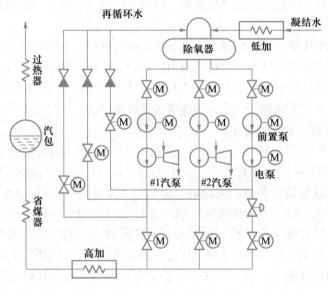

图 9-2-3　电厂锅炉给水控制系统

3. 给水系统的对象特性

选定给了水系统的被调参数及调节参数后，给水系统对象的输出是汽包水位 H。汽包水位受到给水流量 W（流入量）、蒸汽负荷 D（流出量）、热负荷 B 及蒸汽压力的影响。水位 H 反映的是流入量 W 和流出量 D 的物质平衡关系。给水流量 W 扰动包括给水压力的变化和控制阀开度的变化等因素。蒸汽负荷 D 扰动包括管道阻力的变化和主蒸汽控制阀开度的变化等因素。热负荷 B 包括引起炉内热量变化的各种因素。

汽包水位的变化与蒸汽热负荷的 B 变化有密切关系，当负荷增加时，如果给水量不变或增加不及时，则蒸发设备中的水量逐渐被消耗，其最终结果将使汽包水位下降；反之，其最终结果将使汽包水位上升。但是，当热负荷突然增加，在给水量和燃烧工况不变的情况下，将引起锅炉气压骤降，造成锅水饱和温度下降，汽包水空间内部分水汽化，产生大量的汽泡，使汽包水位瞬间升高，形成"虚假水位"，这时为了恢复气压而过分加强燃烧，会引起蒸汽带水，恶化蒸汽品质；反之，如果外界负荷突减，引起锅炉气压骤升，汽包水位骤减，如此时大大减弱燃烧，则促使水位更低，若安全门动作又会使水位升高。所以，当负荷骤变时，必须严密监视水位，预防水位事故的发生。

燃烧工况的改变对水位的影响也很大。在外界负荷及给水量不变的情况下，当炉内燃料量突然增加时，炉内放热量增加使锅水吸热量增加，汽泡增多，体积膨胀，而使水位暂时升高。又由于产生的蒸汽量不断增加，使气压上升，饱和温度也相应地提高了，锅水中汽泡数量又随之减少，又导致水位下降。此时，对于单元机组，由于气压上升使蒸汽做功能力上升，在外界负荷不变的情况下，汽轮机调节汽门将关小，进汽量减少，而此时因锅炉的蒸发量减少而给水流量没有变化，故汽包水位上升。反之，汽包水位变化情况与上述相反。因此水位波动的大小，取决于燃烧工况改变的强烈程度以及运行调节的及时性。

给水流量发生变化，也会打破给水量与蒸发量的平衡，引起汽包水位变化。在锅炉负荷和燃烧工况不变的条件下，当给水压力增加时，给水流量增大，水位上升；给水压力下降时，给水流量减少，水位下降。给水压力过低，则汽包进水困难，若给水压力低于汽包压力，给水将无法进入汽包，会造成锅炉严重缺水。

4. 给水系统的三冲量控制方案

所谓"冲量"实质上就是"变量"，是指引入控制系统的测量信号。这里的三冲量是指汽包水位信号、蒸汽流量信号和给水流量信号，其中汽包水位信号为主要冲量。而引入蒸汽流量信号和给水流量信号，是为了及时消除蒸汽流量波动或给水压力波动对汽包液位的影响，并有效防止"虚假水位"现象而引起系统的误操作。三冲量控制实质上是前馈控制＋串级控制的系统，通常反馈控制的控制作用是发生在出现偏差以后，而前馈控制的依据是干扰的变化，检测的信号是干扰量的大小，可以瞬间控制，不需要等到出现偏差以后。汽包水位是主变量，给水流量是副变量，蒸汽流量是干扰。把蒸汽流量信号作为前馈信号引入控制，能有效防止"虚假液位"的发生。三冲量给水系统解决了蒸汽流量变化扰动下的快速跟踪问题，并将进水流量也作为一个冲量引入系统。当蒸汽流量改变时，通过前馈控制作用，可以及时改变给水流量，力图维持进出锅炉内的物质平衡，这有利于克服虚假水位现象；当给水流量发生自发性扰动时，通过局部反馈控制作用，可以及时稳定给水流量，有利于减少汽包水位的波动。因此，三冲量给水控制系统在克服扰动、维持汽包水位稳定和提高给水控制质量方面优于单冲量及双冲量给水控制系统。图 9-2-4 所示为串级三冲量给水控制系统方框图。

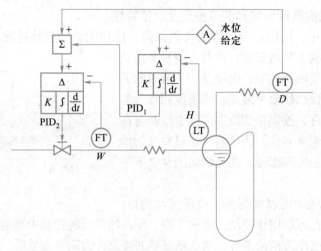

图 9-2-4　串级三冲量给水控制系统方框图

串级三冲量给水控制系统具有以下特点。

① 发生给水侧扰动（内扰）时，副调节器迅速动作，消除内扰，维持给水流量稳定；发生蒸汽侧扰动（外扰）时，迅速改变给水流量给定值，进而保持给水和蒸汽流量基本平衡。

② 事实上将蒸汽流量与给水量的不平衡作为副回路的测量值，能更好地反映汽包的进出不平衡，消除虚假水位对控制过程的影响，当进出不平衡时，给水流量做出及时调节，避免蒸汽负荷扰动下给水流量的误动作。

③ 串级系统还可以接入其他信号（如燃料信号）形成多参数的串级系统，但串级控制系统在汽轮机甩负荷时，过渡过程不如单级控制系统快。

9.2.3　锅炉主蒸汽温度控制系统

1. 概述

为了充分提高锅炉效率，汽包产生的饱和蒸汽及经过一次做功的高压缸排气，利用高温烟气将其加热成具有较高能量的过热蒸汽。其中，过热器将饱和蒸汽加热成具有一定温度的过热蒸汽。再热器将汽轮机高压缸的排汽加热到与过热蒸汽温度相等（或相近）的再热温度，然后再送到中压缸及低压缸中膨胀做功。

过热汽温是锅炉汽水通道中温度及压力最高的地方，超超临界机组的主蒸汽压力为25~31 MPa，主蒸汽和再热蒸汽温度达 580℃~610℃。过热器的材料是耐高温的合金材料，正常运行时过热器温度一般接近材料所允许的极限温度。过热蒸汽温度偏高，不仅会烧坏过热器，同时也会使蒸汽管道、汽轮机主汽门、调节阀、汽缸、前级喷嘴和叶片等部件机械强度降低，影响机组安全。

过热蒸汽温度过低，则会降低机组热效率，同时还会使汽轮机末级蒸汽湿度增加，加速叶片侵蚀。为了保证机组的安全经济运行，过热蒸汽温度必须加以精确控制。蒸汽温度自动控制包括过热蒸汽温度的自动控制和再热蒸汽温度的自动控制。

2. 汽温控制的被调参数和调节参数及对象特性

在锅炉系统中，可以影响气温的参数很多，比如锅炉的燃烧情况、烟气流量和蒸汽流量等均可影响主蒸汽温度，但蒸汽流量是由负荷侧决定的，不能随意调节，燃烧及烟气流量的调节依据应当是确保燃烧效率最高，也不能用作气温的调节手段。通常，控制主蒸汽温度的手段都是在过热器上安装喷水减温器，将带有一定过冷度的给水喷入，以控制主蒸汽温度，其结构如图9-2-5所示。

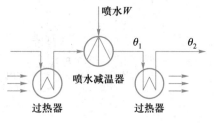

图9-2-5 锅炉过热器结构示意图

烟气侧扰动的动态特性与蒸汽负荷扰动类似，汽温响应较快，也可以用作控制汽温的手段，在再热汽温的控制中普遍采用。

当主蒸汽温度作为被调参数，喷水减温器的流量作为调节参数后，引起主蒸汽温度变化的因素可分为三类：蒸汽负荷扰动、烟气侧扰动和减温水侧扰动。蒸汽负荷扰动主要是蒸汽流量；烟气侧扰动包括燃料成分、受热面清洁度、烟气流量、火焰中心位置和燃烧器运行方式等；减温水侧扰动包括减温水流量、减温水温度等。

3. 过热汽温控制基本方案

在以上述调节通道为对象，组成单回路控制系统时，控制对象的迟延时间 τ 和时间常数 T 均较大，系统的稳定性和超调都很难满足要求，往往不能保证汽温在允许的范围内。因此，在设计自动控制系统时，应该引入一些比过热汽温提前反映扰动的补充信号，使扰动发生后，过热汽温还没有发生明显变化的时刻就进行控制，消除扰动对主汽温的影响，有效地控制汽温的变化，目前普遍采用减温器出口汽温，也称导前汽温参与控制，组成串级过热汽温控制系统或采用导前汽温微分信号的双回路控制系统。

① 采用导前汽温微分信号的双回路控制系统

图9-2-6是采用导前汽温微分信号的双回路控制系统基本结构。在这个系统中，控制器接受主蒸汽温度（被控量）信号 θ，同时接受导前汽温 θ_1 的微分信号。扰动发生时，θ_1 对扰动的反应比 θ 快。导前汽温 θ_1 的微分能反映汽温的变化趋势，使控制器提前产生控制作用，在汽温还未受到较大影响时就产生控制作用，使控制质量得到提高。

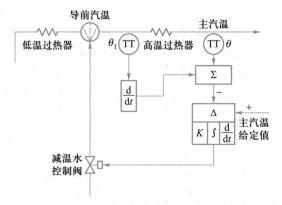

图9-2-6 采用导前汽温微分信号的双回路控制系统

采用导前汽温微分信号的控制系统有两个闭合回路。

a. 内回路也称导前回路，由对象导前区、导前汽温变送器、微分器、控制器、执行器和喷水阀组成。

b. 外回路也称主回路，由对象的惰性区、主汽温度变送器组成。

在发生内扰时，控制器接受导前汽温微分信号，迅速消除内扰对主蒸汽温度的影响。由于导前回路对象滞后小，调整快，使干扰对主汽温影响很小。主回路是一个为确保克服其他干扰对主蒸汽温度影响的回路。

根据以上分析可知，具有导前汽温微分信号的控制系统可以等效为主、副控制器都是 PI 作用的串级控制系统。由于主调节器中不含微分，而主对象滞后又较大，因此，采用导前汽温微分信号的控制系统的控制效果不如主调直接采用 PID 控制器的串级控制系统调节效果好。

② 过热汽温串级控制系统

图 9-2-7 是过热汽温串级控制系统原理图。

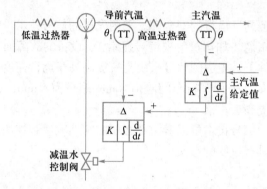

图 9-2-7　过热汽温串级控制系统原理图

9.2.4　锅炉燃烧控制系统

锅炉燃烧控制系统的基本任务是保证燃料燃烧提供的热量和蒸汽负荷的需求能量相平衡，同时保证锅炉安全经济运行。一般而言，锅炉燃烧控制系统的任务有以下 3 点。

（1）跟踪机组负荷需求，维持主气压在允许范围

机组的能量是靠燃料的燃烧提供的，所以锅炉燃烧控制系统应能及时对进入炉膛的燃料量进行控制，尽快响应负荷调整的要求。同时还要维持主汽压的稳定。

（2）减小对环境的污染，保证燃烧过程的经济性

燃煤电厂的主要成本是燃料煤的成本，因此，燃烧控制系统必须保证燃烧过程的经济性。

（3）维持炉膛压力稳定

当炉膛出现正压时，炉内火焰和烟气会从炉膛四周的观察孔喷出，不仅危及运行人员和设备安全，还会污染环境。若炉膛负压过大，又会造成大量冷空气进入炉膛，影响燃烧的经济性。电站锅炉燃烧过程基本都为负压运行方式。

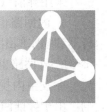

9.3 高速铁路与轨道交通

现代化交通运输主要包括铁路、水路、公路、航空和管道五种方式，它们有各自不同的经济技术特征和适用范围。与其他运输方式相比，铁路运输具有运量大、成本低、速度快、安全可靠、能全天候运输等众多优势。轨道交通中的信号是"信号（显示）、联锁、闭塞"的总称，由各类信号显示、轨道电路、道岔转辙装置等主体设备及其他有关附属设施构成的一个完整的体系，是现代信息技术的重要领域。随着铁路和轨道交通建设的快速发展，当今信号系统技术已将通信、信号、计算机等先进技术融于一体，并向数字化、智能化、综合自动化方向发展，其发展水平已成为现代化建设的重要标志之一。

信号系统首先保证列车运行的安全性。采用先进的信号技术，能大大提高行车的安全性，使得因人为的疏忽（如司机忽视信号显示）、设备的故障而产生的事故率降至最低。在保证安全的条件下，先进的信号系统支持提高列车运行速度，缩短行车间隔，从而提高运营效率。例如，若列车行车间隔由 8 min 缩短为 4 min，就意味着，使用同样的车辆，运载能力可提高近一倍。

此外，采用先进的信号技术可以避免不必要的突然减速和加速，这不仅可提高行车的稳定度，还对节能具有重要的意义。

9.3.1 信号（显示）、联锁、闭塞

1. 信号（显示）

信号起源于英国。最早的列车指挥是由铁路员工骑马在前，以各种手势发出信号，指挥列车的前进和停止。随着列车数量的增加和车速的提高，这种早期移动信号已被淘汰。

色灯信号机是铁路普遍采用的信号显示形式。和道路信号显示一样，色灯一般也有红、绿、黄三色，但由于要表达的含义较多，如列车通过、停车、慢行等，还加入了三种颜色的组合显示。色灯信号机是地面固定信号，安置在需要指挥列车的地方，如进站、出站、闭塞区间入口处等。司机根据灯光信号显示驾驶列车。常见的色灯信号机有透镜式色灯信号机和新型的组合式色灯信号机以及 LED 信号机。

色灯信号机由于装在地面上，受曲线、隧道等地形限制，给司机瞭望带来一定的困难。特别是在雨雪、风沙、大雾迷茫等恶劣气候条件下，地面信号不易看清。另外，随着列车速度不断提高，特别是高速列车的出现，在高速列车上观察地面色灯信号十分困难；同时，即使显示距离约 1 km 的信号被明确辨认，司机也很难从容采取措施。比如，司机发现红色停车信号时正在以 200 km/h 的速度行驶，即使立即使用紧急制动，在巨

大惯性的推动下，列车也要越过信号机 1 km。因此，高速列车依赖地面信号机显然是十分危险的。

机车信号是指在机车司机室内指示列车前方运行条件的信号。机车信号机装在机车司机室，可显示和地面信号一样的信号，保障了行车安全，也改善了司机的工作条件。在地面信号机为主体信号的前提下，机车信号为辅助信号，它能自动地反映列车运行前方地面信号机的显示状态和运行条件，指示列车运行，并与列车自动停车装置结合，确保列车的安全运行。

当前，轨道交通信号系统进步到列车自动控制的阶段，机车信号除显示地面信号机内容外，还能显示车速、运营状况等更丰富的信息。这种机车信号显示，不仅克服了瞭望地面信号的困难，同时也有助于实现机车运行自动控制，并满足紧急刹车的要求，避免了人为因素对安全行车的不利影响。

2. 进路

进路（route）是列车或调车车列在站内运行时所经由的路径，所有进路都有起点和终点。终点通常是下一个信号机、终点站、调车场或车厂。如按作业性质，进路大体上可分列车进路和调车进路两类。列车进路又可划为接车进路、发车进路、通过进路和转场进路。凡是列车进站所经由的路径称为列车接车进路；列车由车站发往区间所经由的进路称为发车进路；列车由车站通过所经过的正线接车进路和正线同方向发车进路组成的进路称为通过进路；列车由车站的某一车场开往另一车场时所经由的进路称为转场进路。如果按方向来区分，调车进路又可分为调车接车方向的进路和调车发车方向的进路。

3. 闭塞

铁路线路以车站为分界点划分为若干区间。为了确保列车在区间内的运行安全，列车由车站向区间发车时，必须确认区间内没有列车，并需遵循一定的规则组织行车，以免发生列车正面冲突或追尾等事故。这种按照一定规则组织列车在区间内运行的方法，称为行车闭塞法（简称闭塞）。

闭塞是保障在同一区间，只准许一列列车运行。为此，采用空间间隔方法，把铁路线路划分为若干个线路区段（区间或闭塞分区），在每个线路区段内同时只允许一列列车运行。前行列车和追踪列车之间保持一定的安全距离。这种方法，能有效地防止列车追尾的发生，确保列车运行安全，这也是铁路和大多数城市轨道交通目前采用的闭塞方法。区间闭塞可防止同向的两列车之间发生追尾冲突，正面冲突可根据两列对向列车不能同时向同一区间发车的原则来控制。

站间闭塞是指两个车站之间只能运行一辆列车。该闭塞方式的区间为两个站间距离，运行效率差。

自动闭塞是将两个车站间划分为若干个闭塞分区，根据列车运行及有关闭塞分区状态，自动变换设于分区分界点的通过信号机的显示，可容许两趟以上的列车以相同的方向，在确保安全空间间隔的前提下连续行进，司机凭信号显示指挥行车的闭塞方法。这种方法的信号变换不需要人工操纵，是目前大量使用的行车闭塞方法。其特征为：把站间划分为若干闭塞分区，可以凭色灯信号显示行车，也可凭机车信号或列车运行控制的车载信号行车；站间能实现列车追踪；办理发车进路时自动办理闭塞手续，自动变换信号显示。从技术手段角度来分,又可分两大类:传统的自动闭塞和具有列车自动控制系统的自动闭塞。

(1)传统的自动闭塞

传统自动闭塞,它一般由地面信号机来保证列车按照空间间隔运行,装备的机车信号作为地面的辅助信号,主要传输信号控制信息。传统的自动闭塞一般适用于列车最高运行速度在 160 km/h 及以下,按照信号显示的方式,可以分为二显示(红、绿)、三显示(红、黄、绿)和四显示(红、黄、绿黄、绿)三种。二显示方式一般在地铁中采用,这是因为地下铁道列车运行速度比较低,列车间隔时分的要求比地面上火车运行的要短。地面上的列车运行速度快,载重量大,制动距离长,司机不能预先知道前方信号机的显示状态,很难控制机车速度,所以不能用二显示。三显示的自动闭塞目前在世界上运用比较广泛。当货物列车、近郊列车、长途旅客列车和特快列车都在同一区段内运行的时候,由于货物列车或速度大于 100 km/h 的特快列车制动距离大于近郊列车需要的制动距离,如果仍采用三显示的信号显示,就需要加大信号机与信号机之间(称为闭塞分区)的距离和近郊列车运行的间隔时分,这将造成铁路的通过能力降低。为了保证高速列车的最大制动距离,同时还要满足近郊列车运行时对闭塞分区要求的一般条件,就要改用四显示信号。

(2)具有列车控制系统的自动闭塞

列车运行自动控制系统是按照列车空间间隔法通过控制列车运行速度的方式来实现行车安全的。运行列车之间必须满足最不利条件制动距离的需要。根据列车控制系统采取的不同控制模式形成不同的闭塞制式。在保证运行安全的条件下,列车间的追踪运行间隔越小,运输能力就越大。

从闭塞制式的角度来看,装备列车运行控制系统的自动闭塞可分为三类,即固定闭塞、准移动闭塞(含虚拟闭塞)和移动闭塞。

① 固定闭塞。列车控制系统采取分级速度控制模式时,采用固定闭塞方式。运行列车间的空间间隔是用轨道电路固定划分的闭塞区段,列车以闭塞分区为最小行车间隔,其传输的信息量少,对应每个闭塞分区只能传送一个信息代码,即该区段所规定的最大速度码或出/入口速度命令码。列车速度监控采用的是闭塞分区出/入口检查方式,当列车的出口速度大于本区段出/入口速度命令码所规定的速度时,车载设备便对列车实施强制性制动。固定闭塞系统采用阶梯式控制方式,追踪目标点为前行列车所占用闭塞分区的始端,该点和后行列车从最高速开始减速的闭塞分区的始端这两个点都是固定的,空间间隔的长度也是固定的,所以称为固定闭塞。

② 准移动闭塞。通过地车通信手段向车载设备提供目标速度、目标距离、线路状态(曲线半径、坡道等数据)等信息,结合固定的车辆性能数据,计算并调整出适合本列车运行的速度/距离曲线,每个闭塞分区不设速度等级,保证列车在速度/距离曲线下有序运行。准移动闭塞的追踪目标点是前行列车所占用闭塞分区的始端,当然会留有一定的安全距离,而后行列车从最高时速开始制动的计算点是根据目标距离、目标速度及列车本身的性能计算决定的。目标点相对固定,在同一闭塞分区内不依前行列车的走行而变化,而制动的起始点是随线路参数和列车本身性能不同而变化的,空间间隔的长

度是不固定的，由于要与移动闭塞相区别，所以称为准移动闭塞，其追踪运行间隔要比固定闭塞小一些。

③ 移动闭塞。该系统也采取目标距离控制模式（又称为连续式一次速度控制），它依靠无线通信等方式实现车地间双向数据传输，监测列车位置使地面信号设备可以得到每一列车连续的位置信息和列车运行的其他信息，并据此计算出每一列车的运行权限，并动态更新，发送给列车，列车根据接收到的运行权限和自身的运行状态计算出列车运行的速度曲线，控制列车的牵引、运行、惰行及制动。追踪列车之间应保持一个"安全的距离"。这个最小安全距离是指后续列车的指令停车点和前车尾部的确认位置之间的动态距离。这个安全距离允许在一系列最不利情况存在时，仍能保证安全间隔。列车安全间隔距离信息是根据列车运行速度、给定的安全防护减速度、列车最不利时的减速度、列车目标地点或前车尾部位置和线路条件等信息计算而定，信息被不断更新，以保证列车连续收到即时信息。因此，在保证安全的前提下，能最大限度地提高区间通过能力。该方式的空间间隔长度是不固定的，所以称为移动闭塞，其追踪运行间隔要比准移动闭塞更小一些。

4. 联锁

"联锁"是指为保证行车安全，而将车站的所有信号机、轨道电路及道岔等相对独立的信号设备构成一种相互制约、联合控制的连环扣关系，即联锁关系。

联锁系统根据列车运行要求，检查进路空闲与否，据此操纵信号灯和转辙机使信号机、进路和道岔实现联锁联动，并监督列车的运行和线路占用情况。当联锁系统发生故障时，道岔及信号应导向安全的状态。联锁技术是防止失误，且在失误的情况下仍能保证行车安全的技术。联锁技术是车站信号自动控制系统的主要内容。实现联锁有继电联锁和计算机联锁两个主要的方法。用电气方法通过信号楼内的控制台操纵车站内的色灯信号机和电动转辙机，使信号机、进路和道岔实现联锁并能监督列车运行和线路占用情况，是继电联锁。继电联锁中实现联锁的主要元件是电磁继电器，以逻辑电路实现联锁。

计算机联锁系统是对车站值班员的操作命令和现场状态信息，按规定的联锁逻辑进行分析与处理，实现对铁路车站信号设备的控制。计算机联锁系统更容易实现功能完善的联锁关系，且便于实现系统自身的现代化管理。其比继电器联锁系统占据更大的优势。

5. 轨道电路

轨道电路是利用线路上两条钢轨作为导线，在这段线路分界处，用钢轨绝缘隔断，一端接上电源，称为供电端；另一端接上轨道继电器，称为受电端，这样构成的电路称为轨道电路。区间轨道电路是区间钢轨传输线和连接于其始端和终端的设备总称，用来检查列车占用钢轨线路状态，它的出现代表铁路自动信号的诞生。

利用轨道电路监督列车、调车车列在站内以及列车在区间的占用，是最常用的方法。由电路反映线路是否空闲，轨道继电器的接点作为开放信号、建立进路、构成闭塞等的控制条件，又可用于实现信号开放后随着列车、调车车列的运行而自动关闭，从而把信号显示、线路状态、列车及调车车列位置结合起来。

全新的数字轨道电路，其工作在 1.9~4.3 kHz 音频频带内，划分为 6 个信道，每个带宽 400 Hz，轨道电路最大长度为 2 000 m，利用 **1** 和 **0** 两个数字编码进行信息传递。数字轨道电路每个报文的传输时间极快，信息量很大，这就大大增加了地面设备向车载设备提供静态和动态信息的能力和可靠性，使得列车车速增加及调整制动曲线时不必担心信息量不足。这些行车信息中还包括了运行前方线路条件、当前允许运行速度、列车运行目标速度等，为利用设备实现列车自动控制提供了支持。

9.3.2 列车自动控制系统

1. 概述

随着列车运行速度越来越快，密度越来越高，安全问题也日益突出。完全靠人工瞭望、人工驾驶列车已经不能保证行车安全了，即使装备了机车信号和自动停车装置，也只能在列车一般速度运行条件下保证安全，却无法实现高速列车的安全保证，因为它们不能解决防止超速行车和冒进信号等问题。因此，需要发展能对列车间隔和速度自动控制的系统，以提高运输效率，保证行车安全。

列车运行自动控制系统（automatic train control，ATC）就是对列车运行全过程或一部分作业实现自动控制的系统，简称列控系统。主要作用有：列车间隔自动保护；列车速度自动保护；列车自动跟踪监督；提供无人驾驶等。

要实现列控目标，需要解决许多关键技术问题，例如：车 - 地之间大容量、实时、可靠信息传输，列车定位，列车精确、安全控制等，需要车载设备、轨旁设备、车站控制、调度指挥、通信传输等系统良好的配合才能实现。现代信息技术的迅速发展，对铁路信号技术产生了重要影响，为完善现代铁路信号系统提供了条件。列控系统是计算机、通信、控制等技术与信号技术的一个高水平集成与融合的产物，是轨道交通行车系统的"中枢与神经"，旨在利用各种先进的技术和设备，保证列车以最小安全间隔距离运行，以达到最大的运输能力。列控系统根据前方行车条件，为每列车产生行车许可。列控系统不依靠传统的地面信号，而将机车信号作为主体信号，作为安全行车的凭证。机车信号发生了质的变化，信号系统可获取具体的速度和距离信息，并结合接收到的行车许可产生允许速度，当列车速度超过允许速度时控制列车实施制动，使列车降速甚至停车，防止列车超速颠覆或追尾等，保证行车安全。

列车自动控制系统包括三个子系统，即列车自动保护系统（automatic train protection，简称 ATP）、列车自动运行系统（automatic train operation，简称 ATO）和列车自动监控系统（automatic train supervision，简称 ATS），简称"3A"系统。

ATP 系统在 ATC 系统中负责列车安全运行，是整个 ATC 系统的核心。为完成列车运行的安全功能，列车需计算自身的位置、速度、线路限速条件、线路列车敌对关系、列车完整性以及设备状况等，以形成列车间的安全间隔和超速防护。在 ATP 系统中除了安全间隔外，还有一个重要指标——运行间隔，它反映了系统的最大载客量，影响到系统的复杂程度，直接影响工程造价并隐含系统的适应性或灵活性。

ATO 系统叠加在 ATP 系统之上，可实现速度调整、自动定点停车及车门控制等功能，并可达到保证运行安全、正点、旅行舒适及减少司机劳动强度的目的。

ATS 系统为 ATC 系统的上层管理部分，负责监督、控制和调整列车的有效运行，它提供了监控和显示列车位置以及 ATC 各部分的通信状态的人机接口，使系统调度员能调整列车运行，以保持运行图和运行间隔，按运行线路分配排列进路，系统晚点能修改运行参数，并控制停站时间、故障管理、应急处理、收集数据生成管理报表等。另外还和外部系统有接口，如无线系统、旅客导向系统和主时钟系统等。

ATC 系统从位置分布看，分为地面的行车指挥中心、车站及轨旁子系统、车载子系统和车辆段子系统。行车指挥控制中心由列车运行监视（调度监督）、列车运行监控（调度集中）或列车自动监控等子系统构成。指挥列车运行的控制中心设有作为 ATC 系统中枢的计算机系统；数据传输系统实现控制中心与全线车站信号设备室之间的实时数据信息交换；调度员通过控制台下达行车控制命令。

车站及轨旁子系统由行车指挥系统车站设备、联锁、行车运行控制系统的地面设备及其与联锁设备的接口、列车识别等设备组成。车站信号设备室通过 ATP 子系统的轨旁设备发送列车检测信息，以检查轨道区段内有无列车占用，并向列车发送限速命令、门控命令、定位停车指令等。

车载子系统由机车信号和自动停车设备、车载 ATP/ATO 及列车识别等设备组成。车载设备接收并解译地面送来的各种指令，完成速度自动调整和车站程序定位停车，实现列车的自动运行。

车辆段（场）子系统由联锁设备、行车指挥系统等设备组成。

2. 列控系统的分类

西方发达国家在列控系统研究方面已有较长发展历史，比较成功的列控系统主要有：日本新干线 ATC 系统，法国 TGV 铁路和法国高速铁路的 TVM300 及 TVM430 系统，德国及西班牙铁路采用的 LZB 系统，瑞典铁路的 EBICA900 系统等。以上这些列车控制系统各有特点，可以分成许多类型。

（1）按照地车信息传输方式分

① 连续式列控系统，如德国 LZB 系统、法国 TVM 系统、日本数字 ATC 系统。连续式列控系统的车载设备可连续接收到地面列控设备的车 – 地通信信息，是列控技术应用及发展的主流。采用连续式列车速度控制系统的日本新干线列车追踪间隔为 5 min，法国 TGV 北部线区间能力甚至达到 3 min。

② 点式列控系统，如瑞典 EBICAB 系统。点式列控系统接收地面信息不连续，但对列车运行与司机操纵的监督并不间断，因此也有很好的安全防护效能。

③ 点 – 连式列车运行控制系统，如 CTCS2 级，轨道电路完成列车占用检测及完整性检查，连续向列车传送控制信息。点式信息设备传输定位信息、进路参数、线路参数、限速和停车信息。

（2）按照控制模式分

① 阶梯控制方式。区间出口速度检查方式，如法国 TVM300 系统；区间入口速度检查方式，如日本新干线传统 ATC 系统。

② 速度 – 距离模式曲线控制方式。速度 – 距离模式，如德国 LZB 系统、日本新干

线数字 ATC 系统。

3. 列车自动控制系统的关键技术

列车自动控制系统由地面系统和车载系统两部分组成。要实现列车的安全、高速、高密度运行，地面系统要明确各列车的位置及车速，车载系统需要知道前车的位置及车速，综合接收到的指挥中心控制指令对列车进行可靠控制。这里面就涉及三个关键技术：列车定位技术、地 - 车信息传输技术和安全计算技术。

（1）列车定位技术

列车位置信息在列车自动控制技术中具有重要的地位，列控系统中几乎每个子功能的实现都需要列车的位置信息作为参数之一。列车位置信息为保证安全列车间隔提供依据；为列车自动防护（ATP）子系统提供准确位置信息，作为列车计算速度曲线、列车在车站停车后打开车门以及站内屏蔽门的依据；还为列车自动运行（ATO）子系统提供列车精确位置信息，作为实施速度自动控制的主要参数；也为列车自动监控（ATS）子系统提供列车位置信息，作为显示列车运行状态的基础信息。因此，列车定位是列控系统中一个非常重要的环节。

轨道电路是最简单的列车定位设备，轨道电路技术成熟、原理简单，地理环境适应性强，在隧道、地下都可以使用，无论高速还是低速均可适用，安全性较高。其是目前使用最多的列车定位方法。

计轴技术是以计算机为核心，辅以外部设备，利用统计车辆轴数来检测相应轨道区段占用或空闲状态的技术。计轴点是计轴系统的车轮识别点，它位于轨道区段分界点处。装在这个位置上的传感元件、轨旁设备、电缆接线盒组成一个功能单元，称为计数点。因车轮作用而在计数点中形成的脉冲信号经由区间电缆传送至位于控制中心计数单元，通过对区段两端传感器计数值的比较就可以得到占用情况并判断出列车的位置。

基于应答 - 查询器的定位方法也是广泛采用的列车定位方式，它可以当安装有查询器的列车通过地面的应答器安装点时，就可给出列车定位信息。在地面应答器内存储地理位置信息，机车上的查询器经过耦合以后，就可以得到列车的精确位置。显然，定位精度与应答器安装密度有密切关系。

测速定位是通过不断测量列车的即时运行速度，对列车的即时速度进行积分的方法得到列车的运行距离。由于测速定位获取列车位置的方法是对列车运行速度进行积分或求和，故其误差是累积的，而且测得的速度值误差对最终距离值的误差影响也非常直接。为了减小累计误差，测速定位常与应答定位组合使用，用地面应答器提供准确的初始位置信息，来校准因测速设备产生的累积误差。测速定位的优点是可以提供准确的速度信息。常用的测速手段有旋转编码器测速和多普勒雷达测速。

（2）地 - 车信息传输技术

地 - 车信息传输通道是列车控制系统的重要组成部分，列车的车载设备需要依靠地面传来的前车位置、速度来控制列车。如果信息传输不及时甚至中断将会造成严重后果。

轨道电路不仅可以实现列车定位，还可实现地车信息传输。其优点是可以低成本实现连续的信息传输，缺点是传输的信息量较少且只能实现从地面到列车的单向传输。

与轨道电路类似，查询应答器既可以实现列车定位，也可以作为点式信息传输的通道，提供车–地通信。与轨道电路比，应答器信息传输技术的优点是传输信息量大，缺点是不能连续传输，只是在应答器安装点才能传输。

无线传输技术可以实现大容量的连续信息传输。GSM-R（GSM for railway）称为铁路移动通信系统标准，是基于成熟、通用的公共移动无线通信系统 GSM 平台，将常规 GSM 技术应用到铁路系统实现的无线通信系统。GSM-R 是铁路通信专网，对于安全有很高的要求。GSM-R 除了有 GSM 的功能之外，还有以下这些功能：调度通信功能、车次号校核及列车停稳信息的传送、调度命令的传送、列尾装置信息传送、调车信号和监控系统传输、机车同步控制传输等。

（3）安全计算技术

列控系统的地面设备、车载设备均基于安全计算机平台。系统的功能由计算机软硬件共同完成的，为了达到列控系统所需要的计算机安全水平，采用了冗余技术以提高系统的整体可靠性。

在列控系统中，采用了二乘二取二安全计算机平台。如图 9-3-1 所示。有 1 系 2 系两系"二取二"计算机，两系都在正常工作，但只有一系输出。一系故障时自动切换到另一系。每系内部，有两个计算机模块，分别是计算机模块 A 和计算机模块 B，它们同步、独立工作，产生两个计算结果，通过比较器表决：两个计算结果相同时，输出计算结果；两个计算结果不同时，导向安全输出。

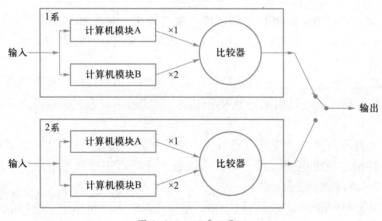

图 9-3-1 二乘二取二

安全计算技术还有三取二平台。该平台有三个计算机模块，同步、独立工作，三个计算结果通过表决器表决，再输出。当一个计算机模块故障时，不影响系统正常工作；当两个计算机模块故障时，导向安全输出。

9.3.3 CTCS 列控系统

2003 年 10 月，铁道部制定了《中国列车运行控制系统 CTCS 技术规范总则（暂行）》和相应 CTCS 技术条件，CTCS 列控系统的 CTCS 是 chinese train control system 的缩写，CTCS 技术规范是参照欧洲列车运行控制系统（ETCS）编制的。它以分级的形式满足不同线路的运输需求，在不干扰机车乘务员正常驾驶的前提下有效地保证列车运行的安全。

1. CTCS 列控系统分级

针对中国铁路不同的线路、不同的传输信息方式和闭塞技术，CTCS 划分为 5 个等级，如表 9–3–1 所示，依次为 CTCS0—CTCS4 级，以满足不同线路速度需求。

表 9–3–1　CTCS 的 5 个等级

CTCS4	基于无线通信平台，取消轨道电路，实现虚拟 / 移动闭塞，是未来发展方向
CTCS3	基于无线通信平台，机车乘务员凭车载信号行车。用于 300~350 km/h 线路，动车组的追踪间隔缩短至 3 min
CTCS2	基于应答器和轨道电路传输，机车乘务员凭车载信号行车。已用于 200~250 km/h 线路，动车组的追踪间隔缩短至 5 min
CTCS1	由主体机车信号和安全型运行监控记录装置组成
CTCS0	由通用机车信号和运行监控记录装置构成，为既有线的现状

CTCS0 级为既有线的现状，即由目前使用的通用式机车信号和运行监控记录装置构成。

CTCS1 级为面向 160 km/h 以下的区段，由主体机车信号和加强型运行监控记录装置组成。它需在既有设备的基础上强化改造，达到机车信号主体化的要求，增加点式设备，实现列车行安全监控。

CTCS2 级为面向提速干线和高速新线，采用车地一体化设计，基于轨道电路传输信息的列车运行控制系统。适用于各种限速区段，地面可不设通过信号机，司机凭车载信号行车。

CTCS3 级为面向提速干线、高速新线或特殊线路，基于 GSM–R 无线通信实现车 – 地信息双向传输，轨道电路实现列车占用检查，应答器实现列车定位，并具备 CTCS2 级功能的列车运行控制系统。

CTCS4 级为面向高速新线或特殊线路，是完全基于无线传输信息的列车运行控制系统。地面可取消轨道电路，不设通过信号机，由 RBC 和车载验证系统共同完成列车定位和完整性检查，实现虚拟闭塞或移动闭塞。

符合 CTCS 规范的列车超速防护系统应能满足一套车载设备全程控制的运用要求。车载系统各级状态有清晰的表示。系统车载设备向下兼容，并能自动完成系统级间转换，且不影响系统级间转换，并应不影响列车正常运行。系统地面、车载配置如具备条件，在系统故障条件下允许降级使用。

2. CTCS3 列控系统

CTCS3 级列控系统是基于 GSM–R 无线通信实现车地信息双向传输，轨道电路实现列车占用检查，无线闭塞中心（RBC）生成行车许可，应答器实现列车定位，同时具备 CTCS2 级功能的列车运行控制系统。它面向提速干线、高速新线或特殊线路，基于无线通信实现目标距离控制模式和准移动闭塞方式，还可以叠加在既有干线信号系统上。CTCS3 级适用于各种限速区段，地面可不设通过信号机，司机凭车载信号行车，满足客运专线和高速运输的需求。

CTCS3 级列控系统包括地面设备和车载设备两部分，外部环境包括司机、列车、GSM-R 无线通信系统、联锁与调度集中 CTC 等地面外部设备、列控车载设备接口等。地面设备由移动闭塞中心（RBC）、列控中心（TCC）、轨道电路、应答器（含 LEU）、GSM-R 通信接口设备等组成。

无线闭塞中心 RBC 根据轨道电路等外部地面设备提供的信息以及列控车载设备交互的信息生成发送给列车的信息（用于生成行车许可），并通过 GSM-R 无线通信系统将行车许可、线路参数、临时限速传输给 CTCS3 级车载设备；同时通过 GSM-R 无线通信系统接收车载设备发送的位置和列车数据等信息。

列控中心 TCC 接收轨道电路的信息，并通过联锁系统传送给 RBC；同时，TCC 具有轨道电路编码、应答器报文储存和调用、站间安全信息传输、临时限速功能，满足后备系统需要。

应答器向车载设备传输定位和等级转换等信息；同时，向车载设备传送线路参数和临时限速等信息，满足后备系统需要。应答器传输的信息与无线传输的信息的相关内容含义保持一致。

CTCS3 车载设备由车载安全计算机、GSM-R 无线通信单元、轨道电路信息接收单元、应答器信息接收模块、记录单元、人机界面、列车接口单元、测速测距单元等组成，如图 9-3-2 所示。

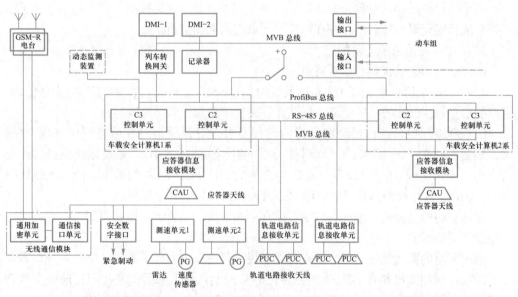

图 9-3-2 CTCS3 列控车载系统组成

CTCS3 列控系统车载设备的主要功能包括：列控数据采集，静态列车速度曲线计算，动态列车速度曲线的计算，缓解速度的计算，列车定位、速度的计算和表示、运行权限和限速在 DMI 上的表示，运行权限和限速的监控（即在任何情况下防止列车无行车许可运行，防止列车超速运行，防止列车溜逸），车载设备故障报警，司机行为的监控、反向运行防护及信息记录。

车载安全计算机：车载安全计算机是 ATP 装置的核心部分，负责从 ATP 各个模块搜集信息，生成制动模式曲线，必要时通过故障 – 安全电路向列车输出制动信息，控制列车安全运行。为了保证列车控制的安全性和设备的冗余性，安全计算机采用二乘二取二或者冗余结构，安全等级达到 SIL4 级。

GSM-R 无线通信单元：GSM-R 无线通信单元冗余配置用于实现可靠的地 – 车无线通信。

应答器信息接收单元：应答器天线接收来自地面应答器的信号，传输至模块进行信息解调处理。应答器信息接收单元接入安全计算机，是一个采用二取二技术的故障 – 安全模块。它能提供通过应答器中点时的确切时间，让车载设备在几厘米的准确范围内进行列车定位校准。

轨道电路信息接收单元：通过天线接收轨道电路信号，解调轨道电路上传的信号信息，将解调的信息及时传递给安全计算机和列车运行监控记录装置。

测速单元：测速单元冗余配置，每个单元有旋转编码器（PG）测速和雷达测速两种方式。

司机操作界面（DMI）：通过声音、图像等方式将 ATP 车载装置的状态通知司机。司机可以通过人机界面上的按键来切换 ATP 装置的运行模式或是输入必要的信息。人机界面为配备有带按钮的液晶显示器。

列车接口单元提供车载安全计算机与列车相关设备之间的接口。记录单元用于记录与列车运行安全有关的数据，并在需要时下载进行数据分析。

3. CTCS3 列控系统主要特点

CTCS3 级列控系统具有如下特点。

与 CTCS2 相比，增加了 GSM-R 无线通信。GSM-R 实现大容量的连续信息传输，可以提供最远 32 km 的目标距离、线路允许速度等信息，满足跨线运营。

CTCS3 级列控系统满足跨线运行的运营要求，C3 系统通过在应答器里集成 C2 报文，满足 200~250 km 需求，C2 同时作为 C3 的后备系统。CTCS3 系统地面设备的主要特点在于采用全线 RBC 设备集中设置。CTCS2 级作为 CTCS3 级的后备系统。无线闭塞中心（RBC）或无线通信故障时，CTCS2 级列控系统控制列车运行。

车地双向信息传输，地面可以实时掌握列车速度、位置、速度状态等，并可在 CTC 系统上实时显示。

临时限速的灵活设置，可以实现任意长度、任意速度、任意数量的临时限速设置。

CTCS3 列控系统是在 CTCS2 列控系统的基础上开发出来的，是我国目前安全级别最高、技术设备最先进、运用于 300 km 以上高速铁路的列车运行控制系统。

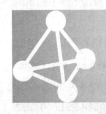

9.4 无人驾驶

无人驾驶汽车（self-driving car）也称为无人车、自动驾驶汽车，是指车辆能够依据自身对周围环境条件的感知、理解，自行进行运动控制，且能达到人类驾驶员驾驶水平。

无人驾驶集自动控制、体系结构、人工智能、视觉计算等众多技术于一体，是计算机科学、模式识别和智能控制技术高度发展的产物，也是衡量一个国家科研实力和工业水平的一个重要标志，在国防和国民经济领域具有广阔的应用前景。

无人驾驶系统包含的技术范畴很广，是一门交叉学科，包含多传感器融合技术、信号处理技术、通信技术、人工智能技术，计算机技术等。若用一句话来概述无人驾驶系统技术，即"通过多种车载传感器（如摄像头、激光雷达、毫米波雷达、GPS、惯性传感器等）来识别车辆所处的周边环境和状态，并根据所获得的环境信息（包括道路信息、交通信息、车辆位置和障碍物信息等）自主做出分析和判断，从而自主地控制车辆运动，最终实现无人驾驶"。

9.4.1 无人驾驶的分级

1. 无人驾驶分级标准

为了方便判断车辆智能化的技术水平，国际汽车工程师协会（society of automotive engineer，SAE）制定了自动驾驶汽车的分级标准，如表 9-4-1 所示。

表 9-4-1　SAE 无人驾驶分级

等级	名称	转向、加减速控制	对环境的观察	激烈驾驶的应对	应对工况
L0	人工驾驶	驾驶员	驾驶员	驾驶员	—
L1	辅助驾驶	驾驶员 + 系统	驾驶员	驾驶员	部分
L2	半自动驾驶	系统	驾驶员	驾驶员	部分
L3	自动驾驶	系统	系统	驾驶员	部分
L4	高度自动驾驶	系统	系统	系统	部分
L5	全自动驾驶	系统	系统	系统	全部

其中，L0 级即完全由人类驾驶员驾驶车辆。

L1 又称为辅助驾驶，增加了预警提示类的 ADAS 功能，包括车道偏离预警（lane

departure warning，LDW）、前撞预警（forward collision warning，FCW）、盲点检测（blind spot detection，BSD）预警等，主要是预警提示，并无主动干预功能。

L2 称为半自动驾驶或者部分自动驾驶，系统具备干预辅助类的 ADAS 功能，包括自适应巡航控制（adaptive cruise control，ACC）、紧急自动刹车（autonomous emergency braking，AEB）、车道保持辅助（lane keeping assist，LKA）等，这个等级的车辆已经实现在高速公路上自主加速，或在紧急时刻自主刹车等功能，能达到进行简单的自动控制操作的程度。

L3 称为自动驾驶，这个等级下的无人驾驶系统，发生了本质性变化，对驾驶环境的观察由系统传感器自动完成，并具备综合干预辅助类功能，包括自动加速、自动刹车、自动转向等。不过，监控任务仍然需要人类驾驶员来主导，在紧急情况下仍然需要人类驾驶员进行干预。

L4 又称为高度自动驾驶，是指在限定区域或限定环境下（如固定园区、封闭、半封闭高速公路等环境下），实现由车辆完全感知环境，即使在紧急情况下，也无需人类驾驶员进行任何干预动作。在 L4 级中，车辆可以没有方向盘、油门、刹车踏板，但其只能限定在特殊场景和环境下应用。

L5 即全自动驾驶，不需要驾驶员，也不局限于特定场景的驾驶，可以适应任意场景和环境下的自动驾驶。

目前大多数无人驾驶汽车，仍然处于 L2、L3 级别无人驾驶技术阶段，仅能够在特定的限制区域行驶，并且需要车上驾驶员随时进行介入。很多互联网公司（如百度、Waymo、Uber、景驰、小马等）均在测试和研发 L4 级别的无人驾驶系统，目前，L4 级无人驾驶仍然还有大量的实际问题需要解决，包括技术、成本、量产、法律法规、市场等。L4 级无人驾驶技术主要基于高精度地图实现，由于开放、复杂路段环境下，构建高精度地图需要较高成本，且高精度地图或地图基本元素动态变化，造成实现真实公共道路的无人驾驶困难很大。

2. 为什么需要无人驾驶

高度自动化的无人驾驶能够从根本上改变人们的出行方式和生活方式。研究表明，无人驾驶技术能够提高道路交通安全，并缓解城市交通拥堵问题，从而对社会的发展变革产生重大积极影响。

（1）提高道路交通安全

道路交通事故主要由驾驶员注意力不集中、超速、鲁莽、酒后驾驶等四大原因引发，但无人驾驶系统不会分心，无人车行驶规则严格依据交通法规，不会超速，更不会饮酒和鲁莽驾驶等。高度的无人驾驶系统能够大大提高道路交通的安全性，减少道路交通事故的发生。

（2）缓解城市交通拥堵

交通拥堵几乎是所有大城市面临的严峻问题。在堵车的情况下，因为他人加塞导致道路更加拥堵。无人驾驶则不会莽撞加塞，而是会依据一定规则、顺序依次排队通过，消除人为因素造成的拥堵，提高人们的出行效率。此外，无人驾驶汽车还能根据实时路况自动调整路线，使城市交通流更加均衡，在最短的时间内安全地把乘客送到目的地。

（3）出行更方便

因为不需要驾驶员，无论老、弱、病、残、孕都可享受无人驾驶出行服务，出行更安全和便利。

（4）疏解停车难问题

停车时，无人车能将每侧人为预留的空间减少10厘米，层高也可以按照车身进行设计。这样，无人车泊车所需的车库空间将比传统空间减少62%。同样的空间能停更多的汽车，疏解停车难问题。

（5）减少空气污染

汽车是造成空气质量下降的主要原因之一。兰德公司的研究表明，"无人驾驶技术能提高燃料效率，通过更顺畅的加速、减速，能比手动驾驶提高4%~10%的燃料效率。"无论是传统车，还是无人车，拼车的乘客越多，对环境越好，也越能缓解交通拥堵。改变一车一人的模式将能大大改善空气质量。

9.4.2 无人驾驶系统组成

1. 无人驾驶系统的组成

2009年，谷歌无人驾驶汽车项目正式启动，目标在2020年发布一款无人驾驶的汽车。谷歌无人驾驶汽车示意图如图9-4-1所示。系统的核心是车顶上的激光测距仪，自动汽车会把激光测到的数据和高分辨率的地图相结合，做出不同的数据模型，以便汽车能够识别障碍，遵守交通规则。

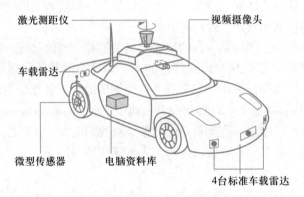

激光测距仪　　　　　视频摄像头

车载雷达

微型传感器　　　电脑资料库

4台标准车载雷达

图 9-4-1　谷歌无人驾驶汽车示意图

另外，在汽车的前后保险杠上有四个雷达，用于探测周边情况，与前后左右物体保持安全距离；前挡风玻璃的后视镜附近有一个摄像机，以检测交通灯、行人、自行车以及道路标志标线的情况；一个GPS、一个惯性测试单元、一个车轮编码器，用来确定位置，跟踪其运动情况。

自动驾驶汽车依赖于非常精确的地图来确定位置。由于仅用GPS技术会出现偏差，在无人驾驶汽车上路之前，工程师会驾车收集路况数据，建立高精度地图。汽车车载计算机能够将行驶中实时的数据和高精度记录的数据进行比较，将行人和路旁的物体分辨开来，进行精确定位，为规划行动路径提供依据。无人驾驶汽车原理图如图 9-4-2 所示。

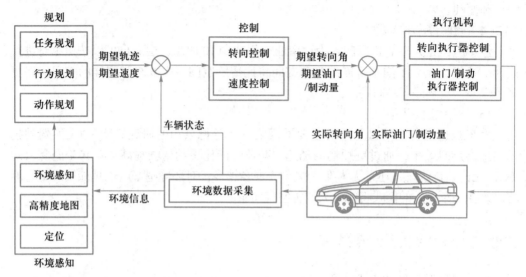

图 9-4-2　无人驾驶汽车原理图

无人驾驶系统的核心分为三个部分：感知（perception）、规划（planning）和控制（control）。感知是指无人驾驶系统从环境中收集信息并从中提取相关知识的能力。其中，环境感知特指对于环境的场景理解能力，如障碍物的类型、道路标志及标线、行人车辆的检测、交通信号等数据的语义分类。定位是对感知结果的后处理，通过定位功能从而帮助无人车了解其相对于所处环境的位置。

规划是指无人车为了到达某一目的地而做出决策和计划的过程。对于无人驾驶车辆而言，这个过程通常包括从起始地到达目的地，同时要避开障碍物，并且不断优化行车路线轨迹和行为，以保证乘车的安全舒适。规划层通常又被细分为任务规划（mission planning）、行为规划（behavioral planning）和动作规划（motion planning）三层。

控制是指无人车精准地执行规划好的动作、路线的能力，及时地给予车辆执行机构合适的油门、方向、刹车信号等，以保障无人车能按预期行驶。

2. 环境感知

为了确保无人车对环境的理解和把握，无人驾驶系统的环境感知部分通常需要获取大量的周围环境信息，具体来说包括行人、车辆的位置和速度，以及下一时刻可能的行为、可行驶的区域、对交通规则的理解等。无人车通常是通过融合激光雷达（lidar）、摄像头（camera）、毫米波雷达（millimeter wave radar）等多种传感器的数据来获取这些信息的。

激光雷达是使用激光束进行探测和测距的设备，是无人驾驶系统中最重要的传感器。如美国 Velodyne 公司的 64 线激光雷达，激光雷达以 10 Hz 左右的频率旋转，每秒钟能够向外界发送数百万个激光脉冲，实现对四周环境的旋转扫描。激光雷达扫描结果是激光点数据，数量巨大，被称为点云数据，点云数据构建的图也叫点云图。

将点云图中离散的点使用聚类算法分组，使其聚合成一个个整体，然后分类区分出这些整体的类别，如行人类、车辆类或者其他障碍物类等。

在无人驾驶系统中，还要使用视觉传感器来完成对车道线的检测、可行驶区域的检测，以及车辆、交通标志等的检测、识别和分类。

无人车需要知道自己在环境中的精确位置。在城市复杂道路行驶场景下，定位位置的精度要求误差不超过 10 cm，否则很容易发生轮胎擦到路牙、车辆剐蹭到护栏等，甚至引发安全问题和交通安全事故。

目前，使用最广泛的无人车定位方法有融合全球定位系统（global positioning system，GPS）和惯性导航系统（inertial navigation system，INS）的定位方法。

地图辅助类定位算法是另一类广泛使用的无人车定位算法，同步定位与地图构建（simultaneous localization and mapping，SLAM）是这类算法的代表，SLAM 的目标即构建地图的同时使用该地图进行定位，SLAM 通过利用传感器（包括摄像头、激光雷达等）已经观测到的环境特征，确定当前车辆的位置以及当前观测目标的位置。通常事先使用传感器如激光雷达、视觉摄像头等对运行环境区域进行了 SLAM 地图的构建，然后在构建好的 SLAM 地图的基础上实现定位、路径规划等其他进一步的操作。

通过将车道线的标注、交通信号标志标线、红绿灯位置、当前路段的交通规则等添加到地图中，就构建形成了高精度地图。在实际定位的时候，使用 3D 激光雷达的扫描数据和事先构建的高精度地图进行点云匹配，能实现 10 cm 以内的定位精度。

3. 规划

无人驾驶规划系统为三层结构：任务规划、行为规划和动作规划。其中，任务规划通常也被称为路径规划或者路由规划（route planning），其对应着相对顶层、全局的路径规划，如起点到终点的路径选择。

行为规划有时也被称为决策制定，其主要任务是根据任务规划的目标和对当前环境的感知（例如，其他车辆、行人的位置和行为，当前的交通规则等），做出下一步无人车需要执行的决策和动作。

通过规划一系列的执行动作以达到某种目的（例如避障）的处理过程被称为动作规划。

4. 控制系统

控制系统作为无人车系统的最底层，控制系统将规划好的动作在车辆控制层面实现。为了保证控制精度，控制采用反馈控制系统。由于数学模型不易建立，引入了基于模型预测的控制方法，改善了控制效果。

无人车控制的另外两个问题是轨迹生成和轨迹跟踪。轨迹生成是指找到一组控制输入，使得预期的输出结果为目标状态的轨迹。其中，车辆的运动学 / 动力学约束是整个轨迹生成的约束条件，当一条轨迹不存在对应的控制输入使其能够满足车辆动力学约束时，我们称这个轨迹是不可达的。目前在无人车领域中使用的轨迹生成方法通常都是基于车辆动力学模型的。

随着人工智能技术的发展，无人驾驶系统中的感知和综合决策等问题正在逐步得到解决，加之日趋成熟的政策，无人车正向人们走来。

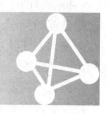

思 考 题

参考文献 4：
第四篇 自
动化导论参
考文献

1. 在现代化的多轴系统中，轴的同步与协调是如何实现的？
2. 位置半闭环控制系统由哪几部分组成？与长轴驱动相比有什么特点？
3. 工业机器人由哪三大部分组成？工业机器人有什么显著特点？
4. 工业机器人可以通过哪四种方式模仿人的肢体动作？
5. 火力发电厂锅炉汽包水位不稳有什么危害？
6. 为什么高速列车以机车信号作为行车凭证？
7. 高速列车控制系统中有哪三种关键技术？
8. 中国列车控制系统分为哪几级？
9. 自动驾驶汽车（无人车）分为哪几个等级？
10. 谷歌无人车通过哪几种方式感知周围环境？